Lehrstuhl für Brauereianlagen und Lebensmittel-Verpackungstechnik

Untersuchungen über Veränderungen der Barriereeigenschaften metallisierter Kunststoffolien beim maschinellen Verarbeiten

Jochen Hertlein

Vollständiger Abdruck der von der Fakultät für Brauwesen, Lebensmitteltechnologie und Milchwissenschaft der Technischen Universität München zur Erlangung des akademischen Grades eines

Doktor-Ingenieurs

genehmigten Dissertation.

Vorsitzender:	Univ.-Prof. Dr.-Ing. R. Meyer-Pittroff
Prüfer der Dissertation:	1. Univ.-Prof. Dr.-Ing. H. Weisser
	2. Univ.-Prof. Dr.-Ing. habil. H. G. Kessler

Die Dissertation wurde am 10.12.1997 bei der Technischen Universität München eingereicht und durch die Fakultät für Brauwesen, Lebensmitteltechnologie und Milchwissenschaft am 18.12.1997 angenommen.

Jochen Hertlein

Untersuchungen über Veränderungen der Barriereeigenschaften metallisierter Kunststoffolien beim maschinellen Verarbeiten

2., unveränderte Auflage

UTZ

Herbert Utz Verlag · München

Ingenieurswissenschaften

Zugl.: Diss., 1998

Bibliografische Information der Deutschen Nationalbibliothek:
Die Deutsche Nationalbibliothek verzeichnet diese Publikation in der Deutschen Nationalbibliografie; detaillierte bibliografische Daten sind im Internet über http://dnb.d-nb.de abrufbar.

frühere Ausgabe: ISBN 978-3-89675-294-9

ISBN 978-3-8316-8096-2

Printed in EU
Herbert Utz Verlag GmbH, München
www.utzverlag.de

Die vorliegende Arbeit entstand in der Zeit von 1994 bis 1997 am Lehrstuhl für Brauereianlagen und Lebensmittel-Verpackungstechnik der Technischen Universität München.

Ich danke besonders dem Leiter des Lehrstuhls, Herrn Professor Dr.-Ing. H. Weisser, der die Arbeit angeregt und in jeder Weise unterstützt hat.

Herrn Professor Dr.-Ing. H. G. Kessler gilt mein besonderer Dank für die Übernahme des Korreferats und das an der Arbeit gezeigte Interesse. Weiterhin bedanke ich mich bei Herrn Professor Dr.-Ing. R. Meyer-Pittroff für den Prüfungsvorsitz.

Vermissen werde ich die großartige Unterstützung, die ich von all meinen Kolleginnen und Kollegen während meiner Tätigkeit am Lehrstuhl erfahren habe.

Inhalt

Abkürzungen

Abs	Absorbance
Al	Aluminium
ASTM	American Society for Testing and Materials
BOPP	Biaxial Orientiertes Polypropylen
DIN	Deutsches Institut für Normung e. V.
E-PVC	Hart-Polyvinylchlorid
EVA	Ethylen/Vinylacetat
EVOH	Ethylvinylalkohol
HDPE	Polyethylen hoher Dichte (High Density Polyethylene)
LDPE	Polyethylen niedriger Dichte (Low Density Polyethylene)
LLDPE	Polyethylen niedriger Dichte und linearer Struktur (Linear Low Density Polyethylene)
MDPE	Polyethylen mittlerer Dichte (Medium Density Polyethylene)
OPA	Orientiertes Polyamid
OPP	Orientiertes Polypropylen
PA	Polyamid
PC	Polycarbonat
PE	Polyethylen
PET	Polyethylenterephthalat
PP	Polypropylen
PTFE	Polytetrafluorethylen (Markenbezeichnung „Teflon“)
PVC	Polyvinylchlorid
PVDC	Polyvinylidenchlorid
REM	Rasterelektronenmikroskop
TEM	Transmissionselektronenmikroskop

Formelzeichen und Indices

A	Fläche	m^2
a	Absorptionskoeffizient	m^{-1}
a_w	Wasseraktivität	-
B	magnetische Flußdichte	$V \cdot s/m^2$
b	Breite	m
C	Konzentration im umströmenden Medium	m^3/m^3
c	Oberflächenkonzentration	m^3/m^3
D	Diffusionskoeffizient	m^2/s
d	Durchmesser	m
E	Elastizitätsmodul	N/m^2
F	Gasdurchgang, Flux	$m^3/(m^2 \cdot s)$
F	Kraft	N
F_A	Abzugskraft	N
F_N	Normalkraft	N
F_R	Reibungskraft	N
F_1, F_2	Bahnkräfte	N
f	Brennweite	m
G	Geometriefaktor	-
ΔG	Gibbs-Energie	J/g
I	Flächenträgheitsmoment	m^4
I	Bestrahlungsstärke der transmittierten Strahlung	W/m^2
I_0	Bestrahlungsstärke der Strahlungsquelle	W/m^2
I_{err}	Erregerstrom	A
K	Verteilungskoeffizient	-
K_p	Proportionalitätsfaktor	$g^{1/2}$
k	k-Faktor	-
L_m	Meßluftspalt	m
L_{ref}	Referenzluftspalt	m
l	Länge, Dicke	m
m	Masse	g
m	Anzahl	-
$\dot{m}$	Massenstrom	g/s
n	Anzahl, Windungszahl	-
O_r	Oberflächenverhältnis	-

OD	optische Dichte	-
P	Permeationskoeffizient	$m^3 \cdot m/(m^2 \cdot s \cdot Pa)$
p	Partialdruck	Pa
p_B	Berstdruck	Pa
p_g	Gesamtdruck	Pa
Q	akkumuliertes Gasvolumen	m^3
R	Gaskonstante	$J/(g \cdot K)$
R_m	molare (universelle) Gaskonstante	$8{,}314\ J/(mol \cdot K)$
R	Ohmscher Widerstand	Ω
r	Radius	m
S	Biegesteifigkeit	$N \cdot m^2$
S	Löslichkeitskoeffizient	$m^3/(m^3 \cdot Pa)$
T	absolute Temperatur	K
T	Strahlungsdurchlässigkeit, Transmission	-
t	Zeit	s
U_i	induzierte Spannung	V
$\dot{V}$	Volumenstrom	m^3/s
x,y,z	Koordinaten	m

Griechische Symbole

α	Umschlingungswinkel	rad
ε	Dehnung	-
η	dynamische Viskosität	$N \cdot s/m^2$
λ	Wellenlänge	nm
μ	chemisches Potential	J/g
μ	Reibungszahl	-
μ_0	magnetische Feldkonstante	$1{,}257 \cdot 10^{-6}\ V \cdot s/(A \cdot m)$
μ_r	relative Permeabilitätszahl	-
ν	Poisonsche Zahl	-
Θ	Schnittpunkt mit der Zeitachse, time-lag	s
ρ	spezifischer Widerstand	$\Omega \cdot m$
σ	Spannung	N/m^2
ϕ	magnetischer Fluß	$V \cdot s$

Indices

0	Ausgangswert
1	außen (größerer Zahlenwert)
2	innen (kleinerer Zahlenwert)
0,5	Hälfte des Maximalwertes
a	außen (bei Reibung)
F	Ficksche Diffusion
G	Gleitreibung
g	Gesamtdruck
H	Haftreibung
i	Index
i	innen (bei Reibung)
K	Knudsen-Strömung
KS	Kunststoff
met	aluminiumbedampft, metallisiert
n	nte Lage
O_2	Sauerstoff
P	Poiseuille-Strömung
r	relativ
ref	Referenz
s	Sättigung
V	Vakuum
x,y,z	x- (y-, z-) Richtung
∞	stationär

1 Einleitung

Vakuumbedampfte Kunststoffolien gewinnen in der Lebensmittel-Verpackungstechnik an Bedeutung. Das Aufdampfen einer rund 30 bis 100 nm dicken Aluminium-, Aluminiumoxid- oder Siliziumoxidschicht im Hochvakuum verbessert die Barriereeigenschaften gegenüber Gasen und Wasserdampf um das 20- bis 100fache im Vergleich zur unbehandelten Trägerfolie. Die Strahlungsdurchlässigkeit der Folien beträgt nach dem Bedampfen mit Aluminium meist weniger als 1 %. Die Bedeutung dieser Folien liegt, neben dieser Sperrwirkung gegenüber Gasen, Wasserdampf und optischer Strahlung, in der möglichen Vermeidung von Verbundmaterialien, der Einsparung von Aluminium und einer verbesserten Recyclingfähigkeit. Obwohl es möglich ist, eine Vielzahl von Metallen, Metalloxiden und Legierungen sowie eine Vielzahl anderer Verbindungen auf Trägerfolien aufzudampfen, hat sich bis heute für Lebensmittelverpackungen nur die Bedampfung mit Aluminium durchgesetzt. Als Trägerfolien haben in diesem Bereich ausschließlich Polyethylenterephthalat (PET) und biaxial gerecktes Polypropylen (BOPP) Bedeutung erlangt.

Während beim Verarbeiten konventioneller Kunststoffe die Maschinengängigkeit durch mechanisches Versagen, etwa durch das Reißen der Folienbahn, bestimmt wurde, muß bei aluminiumbedampften Folien der Begriff Maschinengängigkeit um das funktionelle Versagen ergänzt werden. Das funktionelle Versagen äußert sich durch den teilweisen Verlust der Gasbarriereeigenschaften oder eine erhöhte Strahlungsdurchlässigkeit. Die im Hochvakuum aufgedampften Barriereschichten sind empfindlich gegenüber mechanischen Belastungen, wie sie beispielsweise beim maschinellen Verarbeiten der flächigen Folien zu Verpackungen auftreten. Die Mechanismen, die zur Schädigung der Barriereschicht führen, wurden bisher nicht systematisch untersucht. Laborversuche, bei denen verringerte Barriereeigenschaften nach Dehnbeanspruchungen beobachtet wurden, geben allerdings erste Hinweise auf eine Beschädigung der Barriereschicht.

Verpackungsmaschinen führen trotz unterschiedlichstem Aufbau während des Abpackvorganges vergleichbare Grundoperationen durch. Diese Grundoperationen sind der Packstofftransport, die Packmittelformung, die Produktzufuhr, das Verschließen und das Trennen der Verpackungen. Sie können getrennt auf verschiedenen Verpackungsmaschinen (z. B. Formmaschine, Füllmaschine) oder vereint in einer Verpackungsmaschine (z. B. Form-Füll-Verschließmaschine) durchgeführt werden. Form-Füll-Verschließmaschinen, die Kunststoffolien von der Vorratsrolle verarbeiten, werden nach der Art der herzustellenden Beutel in Flachbeutel- und Schlauchbeutelmaschinen, nach der Ebene der Produktzufuhr in horizontale und vertikale Maschinen sowie in bezug auf den Packstofftransport in intermittierend und kontinuierlich arbeitende Maschinen eingeteilt. In der vorliegenden Arbeit wurde die Maschinengängigkeit vakuumbedampfter Kunststoffolien mit drei vertikalen Schlauchbeutelmaschinen, die sich im Folienabzug unterschieden, untersucht. Die verwendeten Maschinen arbeiten diskontinuierlich. In der Lebensmittel-Verpackungstechnik werden mit vertikalen Schlauchbeutelmaschinen auch sauerstoff-, wasserdampf und lichtempfindliche Lebensmittel in Beutel aus vakuumbedampften Kunststoffolien abgepackt. Als Beispiele seien hier sowohl gemahlener Kaffee als auch Snackartikel (z. B. Kartoffelchips) erwähnt.

Als gebräuchlichstes Maß zum Beschreiben der Maschinengängigkeit bei vertikalen Schlauchbeutelmaschinen wird die Abzugskraft herangezogen. Sie ist definiert als diejenige Kraft, die erforderlich ist, um einen Packstoff durch eine Verpackungsmaschine zu transportieren und wird sowohl von den Packstoffeigenschaften als auch von Maschinenoperationen beeinflußt. Zu den maßgebenden Packstoffeigenschaften beim Verarbeiten auf Schlauchbeutelmaschinen gehören das Reibverhalten, die Biegesteifigkeit und die Reißfestigkeit.

Abzugskräfte werden entweder statisch, beispielsweise mit Federwaagen, oder dynamisch mit Dehnungsmeßstreifen oder Meßwalzenlagern gemessen. Nur mit den dynamischen Methoden läßt sich dabei die Packstoffbeanspruchung in der Maschine unter Produktionsbedingungen bestimmen. Die Vorbereitungen für Kraftmessungen mit Dehnungsmeßstreifen nehmen dabei mehrere Tage in Anspruch und sind damit ungeeignet für Messungen während des Abfüllens. Ein Ziel dieser Forschungsarbeit ist es daher, ein Meßsystem zu entwickeln, mit dem ohne zeitaufwendige Vorbereitungen und ohne Veränderungen an den Verpackungsmaschinen Abzugskräfte bestimmt werden können. Die auftretenden Abzugskräfte wurden mit einem induktiven Wegaufnehmer aufgezeichnet. Um die Eignung dieses induktiven Wegaufnehmers beurteilen zu können, wurden bei einer Schlauchbeutelmaschine die Abzugskräfte gleichzeitig auch mit Dehnungsmeßstreifen bestimmt.

Die bei den Maschinenversuchen hergestellten Schlauchbeutel wurden auf veränderte Barriereeigenschaften untersucht, um das funktionelle Versagen der vakuumbedampften Folien zu charakterisieren. Bestimmt wurde sowohl die Sauerstoff- als auch die Wasserdampfdurchlässigkeit der Folien und der daraus hergestellten Beutel. Zusätzlich wurde die optische Strahlungsdurchlässigkeit der Kunststoffolien als mögliche Prüfgröße untersucht, da diese beim Aufdampfen von Aluminium mit der Aluminiumschichtdicke in Beziehung gesetzt wird. Diese Messungen können, im Gegensatz zu Durchlässigkeitsmessungen, bei kleinem Zeitaufwand kostengünstig durchgeführt werden.

Der Gasdurchgang durch Kunststoffmono- und -verbundfolien läßt sich mit den Fickschen Gesetzen und dem Henryschen Gesetz beschreiben. Die physikalischen Gesetzmäßigkeiten wurden in zahlreichen Untersuchungen beschrieben. Auch zum Beschreiben des Gasdurchgangs durch vakuumbedampfte Kunststoffolien wurden verschiedene Modelle diskutiert und an unbelasteten Kunststoffolien überprüft. Für den Gasdurchgang sind in erster Linie Fehlstellen in der Metallschicht verantwortlich. Diskutiert wird aber auch die Diffusion durch Festkörpergitter, Kapillarkondensation und Oberflächendiffusion. Ob mit den bestehenden Modellen die nach einer mechanischen Belastung veränderten Barriereeigenschaften beschrieben werden können, wird in der vorliegenden Arbeit untersucht.

Aus der Zunahme der nach dem maschinellen Verarbeiten feststellbaren Gas- und Wasserdampfdurchlässigkeiten lassen sich zum einen die Mindesthaltbarkeitszeiträume der abgepackten Füllgüter berechnen. Zum anderen kann diese Kenntniss den Betreibern und Herstellern von Packstoffen und Verpackungsmaschinen Hinweise auf notwendige Optimierungsmaßnahmen geben. Maschinenversuche zur Eignungsprüfung einer Folie sind zeitaufwendig und teuer. In der vorliegenden Arbeit wird daher versucht, die in den Maschinenversuchen gefundenen Veränderungen der Barriereeigenschaften mit für Kunststoffolien typischen Prüfverfahren zu simulieren. Ausgewählt wurden dazu Dehnungs-, Reibungs- sowie Knitterbeanspruchungen. Ein weiterer Vorteil solcher Untersuchungen im Labor ist, ihre Eignung vorausgesetzt, daß bei Folienneuentwicklungen deren prinzipielle Maschinengängigkeit auch beim Vorliegen einer kleinen Probenmenge beurteilt werden könnte. Bei den Folienneuentwicklungen wird dabei bewußt an Packstoffe aus nachwachsenden Rohstoffen und an oberflächenmodifizierte Packstoffe gedacht.

2 Maschinengängigkeit flächiger Packstoffe

Der Begriff Maschinengängigkeit von Packstoffen bezeichnet das Standhalten von Packstoffen während des Verarbeitens zu Packmitteln gegen die in Verpackungsmaschinen auftretenden Belastungen und Belastungskombinationen und den resultierenden Beanspruchungen ohne nennenswertes Versagen.

In der papierverarbeitenden Industrie wird als Maß für die Maschinengängigkeit die Fläche, Länge oder Anzahl der Papierbahnen, die zwischen zwei durch das Reißen der Packstoffbahn verursachten Maschinenstillständen hätte verarbeitet werden können, verwendet [83]. Beim Verarbeiten von Kunststoffolien muß dieses mechanische Versagen ergänzt werden um den Begriff des funktionellen Versagens, bei dem der Packstoff nach dem Verarbeiten den erwarteten Anforderungen an seine physikalischen und auch chemischen Eigenschaften nicht mehr genügt. Als Beispiele seien hier auftretende, durchgehende Poren sowohl über die gesamte Packstoffdicke als auch in der oberflächenbehandelten Schicht, eine Reduzierung in der Packstoffdicke, Veränderungen der chemischen Zusammensetzung, Delaminierung sowie Korrosion erwähnt [73]. Aufgrund dieser Veränderungen können die Barriereeigenschaften des Packstoffs nachhaltig beeinflußt werden [4].

Beansprucht wird eine Kunststoffolie durch eine maschinelle Operation oder die Kombination verschiedener maschineller Grundoperationen. Die Grundoperationen werden in Abschnitt 3 näher erläutert. Die Beanspruchungen können dabei an einer Stelle oder in einem Bereich des Packstoffs zu einem Zeitpunkt oder während eines Zeitintervalls auftreten. Nach ihrer Ursache lassen sie sich in mechanische, thermische und sonstige Beanspruchungen (z. B. elektrostatische Aufladung) einteilen [1, 37, 78]. Ihre Bedeutung für die Maschinengängigkeit eines Packstoffs soll in den folgenden Abschnitten dargestellt werden.

2.1 Mechanische Beanspruchung von Kunststoffolien

Die mechanischen Beanspruchungen von Kunststoffolien während des maschinellen Verarbeitens beschreiben das Wirken von äußeren Kräften auf einen Packstoff unter Berücksichtigung dessen Festigkeitsverhaltens. Als besonders wichtige Eigenschaften von Kunststoffolien für die Maschinengängigkeit beim Verarbeiten in Schlauchbeutelmaschinen werden deren Reibungseigenschaften, ihre Biegesteifigkeit und ihre Reißdehnung angesehen.

2.1.1 Reibung

Das Reibungsverhalten von Packstoffen gegeneinander und gegenüber Maschinenteilen ist eine der charakterisierenden Größen beim Beschreiben der Maschinengängigkeit [23, 37, 40, 42, 44]. Die Reibung ist aber nicht geeignet, um die Maschinengängigkeit von Kunststoffolien zu charakterisieren. Reibungseigenschaften können beispielsweise durch elektrostatische Phänome, die Wärmebeständigkeit und das Verlaufen von Kunststoffen beeinflußt werden [44].

Reibung ist als der Widerstand definiert, den zwei aufeinanderliegende Oberflächen dem Gleiten entgegensetzen. Man unterscheidet zwischen Haft- und Gleitreibung. Die Haftreibung ist dabei zu Beginn der Gleitbewegung als Schwellenwert zu überwinden. Danach findet eine Relativbewegung der Oberflächen (Gleitreibung) zueinander statt. Die Kraft, die notwendig ist, um die Reibung zu überwinden, wird Reibungskraft genannt. Das Verhältnis aus der Reibungskraft F_R zu der senkrecht auf die Reibungsfläche wirkenden Normalkraft F_N ist die Reibungszahl μ, die auch als Gleitreibungs- bzw. Haftreibungskoeffizient bezeichnet wird [116, 125, 130].

$$F_R = \mu \cdot F_N \qquad (2.1)$$

Zu große Gleitreibungskoeffizienten können bei vertikalen Schlauchbeutelmaschinen im Bereich der Formschulter zu einem Reißen der Packstoffbahn führen. Als Verarbeitungsgrenzwert wird ein Gleitreibungskoeffizient ≥ 1 genannt. Dieser Grenzwert muß aber neben der Reibung weitere Phänome erfassen, wie etwa das Verhaken des Packstoffs auf der Maschinenoberfläche, welches ein Gleiten der Folie über Maschinenteile behindert. Bei der Empfehlung für Verarbeitungsgrenzwerte für vertikale Schlauchbeutelmaschinen unterscheidet man zwischen Monofolien und Verbundfolien. Monofolien lassen sich bei Gleitreibungskoeffizienten zwischen $0{,}1 \leq \mu \leq 0{,}2$, Verbundfolien im Bereich von $0{,}3 \leq \mu \leq 0{,}4$ problemlos verarbeiten [22, 37, 47, 63]. Bei Schlauchbeutelmaschinen mit Riemenabzug ohne Vakuumunterstützung muß der Haftreibungskoeffizient zwischen der Packstoffaußenseite und den Riemen etwa 10mal so groß sein wie der zwischen der Packstoffinnenseite und dem Füllrohr, um ein Durchrutschen der Verpackungsfolien zu verhindern [47, 48]. Zwischen den Reibpartnern Kunststoff und Maschinenoberfläche (Metall, aber auch Gußharz bei manchen Formschultern) besteht Kontakt im Bereich der Umlenkrollen, der Fomschulter und des Formatrohres, zwischen Kunststoff und Gummi bei den Riemen und Walzen des Packstoffabzugssystems.

In Tabelle 2.1 sind Gleitreibungskoeffizienten für Kunststoffolien und unterschiedliche Reibpartnermaterialien zusammengestellt. Die Werte wurden unter Laborbedingungen mit einer vergleichsweise hohen Relativgeschwindigkeit von etwa 3 m/min ermittelt. Für die Maschinengängigkeit wäre die Angabe der Haftreibungskoeffizienten genauso wichtig. Diese werden, vermutlich wegen Schwierigkeiten beim Bestimmen von Haftreibungskoeffizienten, in der Literatur kaum erwähnt. Eindeutig ist der Einfluß des Reibpartners Gummi auf die Reibungskoeffizienten. Die Werte für die Gleitreibungskoeffizienten Kunststoff/Gummi liegen, bis auf wenige Ausnahmen bei den Papier-Kunststoff-Verbunden, um den geforderten Faktor 10 höher als bei den Reibpartnern Kunststoff/Stahl und Kunststoff/Aluminium. Eine klare Unterscheidung der Gleitreibungskoeffizienten zwischen Aluminium und Stahl sowie der unterschiedlichen Kunststoffe ist nicht möglich. Die Werte sind in etwa gleich groß und liegen bei den untersuchten Monofolien zwischen 0,17 und 0,33 bei Stahl und 0,15 und 0,41 bei Aluminium.

Der in der Literatur geforderte Wert von $\mu \leq 0{,}2$ wird von der untersuchten LDPE-Folie deutlich überschritten.

Tabelle 2.1. Gleitreibungskoeffizienten einiger Monofolien und Verbundpackstoffe. Die der Reibfläche zugewandte Polymerschicht ist bei den Verbundpackstoffen fett gedruckt. Nach [44, 46, 48, 63]

Packstoff (Aufbau)	Reibklotzmaterial		
	Stahl	Aluminium	Riemen (Gummi)
Zellglas	0,17	0,18 - 0,21	2,25
HDPE	-	0,21	-
LDPE	0,33	0,41	2,19
OPP	0,20	0,15 - 0,18; 0,24	2,50
PET/LDPE	0,20	0,10 - 0,21	2,31
PET/**LDPE**	0,20	0,15 - 0,19	-
PA/LDPE	-	0,11	-
PA/**LDPE**	-	0,15	-
PP/LDPE	-	0,26	-
PP/**LDPE**	-	0,29	-
PET/Al/LDPE	0,21	-	2,16
PET/Al/**LDPE**	0,31	0,22 - 0,39	-
PP/Al/LDPE	-	0,29	2,45
PP/Al/**LDPE**	-	0,30 - 0,34	-
PVDC/PP/Al/LDPE	-	0,21	-
PVDC/PP/Al/**LDPE**	-	0,31	-
Papier/PVDC	0,29	0,30 - 0,35	2,00
Papier/**PVDC**	0,27	0,25 - 0,27	-
Papier/PE/PVDC	-	0,36	-
Papier/PVDC/LDPE	0,30	0,34	1,92
Papier/PVDC/**LDPE**	0,63	0,20	-
Papier/Al/PVDC	0,35	-	1,92
Papier/Al/**PVDC**	0,29	0,24	-

Die Verbundfolien haben, gleiche Materialpaarung vorausgesetzt, erwartungsgemäß mit Monofolien vergleichbare Gleitreibungskoeffizienten. Größere Abweichungen treten nur bei den Polyethylenlagen (LDPE) in den Verbundfolien auf. Über Gleitreibungskoeffizienten zwischen 0,13 und 0,77 sowie Haftreibungskoeffizienten zwischen 0,16 und 0,80 wird in der Literatur berichtet [55]. Für die der Literatur entnommenen und in Tabelle 2.1 zusammengestellten LDPE-Gleitreibungskoeffizienten war die Oberflächenbehandlung der LDPE-Lage nicht ersichtlich. In der gesichteten Literatur wurden keine vakuumbedampften Packstoffe untersucht.

Nicht endgültig geklärt ist die Frage, welcher der beiden Reibungskoeffizienten – Haftreibungs- oder Gleitreibungskoeffizient – für die Maschinengängigkeit die kritische Größe darstellt [49]. Zu erwarten ist, daß die größeren Haftreibungskoeffizienten entscheidend sind, da diese zu größeren Bahnspannungen führen.

In der Praxis wird beim Ermitteln von Reibungskoeffizienten nach der Norm DIN 53 375 („*Bestimmung des Reibungsverhaltens*") [125] geschliffener Stahl als Standardreibpartner gewählt. Obwohl verschiedene Versuchsmethoden bekannt sind, bereitet das Messen der Reibungskoeffizienten unter praxisnahen Bedingungen Schwierigkeiten. Für die Schwierigkeiten verantwortlich sind dabei in erster Linie die hohen Geschwindigkeiten, mit denen Packstoffe durch die Verpackungsmaschinen geführt werden und die sich im Labor nicht nachstellen lassen sowie die Drücke, mit denen Packstoffe gegen Maschinenteile gepreßt werden. Gleitreibungskoeffizienten sind geschwindigkeits- und temperaturabhängig. Die Ergebnisse, die unter Laborbedingungen ermittelt wurden, sind nicht unmittelbar auf Maschinenbedingungen übertragbar [8]. Ausdrücklich wird in der Norm DIN 53 375 darauf hingewiesen, daß die bei einer Abzugsgeschwindigkeit von 0,1 m/min durchgeführten Versuche nicht Praxisbedingungen entsprechen und eine Beurteilung des Reibungsverhaltens in Verpackungs- und Verarbeitungsmaschinen nicht möglich ist [125]. Ein Abweichen von den in der Norm festgelegten Einstellungen ist zulässig. Unterschiede bei Gleit- und Haftreibungskoeffizienten werden bei verschiedenen Materialien auch dann festgestellt, wenn die Messungen an einer Packstoffbahn sowohl in Quer- als auch in Längsrichtung durchgeführt werden. Die Meßunsicherheit beim Bestimmen von Gleitreibungskoeffizienten ist größer als 10 % und kann die Größe des Meßwertes erreichen [8, 23].

2.1.2 Biegesteifigkeit

Neben dem Reibungsverhalten ist die Biegesteifigkeit eines Packstoffs die zweite maßgebende Einflußgröße auf die Maschinengängigkeit [44, 78]. Die Biegesteifigkeit S eines Packstoffs ist definiert als der Widerstand, den dieser dem Biegen entgegensetzt. Der Widerstand ist abhängig von den plastischen und elastischen Eigenschaften des Packstoffs, der Packstoffdicke und der Geometrie des Querschnittes. Diese Eigenschaften werden im Flächenträgheitsmoment I zusammengefaßt. Der Widerstand ist direkt proportional dem Elastizitätsmodul E des Packstoffs. Aufgrund der Orientierung der Makromoleküle in Kunststoffen treten unterschiedliche Werte auf, wenn die Biegesteifigkeit längs oder quer zur Maschinenrichtung gemessen wird. Die Biegesteifigkeit ist definiert als

$$S = E \cdot I \quad . \tag{2.2}$$

Das Flächenträgheitsmoment einer flächigen Kunststoffolie läßt sich mit der Gleichung für das Flächenträgheitsmoment eines Balkens mit Rechteckquerschnitt bezogen auf eine der zwei Hauptachsen beschreiben und lautet:

$$I = \frac{b \cdot d^3}{12} \quad . \tag{2.3}$$

Darin bedeutet *b* die Breite und *d* die Dicke der Folie.

Die Anforderungen bezüglich der Biegesteifigkeiten verschiedener Packstoffe können ganz unterschiedlich sein: Zu unterscheiden ist $E{\cdot}I$ für elastische, viskoelastische und plastische Materialien. Beim Einwickeln von Packgut sind beispielsweise geringe Biegesteifigkeiten und ein plastisches Verhalten erwünscht, um ein Aufspringen des Einschlags zu vermeiden. Das plastische Verhalten verursacht kein Rückstellmoment und eignet sich deshalb für Einschlagtechniken, bei denen das Packstück formgebend ist. Die geringe Biegesteifigkeit führt gleichzeitig aber beim Transport in der Verpackungsmaschine zu Problemen [99]. Beim Herstellen von Schlauchbeuteln beeinflußt die Biegesteifigkeit die Maschinengängigkeit eines Packstoffs beim Abziehen von der Packstoffrolle, im Tänzerrollensystem und beim Formen des Packstoffschlauchs. Zur Beurteilung des Einflusses der Biegesteifigkeit auf die Maschinengängigkeit bei Schlauchbeutelmaschinen werden Packstoffe in drei Gruppen eingeteilt:

1. dünnere Packstoffe ($d < 50\ \mu m$) mit Biegesteifigkeiten $E{\cdot}I < 10^{-5}\ N{\cdot}m^2/m$,
2. Kunststoff-Kunststoff- und Kunststoff-Aluminium-Verbunde mit Biegesteifigkeiten $E{\cdot}I < 8{\cdot}10^{-5}\ N{\cdot}m^2/m$ und
3. Papier-Kunststoff-Verbunde mit Biegesteifigkeiten $E{\cdot}I > 8{\cdot}10^{-5}\ N{\cdot}m^2/m$.

Die in der gesichteten Literatur erwähnten Verarbeitungsgrenzwerte werden auf eine Packstoffbreite von 1 m bezogen und schwanken bei vertikalen Schlauchbeutelmaschinen zwischen $10^{-5}\ N{\cdot}m^2/m$ für Kunststoffolien und $8{\cdot}10^{-5}\ N{\cdot}m^2/m$ für Papier/Kunststoffverbunde. Biegesteifigkeitsmeßwerte von Monofolien und Verbundpackstoffen sind in Tabelle 2.2 aufgeführt. Die Einteilung erfolgt in Abhängigkeit des Packstoffaufbaus in drei Gruppen (Monofolien, Kunststoff-/Kunststoff- und Kunststoff/Aluminium- sowie Papier/Kunststoff-Verbunde).

Tabelle 2.2. Biegesteifigkeiten einiger Monofolien, Kunststoff/Kunststoff- und Papier/-Kunststoff-Verbundpackstoffe. Nach [22, 37, 44, 46, 48, 52]

Packstoff (Aufbau)	Dicke in µm	Biegesteifigkeit in 10^{-6} N·m^2/m
Zellglas	22 - 25	2,8 - 3,8
HDPE	25 - 50	1,0 - 13,0
LDPE	25 - 51	0,2 - 6,0
LLDPE	25	0,3
EVA	25	0,1 - 0,2
OPP	13 - 35	0,4 - 7,0
PET	25	6,6
PVC	25	3,3 - 5,6
PVDC	25	0,5 - 1,4
EVOH	25	2,8 - 3,6
PET/PE	62 (12/50)	16,4 - 32,0
PET/PE	100	83,0 - 103,0
PA/PE	87 - 130	23,0 - 60,0
PP/PE	75 - 93	20,0 - 53,3
PET/Al/PE	74 (12/12/50)	18,8
PP/Al/PE	105	59,0
OPP/Al/PE	91 (20/12/60)	26,0
PVDC/PP/Al/PE	79	49,2
Papier/PE	80	53,0
Papier/PE/PVDC	100 - 104	85,0 - 118,6
Papier/PVDC/PE	82 - 120	67,3 - 113,0
Papier/Al/PVDC	79 - 85	153,8 - 155,7
Papier/Al/PE	102 - 119	105,0 - 149,0

2.1.3 Reißfestigkeit

Ein wichtiger Parameter für die Maschinengängigkeit eines Packstoffs ist dessen Reißfestigkeit. Als Reißfestigkeit bezeichnet man die Zugspannung, die nötig ist, um die Packstoffbahn zu zerreißen. Die Reißfestigkeit kann einfach mit Zugprüfmaschinen bestimmt werden. Die nach der Norm DIN 53 112 *(„Zugversuch“)* in Vorversuchen zu ermittelnde Beanspruchungsgeschwindigkeit wird häufig auf 3 m/min erhöht, um sich den in Verpackungsmaschinen vorkommenden Beanspruchungsgeschwindigkeiten anzunähern [44, 120]. Um die Maschinengängigkeit eines Packstoffs zu gewährleisten, muß der Packstoff mindestens so reißfest sein, daß er der maximalen Abzugskraft widersteht. Als Reißkraftminimum für Packstoffe – sowohl auf Kunststoffbasis als auch auf Papierbasis – wird in der Literatur für Schlauchbeutelmaschinen mit Zangenabzug das Fünffache der zu erwartenden maximalen Abzugskraft angegeben [44, 78, 84]. Dieser zunächst sehr hoch erscheinende Wert berücksichtigt, daß sowohl

Reißkraft als auch die Abzugskraft keine konstanten Größen sind, sondern sehr stark variieren können. Als Beispiel sei hier das taktweise Beschleunigen der Packstoffbahn in Verpackungsmaschinen erwähnt. Entscheidend sind daher in bezug auf die Maschinengängigkeit neben den Mittelwerten auch die statistischen Streuungen von Abzugskraft und Reißfestigkeit.

2.2 Thermische Beanspruchung von Packstoffen

2.2.1 Erweichen

Eine wichtige Eigenschaft thermoplastischer Kunststoffe stellt das Erweichen beim Berühren beheizter Siegelwerkzeugoberflächen dar. Für die Maschinengängigkeit ist es von Bedeutung, daß der Kunststoff nicht an Metallteilen anhaftet. Besonders anfällig für Erweichen sind PE und unbehandeltes PP. Schon bei Temperaturen von rund 95 °C (MDPE) bzw. 105 °C (PP) steigt hier der Gleitreibungskoeffizient so stark an, daß der Packstoff an Oberflächen anhaftet und die Verarbeitung zu Packmitteln gestört ist.

Die Eigenschaft des Erweichens wird mit einem sehr einfachen Versuchsaufbau bestimmt. Der beschreibende Parameter ist der Gleitreibungskoeffizient, der beim Ziehen der Folie über eine abschnittsweise erhitzte schiefe Ebene ermittelt wird. Dazu werden zwei Folienlagen um einen Klotz gefaltet und befestigt. Die Probe läßt man über eine schiefe Ebene mit einem vorgewählten Winkel rutschen. Der Gleitversuch wird dabei im oberen, unbeheizten Teil der schiefen Ebene begonnen. Die Probe gleitet anschließend über den beheizten Teil. Der Gleitreibungskoeffizient wird aus dem Tangens des Winkels berechnet, bei dem auf dem beheizten Teil gerade noch ein Gleiten beobachtet werden kann. [10].

2.2.2 Siegelnahtfestigkeit

Neben Kleben, Kaltsiegeln und Schweißen stellt Heißsiegeln das wichtigste Verschließverfahren von flächigen Kunststoffen dar. Kaltsiegeln erfolgt bei hitzeempfindlichen Gütern durch das Aktivieren einer auf dem Packstoff aufgebrachten „Kaltsiegelschicht“, die die zu verbindenden Teile im Bereich der Siegelnaht durch Kohäsion zusammenfügt. Beim Schweißen werden Thermoplaste im Bereich der Schweißnaht ohne Zusatz anderer Materialien miteinander verschmolzen. Mit Heißsiegeln bezeichnet man nach der Norm DIN 55 405 [130] das dauerhafte Verbinden zweier Packstoffschichten durch eine auf die Packstoffe aufgetragene und in den thermoplastischen Zustand gebrachte Schicht (Thermoplaste, Hotmelt). Die für den Vorgang benötigte Wärmeenergie kann auf verschiedene Arten übertragen werden. Man unterscheidet beim Heißsiegeln Heizkeil-, Wärmeimpuls- und Wärmekontaktverfahren und beim Schweißen zusätzlich noch Hochfrequenz-, Schmelz-, Trenn- und Ultraschallschweißen [58, 130]. Die unterschiedlichen Verfahren erzeugen dabei unterschiedliche Temperaturprofile in den Siegelschichten. Bei Wärmekontakt- und -impulsverfahren nimmt die Temperatur von innen nach außen zu, während beim Ultraschallschweißen die Folienaußenseite weitgehend kaltbleibt [24]. Die drei wichtigsten Einstellgrößen beim Heißsiegeln sind, neben der Wahl des Thermoplasten,

Siegeldruck, Siegelzeit und Siegeltemperatur. Weiterhin wird die Qualität der Siegelnähte beeinflußt durch die Abkühlgeschwindigkeit und das Siegelwerkzeugprofil. Das Vorhandensein von stückigen Produktteilchen oder Verunreinigungen im Bereich der Siegelnaht und an den Siegelwerkzeugen verringert die Nahtgüte ebenso wie ungleichmäßige Druck- und Temperaturprofile der Siegelwerkzeuge. Bei Verbundpackstoffen beeinflussen der Verbundaufbau, die ungenügende Haftung oder die unterschiedliche Dickenverteilung der Siegelschicht auf dem Trägerpolymer die Nahtgüte.

Die Qualität einer Siegelnaht wird durch Bestimmen der Siegelnahtfestigkeit und Siegelnahtdichtigkeit beurteilt. Die Siegelnahtfestigkeit kann in Zugprüfmaschinen gemessen werden [114, 120]. Prüfgröße ist entweder die Kraft, bei der das Reißen beginnt (Anrißkraft), das während des Meßvorgangs auftretende Kraftmaximum (Höchstkraft) oder die über den Meßweg gemittelte Kraft (mittlere Reißkraft). Zum Bestimmen der Siegelnahtdichtigkeit existiert eine Reihe von Tests, die entweder die einzelne Siegelnaht oder die Gesamtheit aller Nähte einer verschlossenen Verpackung – teils zerstörungsfrei, teils zerstörend – beurteilt [115]. Die Dichtigkeitsprüfungen erfolgen mit Farblösungen, durch Messen des zeitlichen Anstiegs der Sauerstoffkonzentration in der Verpackung, durch Aufpumpen der Verpackung unter Wasser oder durch Untertauchen und Aufblähen der Verpackung in einer transparenten Unterdruckkammer.

2.2.3 Warmsiegelnahtfestigkeit

Ein wichtiges Kriterium für die Maschinengängigkeit eines Packstoffs stellt die Warmsiegelnahtfestigkeit („Hot Tack") eines Packstoffs dar. Die Festigkeit der warmen Siegelnaht muß so groß sein, daß sie allen Belastungen, die unmittelbar auf einen Siegelvorgang folgen, standhält. Zu den Belastungen zählen hier fallendes, flüssiges oder warm abzufüllendes Produkt, Schneidvorgänge, Keilwirkung auf die Siegelnaht als Folge des Packstoffabzugs und Vorschubkräfte beim Riemenabzug. Die Warmsiegelnahtfestigkeit beeinflußt die Maschinengeschwindigkeit und damit die Ausbringung. Die Nahtfestigkeit wird unmittelbar nach Ende des Siegelvorgangs bestimmt. Das Material der Verbindungszone, Thermoplast oder Hotmelt, ist dabei warm. Einfluß auf die Warmsiegelnahtfestigkeit hat das verwendete Siegelverfahren. Hot Tack-Werte für Ultraschallsiegeln liegen höher als Werte für das Wärmekontaktverfahren [24, 25]. Die Verhältnisse sind damit genau umgekehrt wie bei der Kaltnahtfestigkeit. Die Warmsiegelnahtfestigkeit hängt ab von der Abkühlgeschwindigkeit und den Siegelbedingungen (Temperatur, Druck, Zeit). Hohe Warmsiegelnahtfestigkeiten werden mit niedrigen Siegelzeit/-temperatur-Kombinationen in der Nähe des Schmelzpunktes der Thermoplasten erreicht. Weitere Einflußgrößen sind der Thermoplasttyp, der Aufbau und die Kombinationsart der Verbundfolie sowie die Verankerung und Schichtdicke des Thermoplasten auf dem Trägermaterial [57].

Während das Messen der Festigkeit einer kalten Siegelnaht keine Probleme bereitet, treten bei Hot Tack-Messungen Schwierigkeiten auf, da das Aufreißen der Naht unmittelbar im Anschluß an den Siegelvorgang stattfinden muß. Meßgröße ist entweder die Kraft, die erforderlich ist, die noch heiße Siegelnaht zu trennen oder die Eindringtiefe eines Spaltdorns in die Siegelnaht [24, 57, 100].

2.3 Sonstige Beanspruchungen

2.3.1 Elektrostatische Aufladungen

Elektrostatische Aufladungen entstehen sowohl durch das Reiben zweier Körper aneinander (äußere Reibung) als auch durch das Berühren und anschließendes Trennen zweier Körper durch Elektronenübergänge. Im ersten Fall muß mindestens einer der Körper ein guter elektrischer Isolator sein, im zweiten Fall müssen beide aus elektrisch isolierendem Material bestehen [75]. Auch Staubpartikel, die mit einer Kunststoffbahn in Berührung kommen, führen zu Elektronenübergängen. Diese Staubablagerungen verschlechterten beispielsweise die Siegeleigenschaften, die Bedruckbarkeit, das Haften von Folienbahnen aneinander oder verursachen beim Ablegen der Beutel Schwierigkeiten. Wird während des Verarbeitungsprozesses der Staub durch Luftströmung von der Packstoffbahn entfernt, bleibt eine negative Ladung auf der Kunststoffoberfläche zurück. Bei den erwähnten Stäuben kann es sich um das Packgut handeln [53, 72, 75, 77].

Kunststoffolien sind hochisolierend und besitzen Oberflächenwiderstände von 100 GΩ (PA) bis über 100 TΩ (PE) [6]. Diese großen Oberflächenwiderstände verhindern ein Abfließen von entstandenen elektrischen Ladungen. In Verpackungsmaschinen kommt es zu Aufladungen bei mechanischen Trennvorgängen durch Elektronenübergänge. Das Material mit der besseren Isolatoreigenschaft gibt Elektronen an den schlechteren Isolator ab. Der Elektronendonator (mit der höheren Dielektrizitätskonstante) erhält dadurch eine positive, der Elektronenakzeptor eine negative Ladung. Die Höhe der Aufladung ist proportional der Differenz der Dielektrizitätskonstanten. Elektrostatische Aufladungen können durch eine Reihe von Maßnahmen verringert oder verhindert werden. Solche Maßnahmen sind die Zugabe von Trennmitteln, Antistatikmitteln, das Einarbeiten oder Aufbringen leitfähiger Schichten, das Erhöhen der relativen Luftfeuchte und damit der Leitfähigkeit der Luft, das Herabsetzen der Arbeitsgeschwindigkeit, Erden und der Einsatz passiver oder aktiver Ionisatoren [6, 69, 72, 75, 77].

2.3.2 Rollneigung

Beim Verarbeiten von Verbundpackstoffen stellt deren Rollneigung ein großes verarbeitungstechnisches Problem dar. Rollen ist als die Neigung von Packstoffen definiert, sich durch an einer Grenz- oder Oberfläche auftretende mechanische Spannungen einzurollen [130]. Hauptursache für die Rollneigung sind Unterschiede in der relativen Feuchte während des Herstellens und Lagerns eines Packstoffs sowie dessen Verarbeiten zu Packmitteln. Besonders große Rollneigung besitzen Verbundpackstoffe, bei denen die einzelnen Schichten unterschiedliches Wasseraufnahmeverhalten zeigen. Ein Packstoff auf Cellulosebasis rollt dann, wenn er einseitig trockener bzw. feuchter Luft ausgesetzt wird oder eine inhomogene Struktur besitzt [11, 65]. Diese inhomogene Struktur führt dann bei Wasseraufnahme oder Wasserabgabe zu unterschiedlichen Spannungen über den Packstoffquerschnitt. Einseitig mit Kunststoff beschichtete Papiere neigen je nach Art des Papiers, des Kunststoffes und der Kunststoffdicke zu unterschiedlich ausgeprägtem Rollen. Die Rollneigung ist um so größer, je geringer die Biegesteifigkeit eines Packstoffs ist.

Rollen wird ebenfalls durch die unterschiedliche Wärmeausdehnung der einzelnen Schichten eines Verbundpackstoffs ausgelöst [22]. Als wirksamstes Mittel gegen Rollneigung werden gleiche klimatische Bedingungen bei der Packstoffherstellung und -verarbeitung genannt.

2.3.3 Blockkraft

Die Adhäsionskraft oder Haftfestigkeit zwischen zwei Kunststoffoberflächen kann bei der Verarbeitung von Packstoffen große Schwierigkeiten bereiten. Nicht zu vernachlässigen ist das Phänomen beim Einsatz von Zuschnitten. In der Norm DIN 53 366 („*Bestimmung der Blockkraft*“) wird die Blockkraft als die in Zugversuchen ermittelte Höchstkraft definiert, die erforderlich ist, um die verblockten Oberflächen zwischen zwei Streifen aus Kunststoffolie oder zwischen den beschichteten Seiten zweier aufeinanderliegender Streifen aus einer Kunststoff-Textilbahn scherend voneinander zu trennen [122].

2.4 Abzugskräfte in vertikalen Form-, Füll- und Verschließmaschinen

2.4.1 Abzugskräfte

Abzugskräfte sind definiert als die Summe der Kräfte, die notwendig ist, um einen Packstoff von der Rolle abzuwickeln und durch eine Verpackungsmaschine zu transportieren. Dabei müssen mechanische Widerstände überwunden werden, die durch die oben beschriebenen Eigenschaften der Packstoffe und die Grundoperationen in der Verpackungsmaschine bedingt sind. Die Abzugskraft ist das wichtigste Maß zur Beschreibung der Maschinengängigkeit. Als maßgebende Größen werden für vertikale Form-, Füll- und Verschließmaschinen mit Zangenabzug in der Literatur die mechanischen Eigenschaften Reibung, Biegesteifigkeit und Reißfestigkeit genannt. Bei vertikalen Form-, Füll- und Verschließmaschinen mit Riemenabzug spielt die Reibung die maßgebliche Rolle. Ein Packstoff muß die aufgrund der genannten Eigenschaften auftretenden Formänderungs- und Reibungswiderstände im Bereich von Umlenkrollen, Tänzerrollensystem und Formschulter standhalten. Eine strikte Trennung der Einflüsse von Biegesteifigkeit und Reibung auf die Bahnspannung ist nicht möglich. Der Zusammenhang zwischen Biegesteifigkeit und Abzugskraft ist eindeutig: mit steigender Biegesteifigkeit steigt die Abzugskraft. Bei geringen Biegesteifigkeiten sind auch geringe Abzugskräfte erforderlich. Die Gefahr des Abreißens der Packstoffbahn ist bei kleinen Abzugskräften gering. Bei steifen Packstoffen, z. B. Kunststoff/Aluminium/Papierverbunden, ist die Gefahr des Abreißens durch die erforderlichen großen Abzugskräfte eher gegeben [63].

2.4.2 Messen von Abzugskräften

Für das Messen der Abzugskräfte in Schlauchbeutelmaschinen werden verschiedene Meßverfahren eingesetzt. Man unterscheidet zwischen statischen und dynamischen Meßsystemen. Statische Meßsysteme, im einfachsten Fall am Folienschlauch befestigte Massestücke, welche ein Abziehen der Folie bewirken, werden eingesetzt, um Aussagen über die grundsätzliche Eignung eines Packstoffs für einen bestimmten Maschinentyp zu erhalten. Die so ermittelten Abzugskräfte werden mit vorhandenen Erfahrungswerten verglichen. Will man Aussagen über die die durch die Maschinenkinematik bewirkten Abzugskräfte machen, ist man auf dynamische Messungen angewiesen. Bei diesen Messungen wurden bisher Dehnungsmeßstreifen oder Meßwalzenlager eingesetzt. Die Möglichkeit, alternativ berührungsfreie Wegaufnehmer einzusetzen, wurde im Rahmen dieser Arbeit erprobt. Auf die theoretischen Grundlagen der Dehnungsmeßstreifen und der berührungslosen Wegmessung wird im folgenden eingegangen. Beide Verfahren wurden im Rahmen dieser Arbeit verwendet. Erwähnt wird ebenfalls die Meßtechnik zum Bestimmen von Bahnspannungen mit Meßwalzenlagern.

Bestimmen der Abzugskraft mit angehängten Massestücken und Federwaagen

Zum Messen der Abzugskraft werden Massestücke an die zu einem Schlauch geformte Packstoffbahn gehängt. Die Masse wird solange erhöht, bis sich die Folienbahn gerade in Bewegung setzt. Die notwendige Abzugskraft wird als Gewichtskraft angegeben. Das Verfahren wird vorwiegend zum Beurteilen verschiedener Formschultern eingesetzt. Vor der Formschulter muß dann die Packstoffbahn spannungsfrei und die Packstoffvorratsrolle ungebremst sein.

Diese Meßtechnik ist mit sehr geringem Aufwand an praktisch jeder Schlauchbeutelmaschine einsetzbar. Die ermittelte Abzugskraft ist aber ungeeignet zum Beschreiben des zeitlichen Kraftverlaufs bei komplexen Abpackvorgängen und der damit auftretenden Belastungsmaxima an der Formschulter.

Ebenfalls sehr einfach ist der Einsatz von Federwaagen zum Messen von Abzugskräften. Eine Federwaage wird am Ende des Folienschlauchs befestigt. Die Federwaage wird angezogen und die Abzugskraft kann bei einsetzender Packstoffbewegung direkt abgelesen werden. Problematisch bei dieser Meßmethode ist der nicht exakt zu bestimmende Beginn der Relativbewegung des Packstoffs, welcher die Abzugskraft beeinflußt. Auch lassen sich, vergleichbar dem Einsatz von Massestücken, keine Aussagen über den zeitlichen Verlauf der Abzugskraft machen.

Bestimmen der Abzugskraft mit Dehnungsmeßstreifen

Dehnungsmeßstreifen als Dehnungsgeber setzen Dehnung über ihre elektrische Widerstandsänderung in elektrische Spannungsänderungen um. Das Dehnen eines Körpers wird immer verursacht durch innere oder äußere Einwirkung von Kräften, Drücken, Momenten, Wärme oder Strukturveränderungen im Material. Mit Dehnungsmeßstreifen lassen sich daher mechanische Größen wie Druck, Zug und Torsion ermitteln. Sie sind das herkömmliche Meßverfahren, um Abzugskräfte in vertikalen Schlauchbeutelmaschinen über die Durchbiegung der Formschulterhalterung zu bestimmen.

Das Funktionsprinzip von Dehnungsmeßstreifen beruht auf dem Dehnungs-Widerstandseffekt elektrischer Leiter. Ein elektrischer Leiter der Länge l_0 und des Durchmessers d mit dem spezifischen Widerstand ρ hat den Widerstand R.

$$R = \rho \cdot \frac{l_0}{A} = \rho \cdot \frac{l_0 \cdot 4}{\pi \cdot d^2} \tag{2.4}$$

Ändert sich die Läge des Drahtes um Δl, verringert sich gleichzeitig der Durchmesser des Drahtes um Δd.

$$\Delta d = \nu \cdot \frac{\Delta l}{l_0} \cdot d = \nu \cdot \varepsilon \cdot d \tag{2.5}$$

Darin bedeuten $\nu = -\Delta d / d \cdot l / \Delta l$ die Poisonsche Zahl und ε die Dehnung. Durch partielles Differenzieren von Gleichung 2.4 erhält man:

$$\frac{dR}{R} = \frac{d\rho}{\rho} + \frac{dl}{l_0} - 2\frac{\mathrm{d}d}{d} \quad . \tag{2.6}$$

Durch Einsetzen der Poisonschen Zahl ν und der Dehnung ε kann Gleichung 2.6 geschrieben werden als:

$$\frac{dR}{R} = \frac{d\rho}{\rho} + \varepsilon + 2 \cdot \varepsilon \cdot \upsilon = \varepsilon \cdot \left(\frac{d\rho}{\rho \cdot \varepsilon} + 1 + 2 \cdot \upsilon \right) = \varepsilon \cdot k \quad . \tag{2.7}$$

Der Faktor k wird als Empfindlichkeit des Dehnungsmeßstreifens oder k-Faktor bezeichnet. Für Dehnungsmeßstreifen aus Metall schwankt k zwischen 2,0 und 6,0, für Halbleiter-Dehnungsmeßstreifen zwischen -80 und -100 (Silizium Typ n) und zwischen 110 und 130 (Silizium Typ p) [29]. Der k-Faktor muß sowohl unabhängig vom Ausmaß der Längenänderung als auch temperaturunabhängig sein. Diese Forderung wird hervorragend von Konstantan erfüllt. Der Temperatureinfluß auf die Längenänderung von metallischen Drähten läßt sich auch durch eine geeignete Meßschaltung kompensieren.

Der prinzipielle Aufbau von Dehnungsmeßstreifen ist in Bild 2.1 dargestellt. Man unterscheidet zwischen Folien- und Drahtmeßstreifen. Folienmeßstreifen haben ein mäanderförmiges Meßgitter aus einem Leitermaterial, das zwischen zwei hochisolierenden Kunststoffolien eingebettet ist. Drahtmeßgitter bestehen aus einem Metalldraht, dessen Länge durch Umlenkungen ein Vielfaches der aktiven Gitterlänge ist. Folienmeßstreifen sind aufgrund der vorhandenen Formenvielfalt Drahtmeßstreifen in vielen Anwendungen überlegen. Drahtmeßstreifen weisen Vorteile bei hohen Temperaturen auf. Bei wechselnden Dehnungen von ± 0,1 % können mit Folienmeßstreifen bis zu 10^7 Lastwechsel bis zum Ermüdungsbruch durchgeführt werden. Übliche Widerstandswerte sind 120, 350 und 600 Ω. Dehnungsmeßstreifen können mit 8 mW/mm^2 aktiver Meßfläche belastet werden.

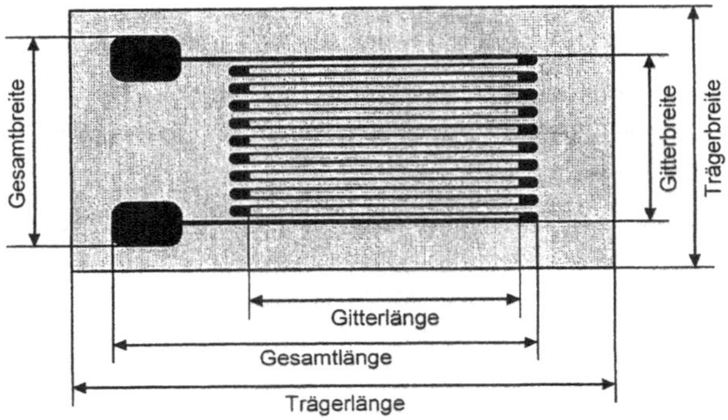

Bild 2.1. Aufbau von Dehnungsmeßstreifen

Gebräuchliche Meßschaltungen sind Wheatstonesche Brückenschaltungen, die entweder als Vollbrückenschaltung mit vier oder als Halbbrückenschaltung mit zwei Dehnungsmeßstreifen ausgestattet sind. Wird das zu untersuchende Objekt, in diesem Fall die Formschulterhalterung, gleichzeitig an der Unterseite auf Dehnung und an der Oberseite auf Kontraktion belastet, läßt sich durch Anbringen von vier Dehnungsmeßstreifen, von denen jeweils zwei auf Zug und Druck beansprucht werden, sowohl die Empfindlichkeit der gesamten Meßanordnung erhöhen als auch ein möglicher Temperatureinfluß kompensieren. Bild 2.2 zeigt schematisch die Anordnung der Dehnungsmeßstreifen bei gleichzeitigem Auftreten von Zug- und Druckkräften in Verbindung mit einer Vollbrückenschaltung. Das Kalibrieren des Meßsystems erfolgt durch Anhängen von Gewichten an die Formschulterhalterung. Eine Zweipunktkalibrierung ist ausreichend.

Dehnungsmeßstreifen zeichnen sich durch die große Anzahl unterschiedlichster Ausführungen bei geringer Größe aus und ermöglichen damit auch den Einsatz bei extremen Bedingungen, wie Messungen unter hochdynamischen Lastwechseln oder bei extremen Temperaturen. Durch bestimmte Meßanordnungen können einzelne Beanspruchungskomponenten selektiv erfaßt werden. Dehnungsmeßstreifen erreichen mit geeigneten Verstärkern eine hohe Auflösung des Meßsignals bei gleichzeitiger großer Schwingfestigkeit. Es gibt keine Ansprechschwelle. Dehnungsmeßstreifen können in einem Temperaturbereich, der von Temperaturen nahe des absoluten Nullpunktes bis etwa 1000 °C reicht, eingesetzt werden. Das Messen mit Dehnungsmeßstreifen erfordert eine sorgfältige und zeitaufwendige Vorbereitung. Das exakte Ausrichten der einzelnen Dehnungsmeßstreifen auf dem Meßobjekt, die Auswahl der richtigen Meßbrückenschaltung und das feste Verbinden der Dehnungsmeßstreifen mit dem Meßobjekt sind entscheidende Kriterien für die Meßgenauigkeit des Verfahrens. Beim Fixieren der Dehnungsmeßstreifen auf Maschinenteilen werden Säuren, Laugen und organische Lösungsmittel verwendet, die die Oberfläche des Meßobjektes angreifen. Die Vorbereitung der Maschinenteile nimmt mindestens zwei Tage in Anspruch. Während dieses Zeitraums ist es nicht möglich, die präparierte Formschulteraufhängung zu benutzen.

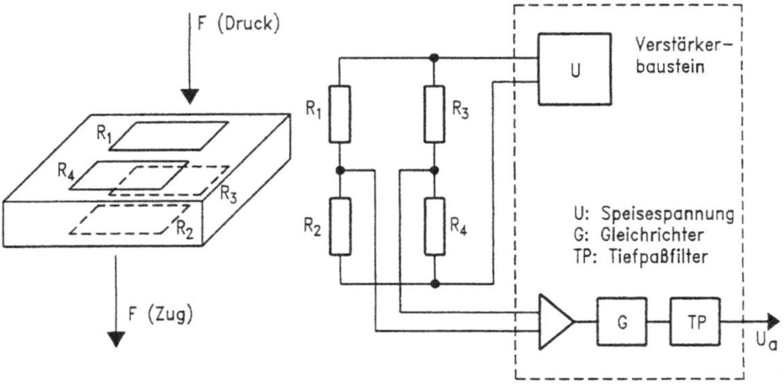

Bild 2.2. Einsatz von Dehnungsmeßstreifen beim gleichzeitigen Auftreten von Zug- und Druckkräften (Biegespannung)

Bestimmen der Abzugskraft mit berührungslosen induktiven Wegaufnehmern

Berührungslose induktive Wegaufnehmer messen Veränderungen der Abstände zwischen dem Sensor und dem Meßobjekt. Die Abstandsänderungen können dabei durch Verschieben, Durchbiegen oder auch radiales Schwingen des Meßobjektes entstehen. Es können Abstandsänderungen aufgrund wirkender Kräfte und über die Durchbiegung von Membranen auch Drücke erfaßt werden.

Das Material des Meßobjektes ist für die Größe des Meßsignals maßgebend. Den größten Einfluß auf die magnetische Flußänderung haben dabei alle ferromagnetischen Materialien (Eisen, Kobalt und Nickel). Bei den nichtmagnetischen aber elektrisch gut leitenden Metallen Kupfer, Messing und Aluminium treten induzierte Kurzschlußströme (sogenannte Wirbelströme) auf, die einen betragsmäßig kleinen negativen Effekt auf die Meßgenauigkeit haben. Für Messungen an diesen Materialien sind Trägerfrequenzen von 50 kHz geeignet, wobei der Meßeffekt auf der Induktion von Wirbelströmen beruht. Ungeeignet für den Einsatz induktiver Wegaufnehmer sind austenitische Stähle und Kunststoffe. Diese Werkstoffe müssen durch das Aufkleben dünner weichmagnetischer Plättchen für die Messungen vorbereitet werden [136].

Das Meßprinzip induktiver Wegaufnehmer beruht auf dem Faradayschen Induktionsgesetz. Dieses Gesetz besagt, daß in einer Spule eine Spannung induziert wird, wenn der sie durchsetzende magnetische Fluß, beispielsweise durch Bewegung eines elektrischen Leiters im Magnetfeld, eine Änderung erfährt. Das Zustandekommen der Induktionsspannung wird durch die Lorentzkraft erklärt. Im Leiter befinden sich Elektronen, die mit ihm durch das Magnetfeld bewegt werden. Dabei erfahren die Elektronen eine Kraft senkrecht zu den Feldlinien und senkrecht zur Bewegungsrichtung. Durch die Krafteinwirkung werden sie „verschoben" und es fließt ein Induktionsstrom. Die Induktionsspannung kann abgegriffen werden. Auch wenn sich das Magnetfeld, beispielsweise durch einen bewegten Magneten, verändert, wird Spannung induziert. Der elektrische Leiter verändert seine Position dabei nicht [54].

Die Induktionsspannung U_{ind} einer Spule läßt sich mit dem Faradayischen Induktionsgesetz berechnen.

$$U_{ind} = n \cdot \frac{\Delta\Phi}{\Delta t} \tag{2.8}$$

Darin bedeuten n die Windungszahl der Spule, $\Delta\Phi$ die Änderung des magnetischen Flusses und Δt die Dauer dieser Änderung. Unter dem magnetischen Fluß Φ versteht man das Produkt aus Induktivität oder magnetischer Flußdichte B und der Querschnittsfläche A_S des Magnetfeldes einer zylindrischen Spule.

$$\Phi = B \cdot A_s \tag{2.9}$$

Die Induktivität B einer Zylinderspule der Länge l, in welcher der Erregerstrom I_{err} durch n Windungen fließt, beträgt

$$B = \frac{\mu_r \cdot \mu_0 \cdot I_{err} \cdot n}{l} \quad . \tag{2.10}$$

Neben der Länge der Spule und der Windungszahl n hat die Permeabilität (relative Permeabilitätszahl des Stoffes μ_r, magnetische Feldkonstatnte μ_0) Einfluß auf die Induktivität. Die relative Permeabilität gibt an, auf das Wievielfache sich die Induktivität erhöht bzw. erniedrigt, wenn im magnetischen Feld kein Vakuum vorhanden ist.

Wird Eisen oder ein anderes ferromagnetisches Metall relativ zu einer Spule bewegt, so ändert sich ihre magnetische Induktion. Da diese Änderung nicht linear ist, behilft man sich in den meisten Meßanordnungen mit dem Anbringen von zwei Meßspulen in der Gegentaktanordnung, mit der sich die gemeinsame Kennlinie der beiden Spulen linearisieren läßt. Diese Anordnung ist in Bild 2.3 dargestellt. Beide Spulen sind aktiv an der Meßwertbildung beteiligt. Jede Positionsänderung ΔL des Meßobjektes bewirkt ein gleich großes, aber gegensinniges Ändern des Luftspaltes L_M zwischen den Spulen und dem Meßobjekt und damit eine gegensinnige

Veränderung der Induktivitäten. Die Meßsignale beider Spulen werden durch geeignete Schaltungen addiert.

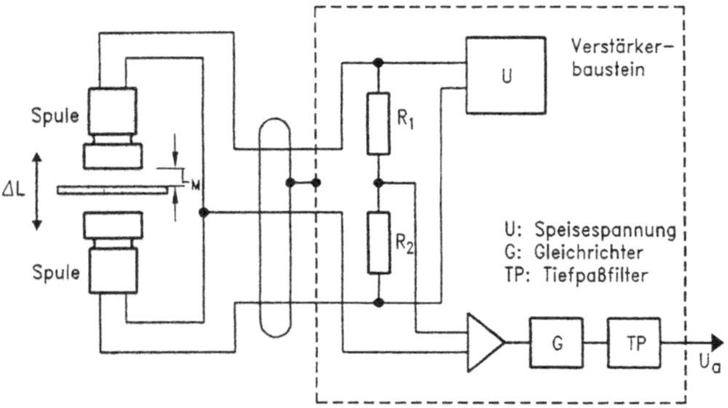

Bild 2.3. Funktionsprinzip induktiver Wegaufnehmer (Gegentaktanordnung). Nach [137]

Es gibt aber auch Aufnehmer, bei denen die beiden Spulen in einem Gehäuse untergebracht sind. Bild 2.4 zeigt schematisch den Aufbau und das Funktionsprinzip dieses Aufnehmertyps, der auch im Rahmen dieser Arbeit verwendet wurde. Bei dieser Ausführung werden die zwei Spulen erst in einem Verstärkerbaustein mit zwei Ohmschen Widerständen zur Vollbrücke ergänzt. Nur die Meßspule erfaßt die Positionsänderung ΔL des Meßobjektes durch die Veränderung des Luftspaltes L_M, während der Referenzluftspalt L_R der passiven Ergänzungsspule konstant bleibt. Folglich wird nur ein Zweig der Halbbrückenschaltung verstimmt, so daß der Einfluß auf die gesamte Brückenschaltung und das Spannungssignal kleiner ist als bei der zuerst beschriebenen möglichen Anordnung.

Das Meßergebnis kann durch Temperaturschwankungen beeinflußt werden. Meßobjekt und induktiver Wegaufnehmer sollten daher der gleichen Temperatur ausgesetzt werden. Dehnt sich das Meßobjekt durch Temperaturerhöhung aus, muß ein Nullpunktabgleich vorgenommen werden. Die große Empfindlichkeit induktiver Wegaufnehmer gegenüber der Lageänderung des Meßobjektes wird durch den Abstand zwischen induktivem Wegaufnehmer und Meßobjekt beeinflußt. Bild 2.5 zeigt am Beispiel des verwendeten induktiven Aufnehmers (HBM Tr 102) den Einfluß des Luftspalts L_M auf das Spannungssignal bei unterschiedlichen Meßwegen ΔL und bei einer Versuchsanordnung entsprechend dem Bild 2.4. Die größte Empfindlichkeit wird bei kleinen Abständen zwischen Sensor und Meßobjekt erzielt. Bei Durchbiegung der Formschulterhalterung nach unten sollte der Wegaufnehmer auf der Unterseite der Formschulterhalterung angebracht werden. Die Umrechnung der Wegänderung zwischen Sensor und Meßobjekt in Abzugskräfte erfolgt, wie beim Verwenden von Dehnungsmeßstreifen, durch das

Kalibrieren mit Gewichten, die an dem Meßobjekt befestigt werden. Eine Zweipunktkalibrierung ist ausreichend.

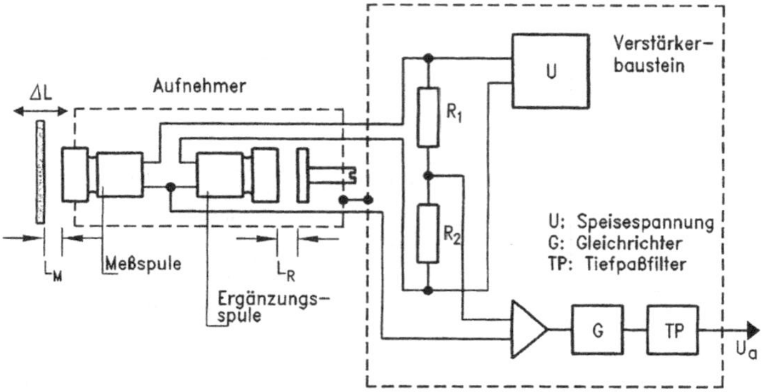

Bild 2.4. Aufbau und Funktionsprinzip eines induktiven Wegaufnehmers. Nach [136, 137]

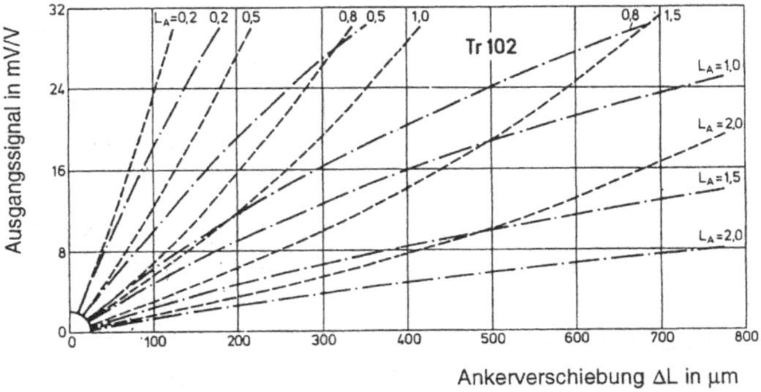

Bild 2.5. Empfindlichkeitskurve eines induktiven Wegaufnehmers (HBM Tr 102). L_A: Ausgangsluftspalt in mm, -----: $L_M < L_A$, ———-—: $L_M > L_A$ [136]

Die vielseitigen Einsatzmöglichkeiten verdanken die Wegaufnehmer dem Anschluß an hochwertige Trägerfrequenz-Meßverstärker, die teilweise der hohen Auflösung von Lasersystemen standhalten. Durch ihre große Empfindlichkeit können Meßwege > 0,1 µm erfaßt werden. Die nur kleinen Abweichungen von der Linearität zwischen Induktivität und Weglänge und die gute

Reproduzierbarkeit sind weitere Vorteile des Meßverfahrens. Das berührungslose Messen ermöglicht einen Einsatz auch an Maschinen unter Produktionsbedingungen, ohne daß an der Maschine selbst vorbereitende Arbeiten notwendig sind, wie dies beim Anbringen von Dehnungsmeßstreifen der Fall ist. Das Installieren des Meßsystems erfolgt mit einem sehr kleinen Zeitaufwand. Zur Befestigung des Sensors in unmittelbarer Nähe der Formschulterhalterung reicht ein Stativ aus, das fest mit dem Maschinengehäuse verbunden wird.

Bestimmen der Abzugskraft mit Meßwalzenlagern

Für das Messen von Abzugskräften und Bahnspannungen an laufenden Bahnen bei der Herstellung von Papier und Kunststoffolien hat sich der Einsatz von Meßwalzenlagern bewährt. Bild 2.6 zeigt den schematischen Aufbau einer Meßstelle, die aus drei Walzen besteht, von denen die mittlere vertikal beweglich ist. Unter der Walzenlagerung befindet sich ein Meßumformer. Die aufgrund des Zuges in der Packstoffbahn resultierende Kraft *F* wird in einen Meßwert (Strom- oder Spannungssignal) umgeformt. Bei der Packstoffherstellung dient dieser Meßwert als Regelgröße und steuert die Bahngeschwindigkeit v [27].

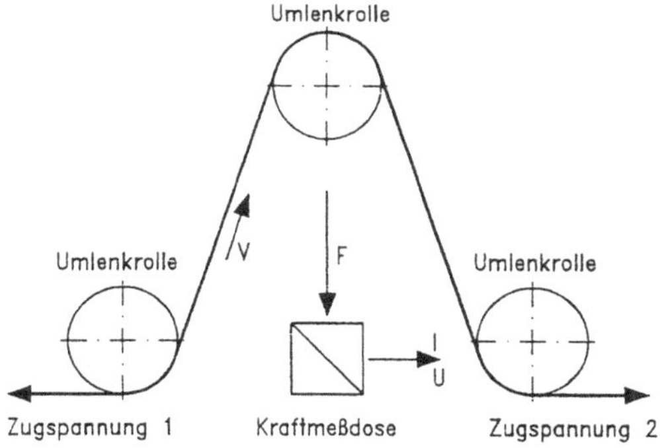

Bild 2.6. Bestimmen der Abzugskräfte mit Meßwalzenlagern

Die Meßeinrichtung muß so ausgelegt sein, daß kein Verlaufen der Packstoffbahn auftreten kann. Der Packstoff kann die Messung durch eine ungleichmäßige Dicken- und Spannungsverteilung über die Bahnbreite beeinflussen. Das Eigengewicht der durch Zug belasteten Bahn, die Fliehkraft und Schwingung der Bahn sind weitere zu beachtende Faktoren. Die Walzen können die Messung durch Parallelitätsfehler, Walzendurchbiegung, konstruktive Probleme bei der Verbindung von Meßwalze und Lager sowie die Eigenmasse der Walzen beeinflussen. Meßfehler können auch durch Lufteinschluß, Haftung oder Schlupf auftreten. Für das Messen von Abzugskräften in Verpackungsmaschinen sind Meßwalzenlager grundsätzlich geeignet. Gegen ihren Einsatz in Schlauchbeutelmaschinen spricht aber, daß im Bereich der Packmittelformung keine Walzen vorhanden sind und daß durch den Einbau von Meßlagern eine konstruktive Veränderung an der Maschine vorgenommen werden müßte.

3 Vertikale Schlauchbeutelmaschinen

Schlauchbeutelmaschinen werden zur Gruppe der Form-, Füll- und Verschließmaschinen gezählt. Während des Abpackvorgangs wird der Schlauchbeutel aus dem flächigen Packstoff geformt, längs und quer versiegelt, mit dem Packgut befüllt und anschließend die Kopfnaht verschlossen. Man unterscheidet aufgrund ihrer Bauweise horizontale und vertikale Schlauchbeutelmaschinen. Während Stückgüter häufig mit horizontalen Schlauchbeutelmaschinen verpackt werden, lassen sich mit vertikalen Schlauchbeutelmaschinen freifließende, pulverförmige und kleinstückige Schüttgüter sowie Flüssigkeiten abfüllen. In dieser Arbeit wird nur auf das Funktionsprinzip der vertikalen Schlauchbeutelmaschinen eingegangen.

Bild 3.1 zeigt schematisch die einzelnen Maschinenstationen einer vertikalen Schlauchbeutelmaschine. Die Erläuterung der Funktionsweise erfolgt in den folgenden Abschnitten.

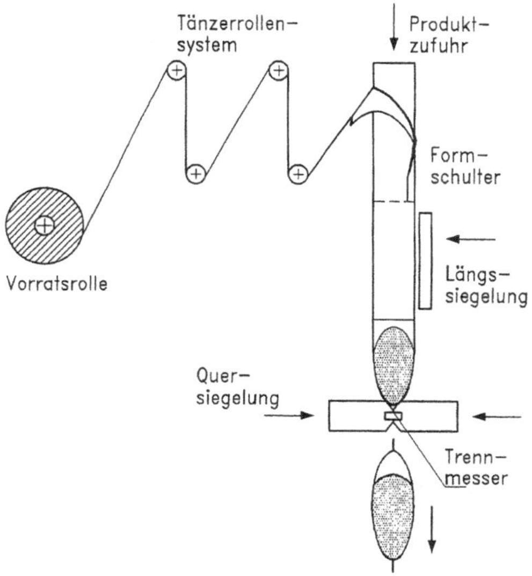

Bild 3.1. Arbeitsprinzip vertikaler Schlauchbeutelmaschinen

3.1 Packstofftransport und Packmittelformung

3.1.1 Packstofftransport

Das Zuführen von Packstoff erfolgt bei allen Schlauchbeutelmaschinen auf ähnliche Art und Weise. Der auf Rollen aufgewickelte Packstoff wird von der Abrollstation über ein Zugspannungsausgleichssystem (Ausgleichsschwingen, Tänzerrollensystem) und mehrere Umlenkrollen zu der Station geführt, in der die Formung des Packstoffschlauchs erfolgt. Dies ist im Falle der vertikalen Schlauchbeutelmaschine die Formschulter.

Aufgaben des Tänzerrollensystems sind es, bei diskontinuierlichem Betrieb den Packstoff zu speichern (Speicherfunktion), die ruckartige Bewegung der Packstoffbahn bei Beschleunigung und Verzögerung zu dämpfen und Spannungsspitzen zu reduzieren (Bremsfunktion) [46]. Um beide Funktionen zu erfüllen, ist das Tänzerrollensystem mit einem festen und einem freibeweglichen Arm ausgestattet. Der freie Tänzerrollenarm ist bei einigen Schlauchbeutelmaschinen derart gestaltet, daß mit ihm die Vorratsrolle über einen Bremshebel abgebremst wird. Die Bremskraft ist dabei von der Position des freien Tänzerrollenarms abhängig. Befindet sich der Tänzerrollenarm am oberen Anschlag, ist die Bremse gelöst. Die Zugspannung in der Packstoffbahn nimmt ab, je höher die Position des freien Tänzerrollenarms ist. Durch eine Zugfeder wird bei zu kleinen Zugspannungen eine Gegenkraft erzeugt und der Tänzerrollenarm bremst die Packstoffvorratsrolle wieder ab. Das Prinzip des Tänzerrollensystems ist in Bild 3.2 dargestellt [107]. Andere verwirklichte Bremssysteme sind Vakuumbremssysteme, bei denen durch Erzeugen eines Unterdrucks die Packstoffbahn gegen einen perforierten Bremsbacken gesogen wird.

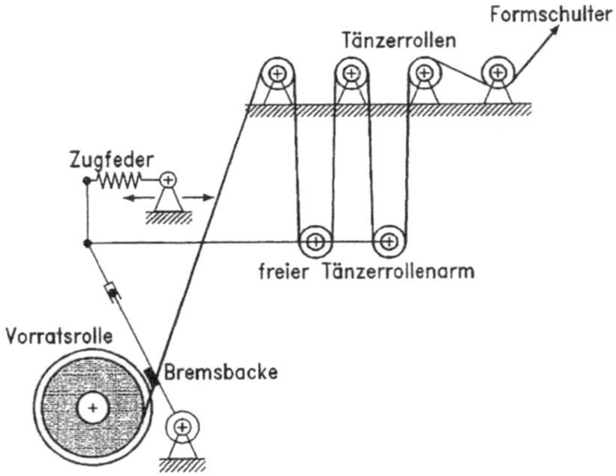

Bild 3.2. Prinzip des Tänzerrollensystems bei vertikalen Schlauchbeutelmaschinen. Nach [107]

Das Abziehen der Packstoffe erfolgt bei vertikalen Schlauchbeutelmaschinen über drei unterschiedliche Systeme: Zangen-, Riemen- und Walzenabzug. Man unterscheidet zwischen intermittierend und kontinuierlich (nur Riemen- und Walzenabzug) arbeitenden Bauformen. Die Packstoffbeanspruchung beim maschinellen Verarbeiten hängt sowohl vom Abzugssystem wie auch von der Betriebsform ab. Mit intermittierend arbeitenden Maschinentypen lassen sich, je nach Packstoffbreite und Beutellänge, maximale Maschinenausbringungen von 60 bis 120 Beutel pro Minute, mit kontinuierlich arbeitenden Maschinen 70 bis 180 Beutel pro Minute realisieren. Die maximale Ausbringung wird durch die Beutelabmessungen und die Fallzeit des Produktes bestimmt [2, 18].

Der Zangenabzug stellt in aller Regel geringere Anforderungen an den Packstoff und wurde als erstes Abzugssystem für vertikale Schlauchbeutelmaschinen entwickelt. Die notwendige Abzugskraft wird kraftschlüssig durch die Quersiegelbackenbewegung auf die Packstoffbahn übertragen. Bild 3.3 zeigt den Bewegungsablauf des Folienschlauchs und der Quersiegelbacken während eines Arbeitstaktes. Ein Vorteil des Zangenabzugs ist es, daß bei gleichen Abzugs- und Rücklaufzeiten der Siegelwerkzeuge 50 % und bei schnellem Anheben der Siegelwerkzeuge bis zu 75 % der Taktzahl für das Siegeln der Quernaht zur Verfügung stehen.

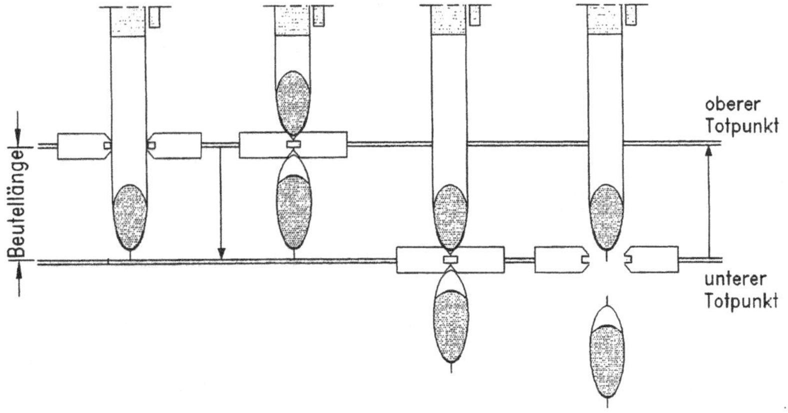

Bild 3.3. Prinzip des Zangenabzugs bei vertikalen Schlauchbeutelmaschinen

Die Vertikalbewegung einer Quersiegelbacke bei 60 und 120 Takten pro Minute ist in Bild 3.4 als Weg-Zeit-Diagramm dargestellt [107]. Die Messungen wurden an einer Maschine der Firma Hamac Hansella vom Typ Transwrap 125 H durchgeführt. Aus dem parabelförmigen Kurvenverlauf können aus der Tangentensteigung die Geschwindigkeitskomponente in der Vertikalachse berechnet sowie aus den einzelnen Streckenabschnitten mittlere Beschleunigungswerte näherungsweise ermittelt werden. Bei dieser Maschine ist die Geschwindigkeit, mit der die Quersiegelbacken gesenkt bzw. angehoben werden, abhängig von der Maschinenausbringung.

Die Abwärtsbewegung der Siegelwerkzeuge ist langsamer als die Aufwärtsbewegung. Die Quersiegelbacken verweilen weder im oberen noch im unteren Totpunkt. Bei anderen Maschinen mit Zangenabzug erfolgt der Packstofftransport, unabhängig von der Maschinenausbringung, mit annähernd gleicher Geschwindigkeit. Bei kleinen Maschinenausbringungen verweilen die Quersiegelwerkzeuge dann in einem der beiden Totpunkte.

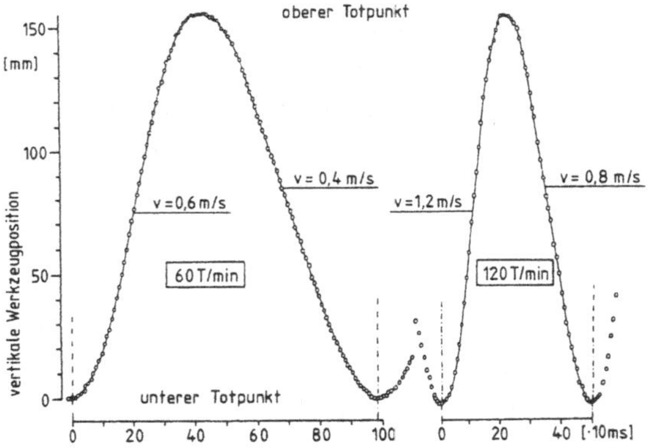

Bild 3.4 Vertikalbewegung einer Quersiegelbacke bei einer Ausbringung von 60 und 120 Beutel/min [107]

Durch die längere Siegelzeit kann die Siegeltemperatur reduziert werden. Nachteile bei diesem System sind die intermittierende Arbeitsweise der Verpackungsmaschine, die Beschränkung der Beutellänge auf den maximal vorgegebenen Zangenhub und die durch den Abzug vorgegebene keilförmige Beutelform mit geringeren Füllvolumina. Als wichtigste, die Maschinengängigkeit beschreibende Parameter, werden in der Literatur Biegesteifigkeit, Gleitreibung und Reißfestigkeit des Packstoffs genannt [2, 48].

Während der Abzug bei Maschinen mit Zangenabzug kraftschlüssig erfolgt, ist bei Maschinen mit Riemen- oder Walzenabzug eine reibschlüssige Kraftübertragung notwendig. Dazu werden beim Riemenabzug meist zwei um 180° versetzt angebrachte Kunststoffriemen verwendet. Man unterscheidet zwischen Riemenabzug ohne und mit Vakuumunterstützung. Beim Riemenabzug ohne Vakuumunterstützung wird der Folienschlauch durch die Abzugsriemen gegen das Formatrohr gedrückt, die Riemen drehen sich nur während des Packstofftransports. Beim Riemenabzug mit Vakuumunterstützung befindet sich zwischen Riemen und Folienschlauch ein Luftspalt, und die Riemen drehen ständig mit konstanter Geschwindigkeit. Während des Packstofftransports wird durch die perforierten Riemen ein Vakuum von rund 600 bis 800 hPa

Absolutdruck erzeugt und der Packstoff wird durch den Unterdruck gegen die Riemen gepreßt. Bild 3.5 zeigt die unterschiedlichen Prinzipien des Riemenabzugs. Der Riemenabzug zeichnet sich im Vergleich zum Zangenabzug durch ein größeres Füllvolumen bei gleicher Beutellänge und höhere Maschinenausbringung aus. Form-, Füll- und Verschließmaschinen mit Riemenabzug werden sowohl mit intermittierendem als auch mit kontinuierlichem Beutelabzug gebaut. Vorteile des kontinuierlichen Riemenabzugs sind, daß höhere Maschinenausbringungen erzielt werden können und daß die beim intermittierenden Betrieb auftretenden Spannungsspitzen vermieden werden. Die meisten Schlauchbeutelmaschinen sind heute mit Riemenabzug ausgestattet.

Bei intermittierend arbeitenden Maschinen mit Riemenabzug ohne Vakuumunterstützung wird ein sicherer Folienabzug dadurch erreicht, daß der Haftreibungskoeffizient zwischen Abzugsriemen und Folienaußenseite größer ist als der zwischen Füllrohr und Folieninnenseite. Bei kontinuierlich arbeitenden Maschinen ist zwischen dem Füllrohr und der Folieninnenseite der Gleitreibungskoeffizient einzusetzen. Durch Anpressen der Abzugsriemen gegen das Formatrohr wird die Normalkraft F_N erzeugt, von der die Haft- und Gleitreibungskraft (F_H bzw. F_G) abhängen.

$$F_N \cdot \mu_{H,a} > F_N \cdot \mu_{H,i} \quad \text{(intermittierend)} \tag{3.1}$$

$$F_N \cdot \mu_{H,a} > F_N \cdot \mu_{G,i} \quad \text{(kontinuierlich)} \tag{3.2}$$

Zusätzlich zur Gleitreibungskraft muß die Abzugskraft F_A überwunden werden. Diese zum Abziehen des Packstoffs aufzubringende Kraft ist vom Massenträgheitsmoment der Packstoffvorratsrolle und von den Brems-, Umform- und Reibungskräften abhängig. Die Trägheitskraft der Vorratsrolle ist veränderlich. Sie nimmt während des Abrollens aufgrund der Abnahme des Rollenquerschnitts ab [48, 82]. Für ein Riemenabzugssystem mit zwei Riemen ergibt sich gemäß Bild 3.5 A folgendes Kräfteverhältnis:

$$2 \cdot F_{H,a} > 2 \cdot F_{H,i} + F_A \quad . \tag{3.3}$$

Beim vakuumunterstützten Folienschlauchabzug wird die Folie vom Formatrohr abgehoben. Der Zusammenhang zwischen der Haftreibungskraft $F_{V,a}$ und der Abzugskraft F_A läßt sich durch folgende Ungleichung ausdrücken (siehe Bild 3.5 B):

$$2 \cdot F_{V,a} > F_A \quad . \tag{3.4}$$

Da die Haftreibungskraft $F_{V,a}$ nicht berechenbar ist, läßt sich die übertragbare Abzugskraft nur experimentell bestimmen.

Die Reibungseigenschaften zwischen Riemen und Packstoff müssen dabei in erster Linie durch das Riemenmaterial bestimmt werden. Eine zu große, durch den Packstoff bedingte Reibung würde im Bereich der Formschulter zu großen Reibwiderständen führen. Diese müßten dann wiederum durch eine erhöhte Abzugskraft überwunden werden. Teilweise behilft man sich in

Bereichen unerwünscht hoher Reibung mit dem Bekleben von Maschinenteilen mit PTFE-Streifen oder mit Pudern der Packstoffbahn.

Den mathematischen Zusammenhang zwischen den Haftreibungskoeffizienten an Packstoff-innen- sowie -außenseite und der Abzugskraft bei Riemenabzugssystemen ohne Vakuumunterstützung wird aus Gleichung 3.3 hergeleitet.

$$\mu_{H,a} - \mu_{H,i} > \frac{F_A}{2 \cdot F_N} \qquad (3.5)$$

Gleichung 3.5 beschreibt die Bedingungen, die bei Abzugsbeginn vorliegen. Aus dieser Beziehung wird deutlich, daß nicht die Absolutwerte der Reibungskoeffizienten für ein störungsfreies Verarbeiten von Packstoffen auf vertikalen Schlauchbeutelmaschinen, sondern die Differenz aus Haftreibungskoeffizient an der Packstoffaußenseite und der Packstoffinnenseite, verantwortlich sind. Die Biegesteifigkeit spielt eine mittelbare, die Reißfestigkeit eine untergeordnete Rolle, da in den meisten Fällen der Packstoff vor dem Reißen an den Riemen durchrutschen würde.

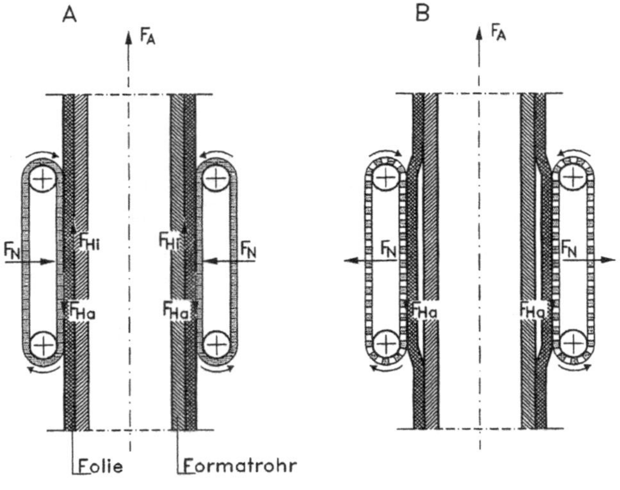

Bild 3.5. Riemenabzug ohne (A) und mit (B) Vakuumunterstützung bei vertikalen Schlauchbeutelmaschinen

Beim Walzenabzug wird der Packstoff durch zwei Walzen geführt, von denen aber nur eine angetrieben wird, um die bei differierender Walzengeschwindigkeit gegebene Gefahr der Faltenbildung und Folienverzerrung zu verringern. Als Maßnahme zum Verhindern der Faltenbildung kann die mitlaufende Gegenwalze auch mit Gummiringen ausgestattet sein. Da keine der für die Untersuchungen verwendeten Schlauchbeutelmaschinen mit Walzenabzug ausgestattet war, wird auf dieses Abzugssystem nicht weiter eingegangen.

3.1.2 Packmittelformung

Aufgabe von Formschulter, Formatdreieck und -kasten ist es, der planliegenden Packstoffbahn die Form der späteren Verpackung zu geben. Bei vertikalen Schlauchbeutelmaschinen werden praktisch nur Formschultern eingesetzt. Die geometrische Gestaltung der Formschulter bestimmt das Aussehen der herzustellenden Beutel (kreisrunder oder quasi-rechteckiger Querschnitt). Neben der Kragengeometrie sind Einlaufwinkel, Kantenradius, Oberflächenbeschaffenheit und Material der Formschulter wichtige Parameter mit Einfluß auf die Maschinengängigkeit von Packstoffen. Formschultern werden aus Metall (Stahl, Aluminium, Messing), aus glatten, gerauhten, verchromten oder sandgestrahlten Blechen sowie Gießharz mit unterschiedlichen Beimengungen hergestellt. Die maßgeblichen Packstoffeigenschaften für das Formen des Beutels sind Packstoffdicke, Biegesteifigkeit, Haft- und Gleitreibungskoeffizienten sowie Reißfestigkeit [2, 47]. Dabei stellen vor allem dicke Packstoffe mit großer Biegesteifigkeit und geringen Dehnungseigenschaften (aluminium- bzw. papierkaschierte Kunststoffolien) besondere Anforderungen an die konstruktive Gestaltung der Formschulter.

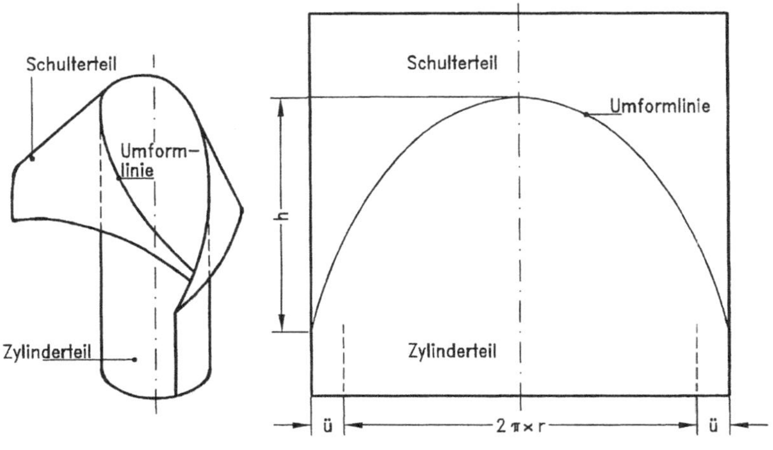

Bild 3.6. Prinzipieller Aufbau einer Formschulter (h: Umformhöhe, ü: Überlappung) [19]

Formschultern bestehen grundsätzlich aus einem Schulterteil und einem Zylinderteil, die über die Umformlinie miteinander verbunden sind. Bild 3.6 zeigt den prinzipiellen Aufbau einer Formschulter mit Schulter-, Zylinderteil und Umformlinie. Um Zugspannungsspitzen über die Packstoffbreite während der Packmittelformung zu vermeiden, ist es wichtig, daß die Packstoffbahn während der Umformung überall die gleiche Wegstrecke zurücklegt. Dies ist gegeben, wenn sich Zylinder- und Schulterteil in einer Ebene abbilden lassen (s. Bild 3.6 rechts). Um möglichst günstige Umformverhältnisse zu schaffen, sollte der Einlaufwinkel längs der Umformlinie möglichst groß sein. Die Umformhöhe *h* muß wegen der Bauhöhe der Maschine und der Fallhöhe des Produktes beschränkt werden. Die Packstoffbahn muß in einer ebenen Fläche an die Umformlinie herangeführt werden [19, 20].

Für Untersuchungen zum Einfluß der Formschulter auf die Maschinengängigkeit von Packstoffen kann die komplizierte Formschultergeometrie zunächst modellhaft als Rolle oder Keil dargestellt werden (s. Bild 3.7 A). Bei den Modellen schließt die umlaufende Packstoffbahn den Winkel α ein. Die Bahnkräfte F_1 und F_0 lassen sich durch folgenden Zusammenhang darstellen:

$$F_1 = F_0 \cdot e^{\mu(\pi-\alpha)} \quad . \qquad (3.6)$$

Der Umschlingungswinkel α und der Haft- bzw. Gleitreibungskoeffizient μ sind die den Abzugsvorgang bestimmenden Parameter. Je größer der Umschlingungswinkel wird, desto kleiner wird die aufzubringende Abzugskraft. Bei realen Formschultern ändert sich der Einlaufwinkel entlang der Umformlinie des Formschulterkragens (Bild 3.7 B). Der im Bild dargestellte Winkel α_0 bezieht sich nur auf die Folienmitte. Gleichung 3.6 wird deswegen geschrieben als:

$$F_1 = F_0 \cdot e^{\mu \cdot f(\alpha)} \quad , \qquad (3.7)$$

wobei $f(\alpha)$ die Funktion des Umschlingungswinkels entlang der Umformlinie ist. Um die Gültigkeit der in den Modellen gemachten Vereinfachungen zu überprüfen, wurden die Untersuchungen in Maschinenversuchen wiederholt. Die Ergebnisse sind in Abschnitt 3.3.1 zusammengefaßt.

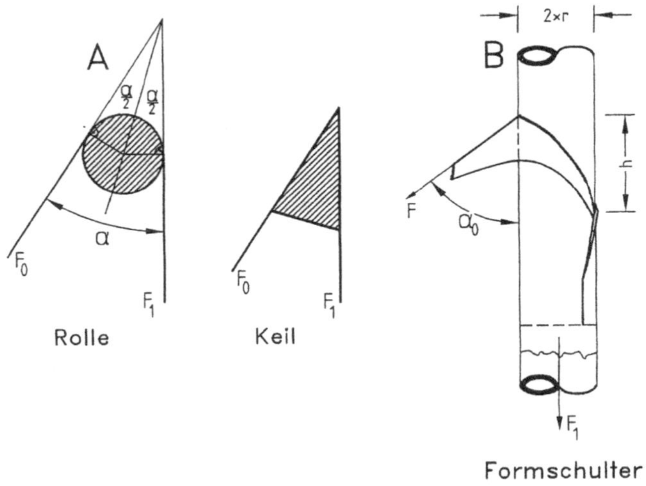

Bild 3.7. Modellhafte Darstellung des Packstofftransportes über eine Formschulter

In weiteren Versuchen wurde der Einfluß des Kantenradius auf die Abzugskraft beurteilt. Dabei ist zu berücksichtigen, daß dieser – abweichend vom Modellversuch am Keil oder an der Rolle – bei Formschultern immer eine Funktion der Umformlinie ist. Der größte Einlaufwinkel (α_0) der Formschulter mit dem kleinsten Kantenradius liegt dabei an der höchsten Stelle der Formschulter. Eine 70 mm breite Packstoffbahn wurde bei einem das Tänzerrollensystem simulierenden Vorwiderstand von 56 N/m mit einer Geschwindigkeit von 0,5 m/s über Modellkeile mit unterschiedlichen Radien (r = 0,25, 0,5 und 1 mm) gezogen. Die Versuche zeigten, daß Packstoffe mit geringer Biegesteifigkeit bei einem Kantenradius von 0,5 mm, dikkere, biegesteife Packstoffe dagegen bei einem Kantenradius von 1 mm jeweils die niedrigere Abzugskraft besitzen. Dünne Packstoffe zeigen nur eine geringe Beeinflussung der Maschinengängigkeit durch unterschiedliche Kantenradien [45]. Abweichend von diesen Untersuchungen mit Modellkeilen wird bei Formschultern häufig beobachtet, daß die Kunststoffolie die Umformlinie nicht berührt. Entlang der Umformlinie bildet sich ein Wulst aus. Die Ergebnisse dieser Studie sind daher nur begrenzt auf reale Systeme übertragbar.

3.2 Befüllen, Verschließen und Trennen von Verpackungen

3.2.1 Befüllen

Die Dosiereinrichtungen – Abfüllwaage, Becher- und Schneckendosierer – messen das Füllgut ab und führen es bei vertikalen Schlauchbeutelmaschinen dem vorgeformten Packmittel durch das sogenannte Füllrohr zu. Dieses Füllrohr kann bei rieselfähigen Schüttgütern mit dem Formatrohr, das die Beutelbreite der fertigen Packungen bestimmt, identisch sein. Der Rohrdurchmesser liegt üblicherweise zwischen 30 und 200 mm. Bei flüssigen Packgütern befindet sich das Füllrohr mit wesentlich kleinerem Durchmesser als das Formatrohr innerhalb des Formatrohres. Neben Formatrohren mit rundem Querschnitt werden insbesondere für großvolumige Verpackungen auch Formatrohre mit quasi-rechteckigem Querschnitt eingesetzt. Wichtig für das Herstellen maßhaltiger Schlauchbeutel sind die Gleitreibungseigenschaften der Formatrohroberfläche und der Folieninnenseite. Bereits geringe Unterschiede in der Oberflächenbeschaffenheit des Formatrohres können bei Riemenabzugsmaschinen ohne Vakuumunterstützung zu Beutellängenschwankungen führen. Um möglichst kleine Haft- und Gleitreibungskoeffizienten zu erzielen, werden die Formatrohre meist aus poliertem Edelstahl hergestellt oder mit PTFE-Streifen beklebt.

Scharfkantige Füllgüter können zu Beschädigungen des Packstoffs führen. Beim freien Fall des Füllgutes durch das Füllrohr wird der Beutelboden dabei am stärksten belastet. Die Fallhöhe sollte daher durch konstruktive Maßnahmen möglichst klein gehalten werden [101].

3.2.2 Verschließen und Trennen

Packstoffe aus Kunststoff lassen sich durch Kalt- und Heißsiegeln sowie Schweißen verschließen. Beim Herstellen von Beuteln auf vertikalen Schlauchbeutelmaschinen werden die beiden letztgenannten Verfahren eingesetzt. Die unterschiedlichen Verschließverfahren und die maßgeblichen Parameter wurden bereits im Abschnitt 2.2.2 erwähnt.

Beim Herstellen der Längssiegelnaht beeinflußt die Form der Siegelnaht – Überlappungs- oder Umlegenaht – die Wahl der Siegelwerkzeuge. Bei Überlappungsnähten wird die Packstoffaußenseite gegen die Packstoffinnenseite, bei Umlegenähten die Packstoffinnenseite gegen sich selbst gesiegelt. Dementsprechend muß bei Überlappungsnähten sowohl die Packstoffinnen- als auch die Packstoffaußenseite, bei Umlegenähten nur die Packstoffinnenseite ein heißsiegelbarer Thermoplast sein. Überlappungs- und Umlegenähte werden meist verschlossen, indem eine beheizte Siegelbacke den sich überlappenden Packstoffschlauch gegen das kalte Formatrohr preßt (siehe auch Bild 3.1). Die Beutellänge muß dabei nicht mit der Länge des Siegelwerkzeugs übereinstimmen. Zusätzlich können bei Umlegenähten zwei beheizte Siegelbacken oder eine Walze, die gegen ein beheiztes Widerlager gedrückt wird, verwendet werden. Längssiegelwerkzeuge besitzen meist eine glatte Oberfläche.

Beim Quersiegeln der Schlauchbeutel wird gleichzeitig die Kopfnaht des gefüllten Beutels und die Bodennaht des während des nächsten Maschinentaktes zu befüllenden Beutels hergestellt (siehe Bild 3.3). Hierzu stehen sowohl Wärmekontakt- als auch Wärmeimpulsverfahren zur Verfügung. Beim Wärmekontaktverfahren sind entweder beide oder eine der beiden Siegelwerkzeuge ständig beheizt, beim Impulsverfahren werden die ansonsten kalten Siegelwerkzeuge nur während des Siegelvorgangs beheizt. Die unterschiedlichen Arten der Längssiegelnähte, Überlappungs- und Umlegenähte, bedingen im Bereich der Quersiegelnaht eine unterschiedlich große Anzahl von Packstofflagen. Im Kreuzungspunkt von Längs- und Quersiegelnaht muß bei Überlappungsnähten die Wärme durch eine bzw. zwei Packstofflagen, bei Umlegenähten durch eine bzw. drei Packstofflagen zur Siegelzone transportiert werden. Die Siegelparameter – Druck, Temperatur und Zeit – müssen so eingestellt sein, daß in allen Bereichen der Quersiegelnaht, trotz unterschiedlicher Anzahl von Packstofflagen, ein gleichmäßiges Siegeln möglich ist [24, 25].

Die Qualität einer Siegelnaht wird durch die Nahtfestigkeit, Dichtigkeit und eventuell durch die Wiederverschließbarkeit oder andere Convenience-Funktionen bestimmt. Neben Siegeldruck, -zeit und -temperatur beeinflußt die Profilierung der Siegelwerkzeuge die Nahtgüte. In Abhängigkeit des Packstoffs, der Packstoffdicke und der Biegesteifigkeit verwendet man längs-, quer- und kreuzgeriffelte Profile sowie Stegprofile.

Zum Trennen der Verpackungen voneinander oder zum Anfertigen von Packstoffzuschnitten stehen verschiedene Trennhilfen, wie mechanisch betätigte Scheren, rotierende Messerwalzen, gezahnte Schlagmesser, glatte oder gezahnte Trennmesser und Trennschweißen zur Verfügung [21, 50]. Bei Schlauchbeutelmaschinen ist ein Trennmesser zwischen den Quernahtsiegelwerkzeugen, die gleichzeitig die untere Quersiegelnaht des zu befüllenden Beutels und die obere Quersiegelnaht des gerade befüllten Beutels herstellen, mittig angeordnet. Dieses Trennmesser wird nach Schließen der Quersiegelwerkzeuge mechanisch betätigt und trennt die fertige Verpackung vom Strang. Als wichtigster Packstoffparameter für die Maschinengängigkeit wird der E-Modul in Verbindung mit der Dehnfähigkeit genannt. Die zum Durchtrennen erforderliche Schneidkraft hängt von der Messergeometrie, der Schneidgeschwindigkeit sowie dem Durchtrennwiderstand des Packstoffs ab [47, 50].

3.3 Abzugskräfte und Bahnspannungen

Abzugskräfte und Bahnspannungen gelten allgemein als die wichtigsten Einflußfaktoren auf die Verarbeitbarkeit von Packstoffen in Schlauchbeutelmaschinen. Dennoch sind diesbezügliche Untersuchungen an diesem Maschinentyp recht selten. Eine Übersicht über die in der Vergangenheit durchgeführten Arbeiten soll in den folgenden Abschnitten gegeben werden. Die Übersicht wurde getrennt nach den unterschiedlichen Transportmechanismen Zangen- und Riemenabzug.

3.3.1 Zangenabzug

Der Einfluß der Reibung auf die Abzugskraft in vertikalen Schlauchbeutelmaschinen mit Zangenabzug wurde für verschiedene PE-Folien untersucht [55]. Die Folien besaßen gegenüber Stahl Haftreibungskoeffizienten zwischen 0,16 und 0,80 und Gleitreibungskoeffizienten zwischen 0,13 und 0,77. Dabei wurden sowohl die Maschinenausbringung (30, 45 und 60 Beutel/min) als auch die Beutellänge (10, 20 und 30 cm) variiert. Die Ergebnisse der Untersuchung sind in Tabelle 3.1 zusammengefaßt.

Aus diesen Meßergebnissen und Beobachtungen wurden Empfehlungen für Verarbeitungsgrenzwerte für PE-Folien auf vertikalen Schlauchbeutelmaschinen abgeleitet. Bei Abzugskräften von über 140 N/m wurden übergroße Dehnungen in der Packstoffbahn, zu kurze Beutel, Abrieb am Druckbild sowie mangelhafte Quersiegelnähte festgestellt. Bei Abzugskräften von über 250 N/m wurden Folienrisse beobachtet, die auf das Blocken der Folie im Bereich der Formschulter zurückgeführt wurden. Für den Gleitreibungskoeffizient PE/Stahl wurde ein Verarbeitungsgrenzwert von $\leq 0{,}35$ festgelegt. Die Abzugskräfte wurden mit Dehnungsmeßstreifen bestimmt.

In einer weiteren Studie wurde an verschiedenen Schlauchbeutelmaschinen der Einfluß der Maschinenausbringung auf die Bahnspannung mit unterschiedlichen Kunststoffolien (Zellulose, PE und PP) untersucht. Die Maschinenausbringung betrug 40, 55 bzw. 70 Beutel/min. Die Bahnspannungen wurden mit Meßwalzenlagern bestimmt, die an den Umlenkrollen unmittelbar vor der Formschulter angebracht waren. Die Schlauchbeutelmaschinen unterschieden sich in den Folientransportmechanismen. Es wurden sowohl Schlauchbeutelmaschinen mit Zangenabzug als auch Maschinen, bei denen der Zangenabzug durch Walzen unterstützt wurde, eingesetzt. Bei allen Maschinen konnte mit steigender Maschinenausbringung eine Zunahme der Bahnspannung beobachtet werden [98]. Da die in dieser Studie gefundenen Meßwerte wesentlich kleiner waren als bei anderen Literaturstellen, soll auf ihre quantitative Darstellung verzichtet werden.

Tabelle 3.1. Abzugskraft in N/m von PE-Folien mit unterschiedlichen Reibungskoeffizienten (Gleitreibung: μ_G, Haftreibung: μ_H) als Funktion der Maschinenausbringung und der Beutellänge. Nach [55]

Packstoff: PE, Reibpartner: Stahl		Abzugskraft in N/m: 30 Beutel/min			45 Beutel/min			60 Beutel/min	
		Beutellänge in cm			Beutellänge in cm			Beutellänge in cm	
μ_G	μ_H	10	20	30	10	20	30	20	30
0,13	0,16	55	61	69	58	66	77	86	99
0,20	0,20	-	-	-	100	105	116	-	-
0,24	0,28	58	61	66	66	77	88	-	-
0,28 (?)	0,25 (?)	77	86	91	77	91	116	-	-
0,32	0,33	-	-	-	119	144	149	-	-
0,36	0,36	97	102	111	116	130	135	158	158
0,36	0,38	91	97	102	130	138	152	-	-
0,37	0,38	-	-	-	113	124	130	-	-
0,51	0,50	-	-	-	88	88	130	-	-
0,56	0,57	149	158	155	130	177	185	202	221
0,58	0,65	-	-	-	138	149	166	-	-
0,67	0,70	210	232	243	216	-	-	-	-
0,77	0,80	166	188	207	210	221	224	-	-

Die Position des beweglichen Tänzerrollenarms hat im Zusammenwirken mit der Bremskraft ebenfalls Einfluß auf die Abzugskraft in vertikalen Schlauchbeutelmaschinen. Die Positionsänderungen des freibeweglichen Tänzerrollenarms und die Variation der Abzugskräfte wurde für den Packstoff Zellglas qualitativ beschrieben [107]. Es wurde gezeigt, daß sich bei einer Maschinenausbringung von 60 Beutel/min die Abzugskraft über 6-7 Arbeitstakte kontinuierlich erhöht. Sobald die auf die Vorratsrolle wirkende Bremskraft durch Verschieben des freibeweglichen Tänzerrollenarms in Richtung des oberen Anschlags verringert wird, geht die Abzugskraft auf einen bestimmten Ausgangswert zurück (siehe auch Bild 3.2). Auch bei anderen Maschinenausbringungen und Bremskrafteinstellungen konnte beobachtet werden, daß der bewegliche Tänzerrollenarm nach Abschluß eines Arbeitstaktes nicht sofort in seine ursprüngliche Position zurückkehrt. Bild 3.8 zeigt qualitativ den Anstieg der Abzugskraft über einen Zeitraum von mehreren Arbeitstakten. Auch bei diesen Messungen wurden die Abzugskräfte mit Dehnungsmeßstreifen ermittelt.

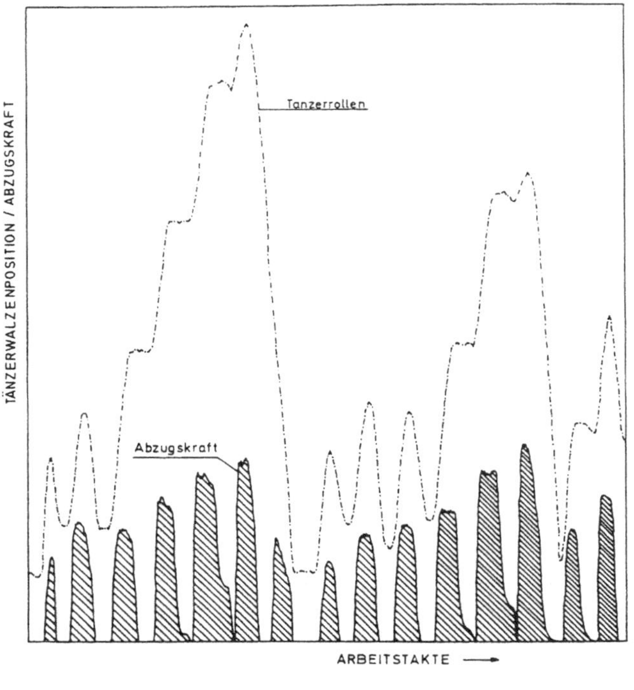

Bild 3.8. Qualitativer Verlauf der Tänzerrollenbewegung und der Abzugskraft bei einer vertikalen Schlauchbeutelmaschine (Packstoff: Zellglas; Maschinenausbringung: 60 Beutel/min) [107]

Zur Beurteilung der Biegesteifigkeit, Gleitreibung und Reißkraft als maßgebende Größen für die Maschinengängigkeit von Packstoffen wurden in einer weiteren Studie 24 handelsübliche Packstoffe auf einer vertikalen Schlauchbeutelmaschine mit Zangenabzug (Hamac-Hansella Transwrap 125 H) bei einer Maschinenausbringung von 60 Beutel/min verarbeitet. Die Abzugslänge betrug 15 cm, die Beutelbreite 13 cm. Die verwendete Bronze-Formschulter hatte einen Einlaufwinkel von 17° und einen Kantenradius von 0,4 mm. Die Abzugskräfte wurden mit an der Formschulterhalterung angebrachten Dehnungsmeßstreifen bestimmt [44].

Die Ergebnisse dieser Untersuchungen zeigen, daß die Biegesteifigkeit gemeinsam mit der Haft- und Gleitreibung die Abzugskraft bestimmen und daher auch beide gemeinsam betrachtet werden müssen. Die untersuchten Packstoffe konnten in drei Gruppen eingeteilt werden: dünne Zellulose- und Kunststoffmonofolien bis 50 µm mit einer Biegesteifigkeit bis 10^{-5} N·m²/m, Kunststoff/Kunststoff- und Kunststoff/Al-Verbundfolien mit einer Biegesteifigkeit von weniger als $8 \cdot 10^{-5}$ N·m²/m und Papier/Kunststoff- sowie Papier/Al/Kunststoff-Verbundfolien mit Biegesteifigkeiten größer $8 \cdot 10^{-5}$ N·m²/m. Eine Zusammenstellung aller geprüften Packstoffe wurde in Abschnitt 2.1.2 gegeben. Als Verarbeitungsgrenzwerte wurden eine Biegesteifigkeit von $8 \cdot 10^{-5}$ N·m²/m und ein Gleitreibungskoeffizient (Packstoff/Stahl) von 0,2 ermittelt. Falls die Grenzwerte überschritten werden, besteht die Gefahr, daß die Packstoffbahn reißt. Den Zusammenhang zwischen Biegesteifigkeit und Abzugskraft zeigt Bild 3.9. In der vorliegenden Untersuchung konnte der Einfluß der Reibung auf die Abzugskraft nicht eindeutig nachgewiesen werden, da der Einfluß der Biegesteifigkeit überwog. Dies steht nicht im Gegensatz zu den oben erwähnten Untersuchungsergebnissen mit PE-Folien, da bei dieser Untersuchung bei gleichem Werkstoff verschiedene Oberflächenmodifikationen durchgeführt wurden, die zu unterschiedlichen Gleiteigenschaften führten.

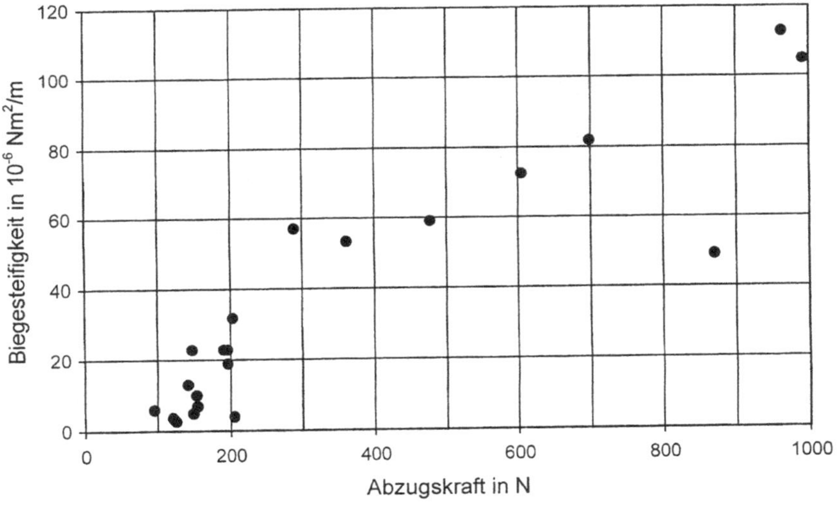

Bild 3.9. Zusammenhang zwischen Biegesteifigkeit und Abzugskraft für verschiedene Packstoffe. Nach [44]

Die Abrißempfindlichkeit der Packstoffe wurde durch Vergleich der Reißkraft mit der Abzugskraft bestimmt. Ist die Reißkraft größer als die maximale Abzugskraft, sollte erwartungsgemäß der Packstoff unempfindlich gegen Reißen sein. Die durchgeführten Untersuchungen haben allerdings gezeigt, daß die Reißkraft mindestens 2,5- bis 4mal größer als die maximale Abzugskraft sein muß, um ein Reißen der Packstoffbahn mit Sicherheit ausschließen zu können. Verantwortlich für diese Erscheinung sind eine ungleichmäßige Spannungsverteilung über die Breite der Packstoffbahn, mehrachsige Spannungszustände entlang der Umformlinie der Formschulter und Kerbwirkungen im Bereich der Siegelwerkzeuge, falls die Beutel aufgespreizt werden. Die Gefahr des Abreißens ist in erster Linie bei Packstoffen mit großer Biegesteifigkeit und damit großer Abzugskraft gegeben. Bei dünnen Packstoffen mit kleinen Biegesteifigkeiten beträgt die Reißkraft oft bis zum 20fachen der Abzugskraft. Dieser Sachverhalt ist in Bild 3.10 dargestellt.

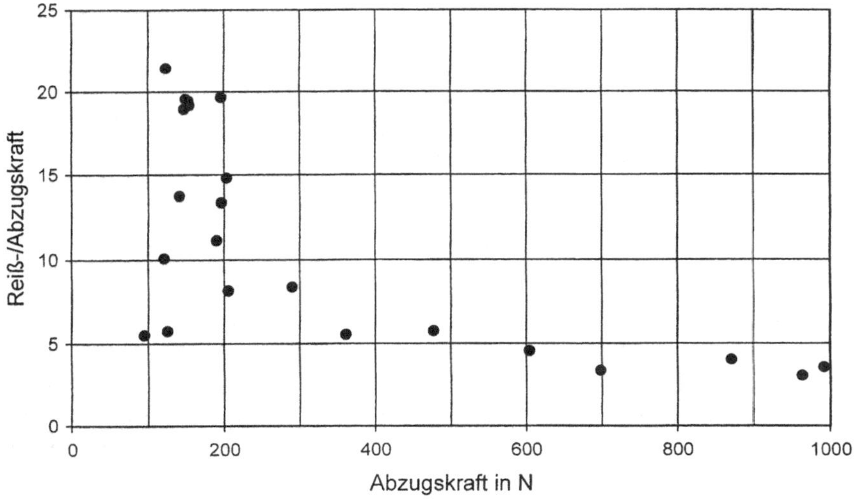

Bild 3.10. Verhältnis von Reißkraft zu Abzugskraft als Funktion der Abzugskraft für verschiedene Packstoffe. Nach [44]

In Fortführung dieser Studie wurden auch der Einfluß von Maschinenparametern auf die Abzugskraft untersucht. Dabei unterschied man zwischen unveränderlichen (z. B. Geometrie und Oberflächenbeschaffenheit der Formschulter) und veränderlichen Parametern (z. B. Maschinenausbringung, Längsnahtform und Beutelformat) [45, 46].

Unveränderliche Maschinenparameter

Einflüsse des Formschultermaterials (Bronze und Gußharz) und des auf die Folienmitte bezogenen Einlaufwinkels (zwischen 17° und 75°) auf die Abzugskräfte konnten an realen Formschultern gemessen werden. Zur Definition des Einlaufwinkels wird auf Bild 3.7 verwiesen. In

Tabelle 3.2 wurden die Einflüsse von Formschultermaterial und Einlaufwinkel zusammengestellt. Die Maschineneinstellungen (Ausbringung: 60 Beutel/min) und die Beutelgeometrien (15 x 13 cm^2) stimmen mit den oben beschriebenen aus der ersten Versuchsreihe überein.

Tabelle 3.2. Abzugskraft bei unterschiedlichen Formschultermaterialien und Einlaufwinkeln. Die Abzugskraft ist auf eine Bahnbreite von 1 m bezogen. Nach [45]

Packstoff	Abzugskraft in N/m					
	Formschulter aus Bronze			Formschulter aus Gußharz		
	$\alpha = 17°$	$\alpha = 45°$	$\alpha = 63°$	$\alpha = 47°$	$\alpha = 61°$	$\alpha = 75°$
Zellglas (nitrolackiert)	96 ± 2	82 ± 3	80 ± 4	72 ± 3	62 ± 3	96 ± 5
BOPP	196 ± 11	175 ± 8	176 ± 3	69 ± 3	99 ± 8	85 ± 2
LDPE	199 ± 3	145 ± 2	180 ± 1	79 ± 2	121 ± 7	106 ± 3
PET/PE	326 ± 7	214 ± 7	153 ± 6	95 ± 4	96 ± 5	89 ± 4
Zellglas/PE	255 ± 4	158 ± 4	147 ± 2	109 ± 4	101 ± 1	98 ± 2
Zellglas/Al/PE	440 ± 14	439 ± 15	287 ± 9	291 ± 8	148 ± 5	115 ± 3

Die sechs verwendeten Packstoffe besaßen Biegesteifigkeiten zwischen $0{,}3 \cdot 10^{-5}$ $N \cdot m^2/m$ und $23 \cdot 10^{-5}$ $N \cdot m^2/m$. Die Untersuchungen zeigten, daß bei allen verwendeten Packstoffen die Abzugskräfte bei der Formschulter aus Gußharz kleiner waren als bei der Formschulter aus Bronze. Die prozentualen Erniedrigungen lagen bei vergleichbaren Einlaufwinkeln zwischen 12 % bei Zellglas und 56 % bei dem PET/PE-Verbund. Unklar blieb der Einfluß des Einlaufwinkels. Dies ist zum einen auf die geringe Aussagekraft bei nur drei Meßpunkten, zum anderen aber auch auf notwendige Veränderungen bei der Packstoffzufuhr, etwa durch das Hinzufügen zusätzlicher Umlenkrollen, zurückzuführen. Der Einfluß des Einlaufwinkels auf die Abzugskraft scheint aber bei Bronzeformschultern für die Monomaterialien und bei den Gußharzschultern, mit Ausnahme des Zellglas/Al/PE-Verbundes, im Vergleich zum Einfluß des Formschultermaterials vernachlässigbar klein zu sein.

Der Einfluß des Kantenradius der Formschulter konnte nur an Modellkeilen (r = 0,25, 0,5 und 1,0 mm) untersucht werden, da sich bei Formschultern der Radius entlang der Umformlinie ändert und sich ein einheitlicher Kantenradius ohne großen Aufwand nicht herstellen läßt. Auf die quantitative Darstellung der Ergebnisse wird an dieser Stelle verzichtet. Grundsätzlich hat sich aber gezeigt, daß die Abzugskräfte bei größer werdenden Kantenradien abnahmen [45]. Ob die Ergebnisse auf Praxisbedingungen übertragbar sind, ist fraglich. Untersucht man den Folientransport beim Ziehen über die Formschultern, kann man beobachten, daß sich im Bereich der Umformlinie zwischen Formschulter und Packstoffbahn ein Luftpolster bildet, das einen direkten Kontakt zwischen Packstoff und Umformlinie verhindert.

Veränderliche Maschinenparameter

Der am einfachsten zu variierende Maschinenparameter ist die Ausbringung. In Tabelle 3.3 wird der Einfluß der Ausbringung auf die Abzugskraft für 10 unterschiedliche Packstoffe zusammengestellt. Es fällt auf, daß der Einfluß der Ausbringung auf die Abzugskraft klein ist. Begründet wird dies mit den kleinen Gleitreibungskoeffizienten ($\mu_G < 0{,}3$) bei gleichzeitig kleinen Biegesteifigkeiten von rund $3 \cdot 10^{-5}$ $N \cdot m^2/m$ der untersuchten Packstoffe [46]. Diese Übersicht ergänzt Tabelle 3.1, in der die Abhängigkeit der Abzugskraft von der Ausbringung für unterschiedliche PE-Materialien zusammengestellt wurde.

Tabelle 3.3. Abzugskraft in N/m als Funktion der Ausbringung bei einer vertikalen Schlauchbeutelmaschine mit Zangenabzug. Die der Formschulter zugewandte Beutelaußenseite der Verbundpackstoffe ist fett gedruckt. Nach [46]

Material	Dicke in µm	Abzugskraft in N/m Ausbringung in Takte/min						
		30	40	50	60	70	80	90
Zellglas (nitrolackiert)	22	176	224	143	127	133	152	152
Zellglas (PVDC-lackiert)	22	114	114	109	128	100	109	
OPP (PVDC-lackiert)	23	157	157	166	151	200		
OPP (coextrudiert)	30	157	171	176	175	181	204	
PET/PE	79	153	166	178	210	229	242	242
PVDC/PP/Al/PE	79	870			970			1040
Zellglas (lackiert)/Al/PE	100	295	285	280	294	295	295	305
Zellglas (lackiert)/Al/**PE**	100	495	514	504	545	595	595	
PP/Al/**PE**	105	571	571	571	586	629	629	667
PP/Al/PE	105	705	667	609	609	590	600	600
Papier/PVDC	65	591	571	581	581	591	606	631
Papier/**PVDC**	65	349	364	368	389	394	394	394
Papier/PVDC	75	651	662	672	687	727	737	753
Papier/**PVDC**	75	435	435	435	435	449	449	455

Die Art der Längsnaht (Überlappungs- oder Umlegenaht) hat ebenfalls Einfluß auf die Größe der Abzugskräfte. Dabei hat sich gezeigt, daß in den meisten Fällen bei der im Vergleich zur Überlappungsnaht komplizierteren Umlegenaht die geringeren Abzugskräfte auftreten. Dieses Verhalten ist besonders stark bei biegesteiferen Packstoffen ausgeprägt. Dieses Verhalten kann eventuell auch damit erklärt werden, daß die in der Studie angegebenen Abzugskräfte auf eine

Packstoffbreite von 1 m bezogen wurden. Bei gleicher Packstoffbahnbreite lassen sich mit Umlegenähten im Vergleich zu Beuteln mit Überlappungsnähten nur schmälere Beutel herstellen. Der Einfluß der Nahtform auf die Abzugskräfte ist in Tabelle 3.4 für Beutelbreiten von 10 und 13 cm zusammengestellt.

Die in Tabelle 3.1 zusammengefaßten Ergebnisse haben bereits gezeigt, daß die Abzugskräfte mit zunehmender Beutellänge steigen. Der Einfluß der Beutelbreite ist aufgrund der wenigen vorliegenden Daten nur schwer zu beurteilen (s. Tabelle 3.4). Die Veränderung der Beutelbreite bedingt, daß sowohl die Formschulter als auch das Formatrohr ausgetauscht werden. Zu erwarten ist, daß bei kleineren Beutelbreiten aufgrund der größeren Formänderungsarbeit größere Abzugskräfte auftreten.

Tabelle 3.4. Einfluß der Längsnahtform und der Beutelbreite auf die Abzugskraft bei unterschiedlicher Ausbringung in Beutel/min. Die der Formschulter zugewandte Beutelaußenseite der Verbundpackstoffe ist fett gedruckt. [46]

Material	Beutelbreite in cm	Abzugskraft in N/m			
		Umlegenaht		Überlappungsnaht	
		30 B./min	60 B./min	30 B./min	60 B./min
Zellglas (nitrolackiert)	10	176	127	127	118
	13	111	115	110	118
Zellglas (PVDC-lackiert)	10	114	128	118	122
OPP (coextrudiert)	10	157	175	140	150
	13	144	174	139	150
Zellglas/Al/PE	10	295	294	222	195
Zellglas/Al/**PE**	10	495	545	554	590
PP/Al/PE	10	705	609	482	482
PP/Al/**PE**	10	571	586	486	488

3.3.2 Riemenabzug

Während bei vertikalen Schlauchbeutelmaschinen mit Zangenabzug die Biegesteifigkeit zusammen mit Haft- und Gleitreibung sowie Reißfestigkeit die wichtigsten Packstoffeigenschaften darstellen, kommt bei Schlauchbeutelmaschinen mit Riemenabzug unmittelbar nur der Gleit- und Haftreibung, mittelbar aber auch der Biegesteifigkeit Bedeutung zu. Die Kräftebedingungen beim Packstofftransport wurden im Abschnitt 3.1.1 hergeleitet. Ein Reißen der Packstoffbahn kann in aller Regel ausgeschlossen werden, da bei entsprechend eingestellter Anpreßkraft vorher der Packstoff im Bereich der Riemen durchrutschen würde.

Über Untersuchungen an diesem Maschinentyp liegt nur eine Veröffentlichung vor. In dieser Studie wurden 11 verschiedene Packstoffe zu Beuteln mit einer Breite von 13 cm und einer Länge von 15 cm bei einer Maschinenausbringung von 60 Beutel/min verarbeitet. Die Bremskraft an der Vorratsrolle betrug 56 N/m, die Anpreßkraft der Antriebsriemen 606 N [48]. Die Abzugskräfte wurden mit induktiven Wegaufnehmern bestimmt. Als typisch für den in Schlauchbeutelmaschinen mit Riemenabzug gefundenen, zeitlichen Verlauf der Abzugskraft hat sich herausgestellt, daß zwischen zwei Arbeitstakten, bedingt durch die Anpreßkraft der Riemen, die Abzugskraft nicht auf Null zurückgeht. Die in der Studie gefundenen Abzugskräfte sind zusammen mit den Reibungskoeffizienten zwischen Packstoffinnenseite gegen Stahl und Packstoffaußenseite gegen Gummi in Tabelle 3.5 dargestellt.

Tabelle 3.5. Dicke, Gleitreibungskoeffizienten und Abzugskraft verschiedener Packstoffe bei Riemenabzug (μ_i: Packstoffinnnenseite gegen Stahlwalze; μ_a: Packstoffaußenseite gegen Riemen). Nach [48]

Packstoff	Dicke in µm	Gleitreibungskoeffizient		Abzugskraft in N/m
		μ_i	μ_a	
Zellglas (PVDC-lackiert)	25	0,17	2,25	86
OPP	30	0,20	2,50	126
LDPE	51	0,33	2,19	151
Zellglas/PE	35/50	0,33	2,39	117
PET/PE	12/50	0,20	2,31	118
Zellglas/Al/PE	35/9/50	0,71	2,47	190
PET/Al/PE	12/12/50	0,31	2,16	100
OPP/Al/PE	20/12/60	0,71	2,45	132
Papier/Al/PVDC	70/9/20	0,29	1,92	189
Papier/PVDC/PE	40/20/30	0,63	1,92	175
Papier/PVDC	60/20	0,27	2,00	196

Es zeigt sich, daß beim Verarbeiten der biegesteifen Papier/Kunststoffverbunde erwartungsgemäß die größten Abzugskräfte auftreten. Diese Packstoffe weisen aber auch die kleinsten Differenzen bei den Gleitreibungskoeffizienten zwischen Packstoffinnenseite und Maschinenteilen sowie zwischen Packstoffaußenseite und Abzugsriemen auf. Bei den übrigen verwendeten Packstoffen überschneiden sich die Werte für die Abzugskräfte. Der Einfluß der Biegesteifigkeit ist gering. Vielmehr korrelieren auch hier die Abzugskräfte mit der Differenz der Reibungskoeffizienten.

Die in dieser Studie gefundenen Abzugskräfte sind bei identischen Packstoffen kleiner als bei den oben beschriebenen Untersuchungen an vertikalen Schlauchbeutelmaschinen mit Zangenabzug. Allerdings liegt zwischen den unterschiedlichen Untersuchungen ein Zeitraum von zehn Jahren, in dem die Meßtechnik zum Bestimmen der Abzugskräfte, die Maschinentechnik und auch die Folientechnologie verbessert wurde. Ein Vergleich der Versuchsergebnisse ist daher nur begrenzt möglich. Die für diese Untersuchung eingesetzte Schlauchbeutelmaschine der Firma Rovema, Typ MVP 220/240 wurde auch im Rahmen der hier vorliegenden Arbeit verwendet.

4 Oberflächenveredelung von Kunststoffolien

Ist eine geringe Gas- und Wasserdampfdurchlässigkeit gewünscht, stehen derzeit vier Verfahren zur Veredelung von Trägerfolien zur Verfügung. Diese sind Laminierung mit Aluminiumfolien, Beschichtung mit EVOH, Beschichtung mit PVDC und Vakuumbedampfung, letztere vorzugsweise mit Aluminium. In der Entwicklungsphase befindet sich das Verfahren der Plasmapolymerisation. Die grundsätzlichen Verfahren der Vakuumbedampfung und Plasmapolymerisation werden in diesem Abschnitt ebenso beschrieben wie die verwendeten Trägerfolien und Substanzen. Über Versuche zur Beurteilung der mechanischen Belastbarkeit von vakuumbedampften Folien und der daraus resultierenden Änderungen ihrer Barriereeigenschaften wird berichtet.

4.1 Vakuumbedampfung

Bei der Vakuumbedampfung werden thermoplastische Trägerfolien mit Metallen, Metalloxiden, Legierungen oder auch nichtmetallischen Verbindungen im Hochvakuum beschichtet. Übliche Schichtdicken der aufgedampften Substrate liegen zwischen 10 und 100 nm. Aufgaben der Vakuumbedampfung sind die Verbesserung der Barriereeigenschaften (Gase, Wasserdampf und Aromen) im Vergleich zu unbehandelten Folien, das Ersetzen aluminiumkaschierter Folien (Reduzierung der verwendeten Aluminiummenge) oder das Schaffen von gasselektiven Membranen. In der Verpackungstechnik werden beim Verwenden von Aluminium als Bedampfungsmaterial auch die dekorativen Effekte der glänzenden Packstoffe, der verbesserte Lichtschutz sowie die guten Wärmereflexionseigenschaften ausgenutzt.

Seit Einführen der Vakuumbedampfung haben sich unterschiedlichste Verfahren etabliert, die aber in den grundlegenden Verfahrensschritten Gemeinsamkeiten aufweisen. Die Bedampfungsverfahren beruhen darauf, daß jede Substanz im dampfförmigen Zustand ihre geringste Dichte besitzt, im Vakuum die Schmelztemperaturen tiefer liegen und im Hochvakuum keine Reaktionen mit anderen Substanzen stattfinden. Alle Bedampfungsgeräte besitzen eine Folienab- und -aufwickelstation, eine bis maximal drei Vakuumkammern und eine Substratquelle. Diskontinuierlich arbeitende Anlagen werden kontinuierlich arbeitenden vorgezogen, da sie für viele Trägermaterial-Substrat-Kombinationen eingesetzt werden können, materialschonende Wickelbedingungen in einer staubfreien Umgebung aufweisen und kostengünstiger zu betreiben sind. Bei kontinuierlich arbeitenden Bedampfungsanlagen befinden sich das unbedampfte und bedampfte Trägermaterial außerhalb der Vakuumkammer. Rollenwechsel erfolgen automatisch und die Bedampfungskammer muß nur zu Wartungsarbeiten geöffnet werden. Problematisch bei kontinuierlich arbeitenden Anlagen sind die Abdichtung der Vakuumkammer gegen Atmosphäre, die Versorgung mit Substrat bei langen Anlagenlaufzeiten und der Rollenwechsel außerhalb der Bedampfungsanlage.

Bild 4.1 zeigt eine in der Literatur häufig beschriebene Anordnung einer diskontinuierlich arbeitenden Bedampfungsanlage. Diese besteht aus einer Wickelkammer, in der ein Absolutdruck von 0,1 bis 1,0 Pa herrscht, und einer Bedampfungskammer, in der ein Hochvakuum zwischen 5 und 50 mPa Absolutdruck eingestellt wird. Auf besondere Abdichtungen der beiden Kammern kann verzichtet werden, da bei diesen Vakua der Gasaustausch aufgrund der Molekularströmung unabhängig vom Druck ist. Die Trennung in zwei Kammern wird vorgenommen, damit die Evakuierung der Anlage möglichst schnell erfolgen kann. Da die mittlere freie Weglänge der Gasmoleküle bei den in der Bedampfungskammer vorliegenden Drücken größer ist als der Abstand zwischen Verdampfer und Trägerfolie, werden Substratschichten frei von Verunreinigungen aufgedampft.

Die Art des Folientransports von der Vorratsrolle über mehrere Umlenkrollen und über die gekühlte Bedampfungswalze zur Aufwickelstation hängt von der Betriebsweise, kontinuierlich oder diskontinuierlich, ab. Der Folientransport wird derart ausgeführt, daß auf der Bedampfungswalze die Folienbahn mit konstanter Geschwindigkeit von maximal 12 m/s transportiert wird. Zum Folienwechsel muß die Wickelkammer geöffnet werden. Nach Wiederverschließen der Wickelkammer wird nach einer Evakuierung von rund 10 Minuten Dauer der Betriebsunterdruck erreicht.

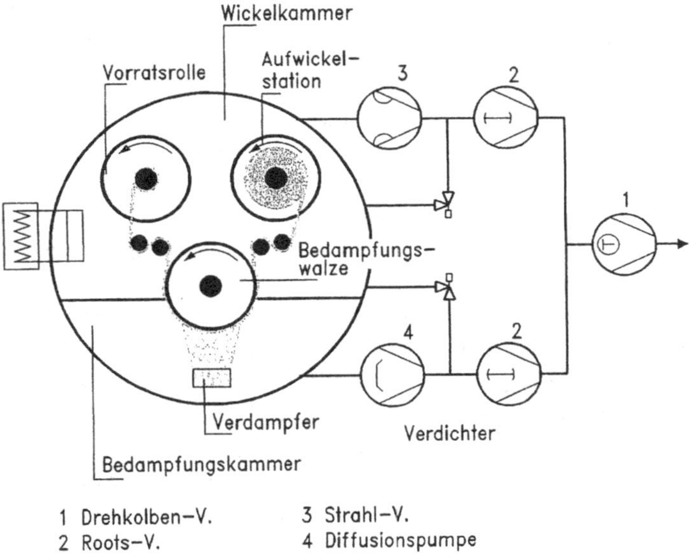

Bild 4.1. Verfahren zur diskontinuierlichen Bedampfung (Zweikammer-System) [33]

Das aufzudampfende Substrat wird üblicherweise mit Schiffchenverdampfern auf der Trägerfolie aufgebracht. Der Abstand zwischen Schiffchenverdampfer und Folie beträgt rund 10 cm. Die Verdampfer werden in Breiten zwischen 10 und 250 cm ausgeführt. Die Schiffchen werden durch Anlegen einer elektrischen Spannung auf etwa 1500 bis 1700 °C widerstandsbeheizt. Das zu verdampfende Aluminium wird dem Schiffchen als Draht kontinuierlich zugeführt. Rund 30 % des verdampften Metalls schlägt sich auf der Trägerfolie, der Rest auf den Wänden der Bedampfungskammer nieder.

Andere Verdampferbauarten, die im Batch-Betrieb arbeiten, sind induktionsbeheizte Verdampfer, Öfen und Elektronenstrahlverdampfer. Induktionsbeheizte Verdampfer sind für fast alle Substrate geeignet. Öfen (Wärmestrahlung) werden ausschließlich für Substrate mit niedrigem Schmelzpunkt wie Zink, Elektronenstrahlverdampfer für Metalle mit hohem Schmelzpunkt und Nichtmetallverbindungen wie beispielsweise Siliziumoxide eingesetzt [104].

Für das Herstellen von Spezialfolien, bei denen zur Verbesserung der Barriereeigenschaften zwei oder mehr Schichten hintereinander auf eine oder auch auf beide Oberflächen der Trägerfolie aufgedampft werden, sind spezielle Anlagen im Einsatz [33]. Auf ihre Beschreibung wird hier verzichtet.

4.2 Trägermaterialien

Als Trägermaterialien für eine Vakuumbedampfung kommen praktisch alle Thermoplaste, einige Duroplaste und Papier in Frage. Die Eignung von Thermoplasten hängt dabei stark vom Einsatzgebiet und den sich daraus abzuleitenden Anforderungen (Barriereeigenschaften, gasselektive oder dekorative Eigenschaften) ab. Werden Barriereeigenschaften gefordert, müssen die Trägermaterialien während der Folienherstellung biaxial gereckt werden. Die Kunststoff-Makromoleküle werden durch diesen Verarbeitungsschritt längs und quer zur Folienlaufrichtung ausgerichtet. Dadurch werden die Barriereeigenschaften der Trägerfolien verbessert und die aufgedampfte Metallschicht wird in der Bedampfungsanlage und der Verpackungsmaschine relativ unempfindlich gegenüber Dehnbeanspruchungen. Folgende Trägermaterialien finden praktische Anwendung [32, 68, 104].

4.2.1 Polyethylenterephthalat – PET

Polyethylenterephtalat (PET) wird durch die katalytische Niederdruck-Schmelzkondensation von Ethylenglykol und Dimethylterephthalat bzw. von Ethylenglykol und Terephthalsäure hergestellt. In der Lebensmittel-Verpackungstechnik kommt PET zusammen mit BOPP die größte Bedeutung als Trägermaterial für Vakuumbeschichtungen zu. Eine Foliendicke von 12 µm hat sich dabei wegen guter Festigkeitseigenschaften (hohe Reißfestigkeit, kleine Reißdehnung) und guter Barriereeigenschaften als ausreichend erwiesen. Sie wird in fast allen Fällen als Standarddicke eingesetzt. Vakuumbeschichtete PET-Folien werden ausschließlich im Verbund mit PE eingesetzt.

Die im Gieß- oder Blas-Verfahren hergestellten PET-Folien werden in erwärmten Spannrahmen biaxial gereckt. Die gereckte PET-Folie wird auf einer Kühlwalze abgeschreckt, um eine amorphe Struktur zu erhalten. Anschließend wird die Folie wieder auf Temperaturen zwischen 80 und 100 °C erwärmt. Die Orientierung der Makromoleküle in Längsrichtung erreicht man, indem Dehnung durch die unterschiedlichen Geschwindigkeiten von Antriebswalzen erzeugt wird. Die Orientierung durch Dehnung in Querrichtung erfolgt durch das Führen der Folienränder entlang eines von zwei Ketten gebildeten Spannrahmens. Der Kettenabstand vergrößert sich dabei bis zum Erreichen der geforderten Bahnbreite. Beide Reckschritte können entweder gleichzeitig („Simultan-Verfahren") oder nacheinander („Zweistufen-Verfahren") erfolgen. Das Verhältnis der gedehnten zur ungedehnten Folie beträgt in Längs- und Querrichtung bis zu 3:1. Abweichend von der sonst üblichen Terminologie werden biaxial gereckte PET-Folien ebenfalls mit PET abgekürzt. Alle in dieser Arbeit angegebenen Stoffwerte beziehen sich auf biaxial gereckte PET-Folien [70, 104]. Wichtige physikalische Stoffwerte von PET sind in Tabelle 4.1 zusammengestellt.

Beispiele für Verpackungen aus vakuumbedampften PET/PE-Verbundfolien in der Lebensmittel-Verpackungstechnik sind Standbodenbeutel für gerösteten Kaffee, Schlauchbeutel für Trockenmilcherzeugnisse (z. B. Babynahrung) sowie die Innenbeutel bei Bag-in-Box-Verpackungen.

Tabelle 4.1. Stoffwerte von Thermoplasten, die bei der Vakuumbedampfung als Trägermaterialien eingesetzt werden [64, 70]

Stoffwert	Prüfvorschrift	PET	BOPP
Dicke in µm	DIN 53 370 [123]	15	25
Dichte in g/cm^3	DIN 53 479 [129]	1,330-1,450	0,895-0,920
Reißfestigkeit längs in N/mm^2	DIN 53 455 [127]	220	140
Reißfestigkeit quer in N/mm^2	DIN 53 455 [127]	220	280
Reißdehnung längs in %	DIN 53 455 [127]	110	140
Reißdehnung quer in %	DIN 53 455 [127]	110	40
Weiterreißkraft längs in N	DIN 53 363 [121]	keine Angabe	0,24
Biaxiale Durchstoßkraft in N	DIN 53 373 [124]	keine Angabe	220
E-Modul in N/mm^2	DIN 53 457 [128]	2200-3000	2500/4900 (längs/quer)

4.2.2 Polypropylen – PP

PP wird aus Propylen in Gegenwart eines Katalysatorsystems in organischen Lösungsmitteln synthetisiert und ist zu rund 95 % isotaktisch aufgebaut. Man unterscheidet zwischen homogenem Polypropylen, Copolymeren mit Polypropylen als Hauptbestandteil und Polypropylen-Elastomer-Mischungen. PP unterscheidet sich trotz des sehr ähnlichen Aufbaus in seinem Temperaturverhalten von PE. Die sich beim Polymerisieren ausbildende Helixstruktur führt beim Vergleich mit PE zu besseren Festigkeitseigenschaften. PP besitzt gegenüber Wasserdampf sehr gute Barriereeigenschaften [68, 104].

Für den Einsatz als Trägerfolie muß Polypropylen unterhalb seiner Schmelztemperatur biaxial gereckt werden (BOPP). Die hierfür verwendeten Verfahren entsprechen den bereits erwähnten, unterscheiden sich aber in den Prozeßparametern. Die Ausgangsfolie besitzt eine Dicke von 1,0 bis 2,5 mm bei einer Bahnbreite von 60 bis 80 cm. Die Recktemperatur liegt zwischen 120 und 140 °C, das flächenbezogene Reckverhältnis (längs x quer) beträgt 45:1 bis 50:1. Weitere Kenngrößen sind in Tabelle 4.1 zusammengestellt. BOPP-Folien weisen gegenüber der ungereckten Folie verbesserte Barriereeigenschaften und mechanische Festigkeitswerte auf. Um die Barriereeigenschaften gegenüber Gasen zu verbessern, werden auch PVDC-lackierte BOPP-Folien eingesetzt. Eine beidseitige Oberflächenbehandlung von BOPP ist nicht möglich, da die vor dem Metallisieren erforderlichen Behandlungsschritte zum Blocken der Folienlagen während des Abwickelns in der Bedampfungsanlage führen würden [33, 70].

In der Lebensmittel-Verpackungstechnik werden vakuumbedampfte BOPP-Folien für feuchtigkeitssensible Produkte, beispielsweise für Snackprodukte und Schokoriegel, verwendet.

4.2.3 Weitere Trägerfolien

Weitere Thermoplaste, die zur Verbesserung ihrer Barrierewirkung vakuumbedampft werden, in der Lebensmittel-Verpackungstechnik aber keine Bedeutung besitzen, sind Polyamid (PA 6), Hart-PVC und früher ebenfalls PVDC-lackiertes Zellglas. Aus dekorativen Gründen werden teilweise Etikettenpapiere, Zellglas, PE, PC und PVC bedampft [32, 33]. Für gasselektive Anwendungen oberflächenbehandelter Folien werden beispielsweise PET und chloriertes Polytetrafluorethylen (PTFE) eingesetzt [9, 62].

4.3 Substanzen zur Bedampfung

Als aufzudampfende Substanzen können Metalle, Metalloxide und Legierungen sowie eine Vielzahl nichtmetallischer Verbindungen eingesetzt werden. Praktische Bedeutung haben in der Lebensmittel-Verpackungstechnik nur Aluminium, Siliziumoxid und in sehr geringem Umfang Aluminiumoxid erlangt. Bei allen drei Substanzen nutzt man die verbesserten Barriereeigenschaften gegenüber Gasen und Dämpfen im Vergleich zur unbehandelten Trägerfolie aus. Darüber hinaus bietet Aluminium einen verbesserten Lichtschutz, eine höhere

Wärmereflexion und dekorative Eigenschaften. Weitere Metalle, die zum Vakuumbedampfen außerhalb der Lebensmittel-Verpackungstechnik verwendet werden, sind Titan, Chrom, Eisen, Kobalt, Nickel, Kupfer, Zink, Silber, Indium, Zinn und Gold. Um die sehr dünnen Schichten vor Abrieb und Dehnung zu schützen, wird die bedampfte Trägerfolie entweder auf eine weitere Kunststoffolie kaschiert oder schutzlackiert.

Aluminium, mit 7,57 % das am weitesten verbreitete Metall der Erdrinde, kommt nur in gebundener Form (meist Alumosilikate) vor. Es ist ein silberweißes, glänzendes Leichtmetall, das an der Luft oder im Wasser sofort eine rund 10 nm dünne Oxidschicht bildet. Der Schmelzpunkt liegt bei 660 °C, die Dichte bei 2,7 g/cm^3. Die elektrische Leitfähigkeit beträgt bei 20 °C mit 37 m/(Ω·mm^2) 64 % der Leitfähigkeit von Kupfer (58 m/(Ω·mm^2) [54, 90]. Die Verdampfungstemperaturen von Aluminium bei unterschiedlichen Drücken sind in Tabelle 4.2 zusammengestellt. Bei den in der Verdampfungskammer herrschenden Drücken zwischen 5 und 50 mPa ergeben sich Verdampfungstemperaturen für Aluminium zwischen 935 °C und 1035 °C. Im Hochvakuum aufgedampftes Aluminium besitzt neben den bereits erwähnten Vorteilen eine gute Oberflächenhaftung, die das Aufdampfen auf eine Vielzahl unterschiedlichster Trägermaterialien ermöglicht.

Tabelle 4.2. Verdampfungstemperaturen von Aluminium. Nach [16]

Dampfdruck in Pa	10^{-3}	10^{-2}	10^{-1}	10^{0}	10^{1}	10^{2}	10^{3}	10^{4}	10^{5}
Verdampfungs-temperatur in °C	882	962	1065	1189	1338	1523	1756	2064	2487

Da in dieser Arbeit ausschließlich mit aluminiumbedampften Folien gearbeitet wurde, wird auf eine Beschreibung weiterer Substanzen verzichtet.

4.4 Plasmakondensation

Neben der Vakuumbedampfung wird in Zukunft der Plasmakondensation auch in der Lebensmittel-Verpackungstechnik eine größere Bedeutung bei der Modifikation von Kunststoffoberflächen zukommen. Man unterscheidet dabei zwischen der Plasmapolymerisation, bei der organische Monomere einer elektrischen Entladung ausgesetzt werden, und der Plasmabehandlung, bei der unter üblichen Bedingungen nicht polymerisierbare Gase einer Glimmentladung ausgesetzt werden. Neben der Verbesserung von Barriereeigenschaften wird mit der Plasmakondensation eine gasselektive Permeabilität von Membranen erzielt. Gase, die für die Plasmabehandlung eingesetzt werden, sind beispielsweise Ar, He, N_2, O_2,, CF_4 und NH_3 [59].

Beim Erhitzen von Gasen auf sehr hohe Temperaturen werden die Gasmoleküle in Atome und diese wiederum in Kationen und Elektronen gespalten. Der Aggregatzustand, in dem neben

Molekülen und neutralen Atomen auch Kationen und Elektronen vorliegen, wird als Plasma bezeichnet. Plasmen lassen sich durch die Elektronendichte und den Ionisierungsgrad, der als der Quotient aus Elektronendichte und Atomdichte definiert ist, oder durch die Elektronendichte und die Elektronentemperatur eindeutig charakterisieren. Durch Erwärmen, Bestrahlen oder elektrische Entladung laufen im Plasma Ionisations- und Dissoziationsreaktionen ab, die zur Bildung von Monomerradikalen und Ionen führen. Dabei werden in ganz geringem Umfang aus den gebildeten Radikalen und Ionen bereits im Plasma Oligomere gebildet. Die wichtigsten im Plasma ablaufenden Reaktionsgattungen sind Rekombinationsreaktionen zwischen positiv und negativ geladenen Ionen.

Über Diffusionsvorgänge werden die gebildeten Ionen, Radikale und Elektronen an die Oberflächen des zu behandelnden Werkstückes oder der Folie transportiert, an denen dann Polymerisationsreaktionen stattfinden. Die Polymerisation und damit das Wachstum der Beschichtung wird von der Zusammensetzung der Ionen- und Radikalströme (Kohlenstoff- und Wasserstoffanteil), dem Verhältnis von Radikalen zu Ionen, der Ionenenergie und der Substrattemperatur beeinflußt [88].

Während bei der oben beschriebenen Vakuumbedampfung beim Kondensieren auf der Trägerfolie nur physikalische Vorgänge ablaufen, unterscheidet man bei der Plasmakondensation zwischen physikalischen und chemischen Teilschritten. Physikalische Teilschritte sind alle im Plasma stattfindenden Abläufe wie beispielsweise die Diffusionsvorgänge, chemische Teilschritte die Polymerisationsreaktionen. Das Schichtdickenwachstum wird sowohl von der chemischen Zusammensetzung der sich anlagernden Radikale und Ionen als auch von der Diffusion im Plasma bestimmt. Bei großen Wachstumsgeschwindigkeiten wirken die im Plasma ablaufenden (physikalischen) Vorgänge limitierend.

Bild 4.2 zeigt eine Plasmapolymerisationsanlage, in deren Vakuum-Reaktionskammer sich das zu behandelnde Werkstück befindet. Der Absolutdruck beträgt rund 10 Pa. Die gasförmigen Monomere zur Oberflächenveredelung werden in einem Gasspeichersystem gemischt und über ein Quarzrohr in die Vakuumreaktionskammer dosiert. Die Plasmazone befindet sich in diesem Quarzrohr, das sich wiederum im Hohlleiter befindet. Die Mikrowellenstrahlung mit einer Frequenz von 2,45 GHz wird über diesen Hohlleiter in das Quarzrohr eingekoppelt. In der Plasmazone zündet das Plasma. Durch die hochenergetischen Elektronen werden Monomerradikale und Ionen gebildet. Teilweise bilden sich aus ihnen schon im Plasma kurzkettige Oligomere, die dann durch die Gasströmung in die Reaktionskammer gelangen, auf der Werkstückoberfläche kondensieren und zu sehr dünnen Filmen polymerisieren [95].

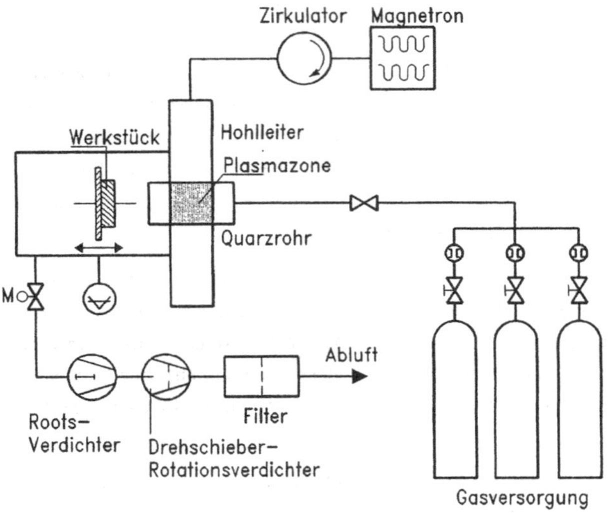

Bild 4.2. Plasmapolymerisationsanlage im Labormaßstab [95]

4.5 Barriereeigenschaften aluminiumbedampfter Kunststoffolien

Aluminiumbedampfte Kunststoffolien werden häufig als Ersatz für aluminiumkaschierte Folien verwendet. Dabei wird insbesondere von Anwendern häufig übersehen, daß mit der sehr dünnen Metallschicht keine porenfreie Aluminiumschicht hergestellt werden kann. Während aluminiumkaschierte Folien ab einer Aluminiumdicke von $\geq 12\ \mu m$ absolut gasdicht sind, hat die Schichtdicke der aufgedampften Aluminiumschicht kaum Einfluß auf die Gasdurchlässigkeit. Ziel dieses Abschnitts ist es zu zeigen, wie die Barriereeigenschaften aluminiumbedampfter Folien im Vergleich zum unbehandelten Trägermaterial verbessert werden. In Tabelle 4.3 sind für unterschiedliche Trägerfolien die erreichbaren Sauerstoff- und Wasserdampfdurchlässigkeiten zusammengestellt. Bei unterschiedlichen Prüfbedingungen wurden die Literaturwerte, soweit möglich, auf vergleichbare Meßwerte umgerechnet. Waren in der Literatur unterschiedliche Verfahren der Aluminiumbedampfung angegeben, sind diese ebenfalls gekennzeichnet. Die Verbesserung der Barriereeigenschaften wird durch eine Reihe von Faktoren beeinflußt. Grundsätzlich fällt auf, daß die Abnahme der Sauerstoffdurchlässigkeit wesentlich größer ist als die Abnahme der Wasserdampfdurchlässigkeit. Dies läßt sich zum Teil mit dem geringen Wasserdampf-Partialdruckgefälle erklären. Auch zeigt sich, daß mit zunehmender Dicke der Trägerfolie der Einfluß der Metallisierung kleiner wird und die Verbesserung der Barriereeigenschaften stark von der verwendeten Trägerfolie abhängt.

Der Vakuumbedampfungsprozeß hat Einfluß auf die Verbesserung der Barriereeigenschaften. In Tabelle 4.3 wird bei PET-Monofolien die einseitige Bedampfung mit der beidseitigen Bedampfung verglichen. Die Durchlässigkeit für Sauerstoff wird bei beidseitiger Bedampfung erheblich, die für Wasserdampf wesentlich weniger reduziert. Vergleichbare Untersuchungen lagen für Folienverbunde nicht vor.

Tabelle 4.3. Barriereeigenschaften (Sauerstoff- und Wasserdampfdurchlässigkeit) von Trägerfolien vor und nach der Aluminiumbedampfung bei 23 °C (O_2-Durchlässigkeit:: r. F.: 75 %; Wasserdampfdurchlässigkeit: Feuchtegefälle: 85/0 %). Nach [30 (a), 112 (b), 111 (c)]

Kunststoff	Foliendicke in µm	O_2-Durchlässigkeit in ml/(m^2·d·bar)		Wasserdampfdurchlässigkeit in g/(m^2·d)	
		Trägerfolie	metallisierte Trägerfolie	Trägerfolie	metallisierte Trägerfolie
PET(c)	6	410	0,2 - 1,5	33	0,6 - 1,5
PET(c) (++)	6	410	0,07 - 0,57	33	0,2 - 0,6
PET(b) (c)	12	77 - 100	0,2 - 1,6	15 - 30	0,2 - 0,5
PET(c) (++)	12	77 - 87	0,01 - 0,31	17 - 18	0,2 - 0,6
PET(c)	23	39	0,12	9,6	0,2
PET(c) (++)	23	39	0,05	9,6	0,1
PET(c)	50	21	0,9	4,3	0,5
PET(c) (++)	50	21	0,03	4,3	0,4
PET(c)	100	10	0,02	2,1	0,4
PET(c) (++)	100	10	nicht meßbar	2,1	0,3
PET(a) (+)	12			40	0,6 - 2,0
BOPP(b)	20	1100 - 1200	70 - 300	1,0 - 3,0	0,1 - 0,3
LDPE(b)	30	1200	20 - 90	1,5 - 6,0	0,3 - 3,0
BOPP(b)	32	-	0,2 - 1,5	-	0,2 - 1,5
(PVDC-lackiert)	21	-	0,5 - 1,8	-	0,5 - 2,0
OPA(b)	15	70 - 100	< 4	30	30 (?)
PET_{met}/PE(b)	12/40	-	< 1,0	-	< 0,5
PET_{met}/PE(a) (+)	12/50			7,5	0,3 - 1,0
OPP_{met}/OPP(b)	30/50	-	< 300	-	< 0,2
PE_{met}/PE(b)	40/40	-	< 40	-	< 0,2

(+): Abweichende Prüfbedingungen: 38 °C, Δ r. F.: 90 %

(++): Beidseitige Aluminiumbedampfung

Anhand der Messung der Strahlungsdurchlässigkeit oder der Bestimmung der optischen Dichte läßt sich die Dicke der aufgedampften Aluminiumschicht bestimmen. Die Strahlungsdurchlässigkeit T und die optische Dichte OD sind definiert als:

$$T = \frac{I}{I_0} = e^{-a \cdot l}; \qquad OD = -\log \frac{I}{I_0} \tag{4.1}$$

I ist die Intensität der transmittierten Strahlung, I_0 die Intensität der Strahlungsquelle, a der wellenlängenabhängige Absorptionskoeffizient und l die durchstrahlte Schichtdicke. Die Strahlungsdurchlässigkeit wird entweder für eine definierte Wellenlänge oder für einen Wellenlängenbereich angegeben. Den Zusammenhang zwischen der Schichtdicke des aufgedampften Aluminiums und der optischen Dichte zeigt Bild 4.3. Die Meßergebnisse wurden bei einer Wellenlänge von 550 nm und an einer Probenfläche von 7 mm^2 ermittelt [109]. Die Proportionalität von optischer Dichte und Schichtdicke ergibt sich aus Gleichung 4.1. Wichtig ist die Angabe der Wellenlänge bzw. des Wellenlängenbereiches, der für die Bestimmung der optischen Dichte verwendet wurde. Häufig verwendete Wellenlängen sind 550 und 900 nm (bei In-line-Messungen auf Bedampfungsanlagen) und der Wellenlängenbereich für sichtbares Licht (390-770 nm). Überschreitet die optische Dichte den Wert OD > 3,2, ist die OD-Messung für die Dickenmessung ungeeignet. Man verwendet dann üblicherweise den elektrischen Flächenwiderstand der Metallisierung.

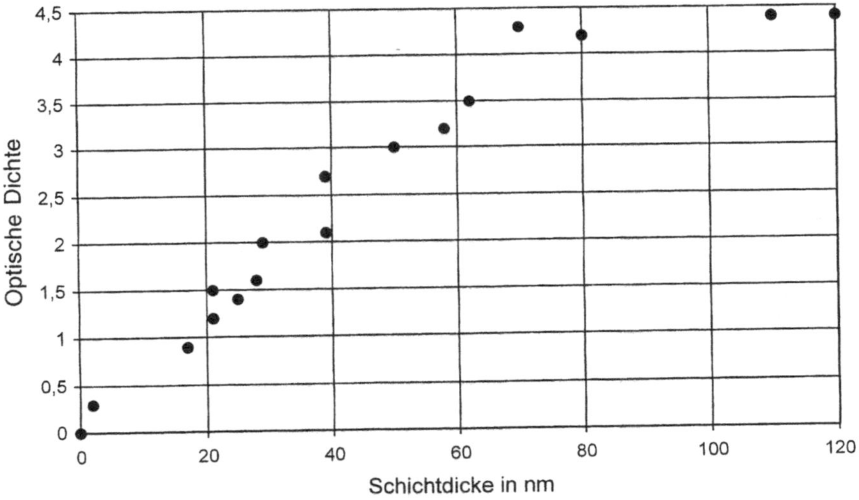

Bild 4.3. Optische Dichte der aufgedampften Aluminiumschicht als Funktion der Dicke (Wellenlänge: 550 nm, Probenfläche: 7 mm^2). Nach [109]

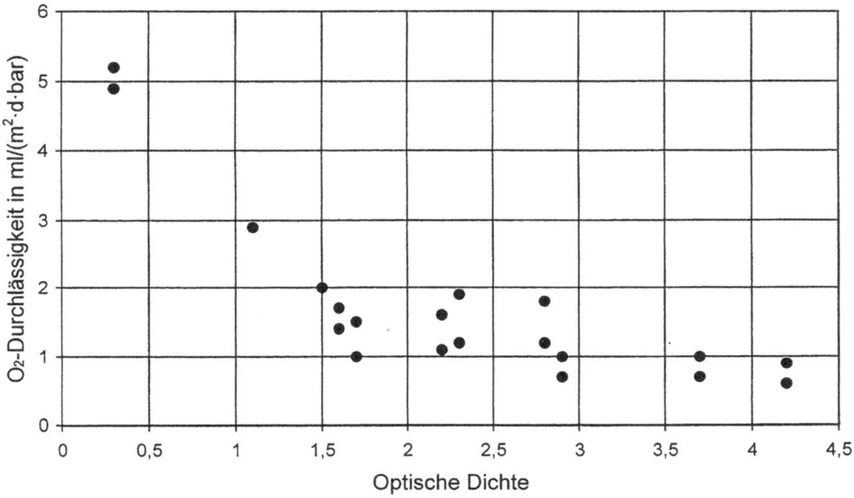

Bild 4.4. O_2-Durchlässigkeit (23 °C) einer Al-bedampften PET-Folie als Funktion der optischen Dichte (Wellenlänge: 550 nm, Probenfläche: 7 mm^2). Nach [110]

Neben der Dickenbestimmung der Bedampfungsschicht wird auch versucht, die optische Dichte mit der Sauerstoff- bzw. der Wasserdampfdurchlässigkeit zu korrelieren. Bild 4.4 zeigt den Zusammenhang zwischen Sauerstoffdurchlässigkeit und optischer Dichte für eine aluminiumbedampfte PET-Folie. Es zeigt sich, daß die Streuung der Meßpunkte keine exakte Korrelation zuläßt. Dies kann zum einen durch die sehr kleine Meßfläche von wenigen Quadratmillimetern bei der Strahlungsdurchlässigkeitsmessung im Vergleich zu den Probenflächen von 50 bzw. 100 cm^2 bei der Permeationsmessung, zum anderen durch Inhomogenitäten in der Aluminiumschicht erklärt werden. Üblicherweise ist die Korrelation bei aluminiumbedampften Verbundfolien besser als bei bedampften Monofolien.

Aussagen über die Korrelation von Gas- oder Wasserdampfbarriereeigenschaften und die optische Dichte sind in vielen Fällen nicht machbar, da es nicht gelingt, eine gleichmäßige Aluminiumschicht über die gesamte Folienbahnbreite aufzutragen. Die unterschiedlichen Oberflächenbeschaffenheiten verschiedener Trägerfolien beeinflussen die Dicke der Metallisierung und führen zu unterschiedlichen optischen Dichten, ohne daß die Gasbarriereeigenschaften in gleichem Maße variieren. Die Sauerstoffdurchlässigkeit läßt sich bei einer Erhöhung der optischen Dichte über 2,0, was einer Aluminiumschichtdicke von rund 90 nm entspricht, nicht weiter reduzieren. Dieser Grenzwert wird durch kleinste Poren in der Aluminiumschicht bedingt, die sich auch bei einem weiteren Verstärken der Aluminiumschicht nicht verschließen lassen. Ursachen für diese Poren sind Kristallisationen in der kondensierenden Aluminiumschicht, Verdampfen von Lösungsmitteln, Restwasser in der Folie und Staubpartikel. Auch hat die Oberflächenrauhigkeit der Trägerfolie, die beispielsweise von Antiblockteilchen beeinflußt wird, Einfluß auf die Anzahl der Poren [30, 110]. Es wird ebenfalls berichtet, daß aufgrund der mechanischen Empfindlichkeit der bedampften Folien die Gasdurchlässigkeit bei größeren Schichtdicken wieder ansteigt [102]. Die Eignung der Meßgröße optische Dichte zum Vorhersagen der Barriereeigenschaft einer metallisierten Kunststoffolie wird im Abschnitt 7 näher erläutert.

4.6 Mechanische Belastbarkeit aluminiumbedampfter Kunststoffolien

Al-bedampfte Folien sind empfindlich gegenüber mechanischer Belastung. Das Verarbeiten von aluminiumbedampften Folien in Verpackungsmaschinen führt immer zu einer Abnahme der Barriereeigenschaften gegenüber dem unbelasteten Folienmaterial. Systematische Untersuchungen zur Abnahme von Barriereeigenschaften wurden in der Vergangenheit fast ausschließlich im Labor durchgeführt. In den folgenden Abschnitten werden bisher durchgeführte Arbeiten vorgestellt.

4.6.1 Maschinenversuche

Untersuchungen über die mechanische Belastbarkeit aluminiumbedampfter Kunststoffolien wurden an zwei vertikalen Schlauchbeutelmaschinen mit Riemenabzug durchgeführt. Es wurden Beutel (Länge: 200 mm, Breite: 150 mm, Umlegenaht) aus aluminiumbedampften PET/LDPE-, OPP/LDPE- und OPA/LDPE-Verbundfolien hergestellt. Angaben über die Maschineneinstellungen wurden nicht gemacht [89]. Als Prüfgröße diente die Veränderung der Wasserdampfdurchlässigkeit. Die Ergebnisse sind in Tabelle 4.4 zusammengefaßt. Aufbauend auf diesen Versuchen wurde eine weitere Versuchsreihe durchgeführt. Dabei wurden sowohl aluminiumbedampfte PET-Folien (12 µm), die gegen LLDPE-Folien (75 µm) kaschiert waren, als auch $BOPP_{met}$/BOPP-Folien (20/20 µm), verwendet. Die Maschinenversuche wurden bei einer einzigen Maschineneinstellung (Ausbringung: 60 Beutel/min) und mit glatten Siegelwerkzeug-Oberflächen durchgeführt. Die Längsnaht wurde als Umlegenaht ausgeführt [103].

Die in Tabelle 4.4 zusammengestellten Ergebnisse der Untersuchungen zeigen, daß die Durchlässigkeit der Folienverbunde beim maschinellen Verarbeiten deutlich ansteigt. Als Hauptursache hierfür werden sowohl undichte Stellen in den Siegelnähten sowie auch bei der Packmittelformung und dem Packstofftransport auftretende Beanspruchungen genannt.

In der Literatur wird ein Versuchsstand beschrieben, der aus mehreren Umlenkrollen und einem Modellkeil besteht [4]. Die Umlenkrollen sollen den Folientransport durch eine vertikale Schlauchbeutelmaschine nachstellen, der Modellkeil die Umformung der Packstoffbahn entlang der Formschulter simulieren. Durch diese Belastung steigt die Sauerstoffdurchlässigkeit einer $BOPP_{met}$/BOPP-Folie um den Faktor 3,5 an. Konkrete Zahlenwerte werden nicht genannt.

Tabelle 4.4. Änderung der Sauerstoff- und Wasserdampfdurchlässigkeit Al-bedampfter Kunststoffolien beim maschinellen Verarbeiten auf vertikalen Schlauchbeutelmaschinen mit Riemenabzug. Nach [89, 104]. (Meßbedingungen: O_2-Durchlässigkeit: 23 °C und 75 % r. F., H_2O-Dampfdurchlässigkeit: 23 °C und 85/0 % Feuchtegefälle)

Kunststoff Foliendicke in µm	Sauerstoffdurchlässigkeit in ml/(m^2·d·bar)			Wasserdampfdurchlässigkeit in g/(m^2·d)		
	Monofolie	Verbund	Beutel(+)	Monofolie	Verbund	Beutel(+)
PET_{met}/LDPE 15/75					0,17	0,25-0,28
PET_{met}/LDPE 12/70					0,02	0,27
OPP_{met}/LDPE 20/70					0,02	0,26
OPA_{met}/LDPE 15/70					0,43	0,66
PET_{met}/LLDPE 12/75	0,61-1,34	0,35-0,66	0,78-1,14	0,15-0,23	0,07-0,13	0,16-0,18
$BOPP_{met}$/BOPP 20/20	76-121	9-54	undicht	0,10-0,12	0,09-0,12	undicht

(+): Die Durchlässigkeitsmessungen wurden an Beuteln durchgeführt und auf eine Oberfläche von 1 m^2 bezogen. Bei dem $BOPP_{met}$/BOPP-Verbund konnten mit glatten Siegelwerkzeugen keine dichten Beutel hergestellt werden.

4.6.2 Zugdehnung

Während des maschinellen Verarbeitens von Kunststoffolien zu Verpackungen werden diese auf Zug belastet. Gelegentlich wird versucht, diese Dehnung durch Zugversuche nach der Norm DIN 53 455 zu simulieren und anschließend die Dehnbeanspruchung durch Bestimmen der geänderten Barriereeigenschaften nachzuweisen. Dazu wird die Sauerstoffdurchlässigkeit sowohl nach Relaxation der Folien als auch bei Aufrechterhalten der Dehnung durch Fixieren der Folien in Spannrahmen bestimmt. Für metallisierte PET- und BOPP-Folien ist die Abhängigkeit der Sauerstoffdurchlässigkeit von der Dehnung in den Bildern 4.5 und 4.6 dargestellt.

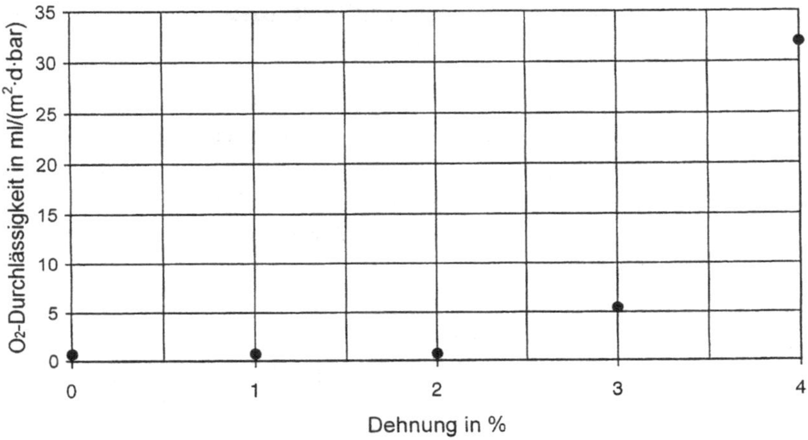

Bild 4.5. Einfluß der Dehnung auf die Sauerstoffdurchlässigkeit (23 °C) einer aluminiumbedampften PET- Folie. [103]

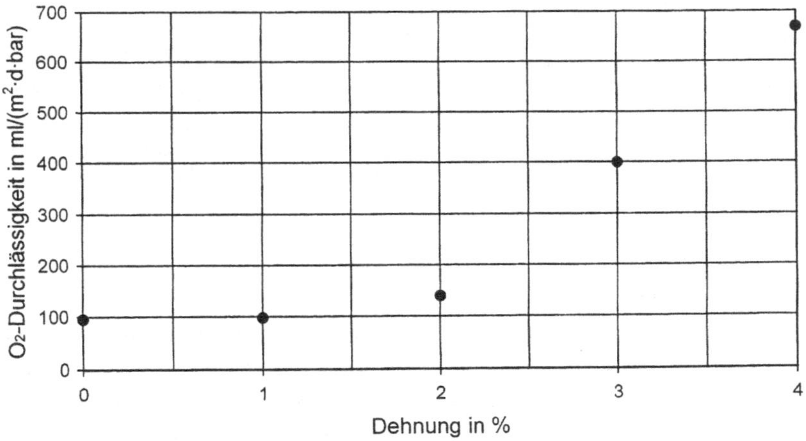

Bild 4.6. Einfluß der Dehnung auf die Sauerstoffdurchlässigkeit (23 °C) einer aluminiumbedampften BOPP- Folie. [103]

Während die Sauerstoffdurchlässigkeit im elastischen Bereich nahezu unverändert bleibt, steigt sie im Bereich der plastischen Verformung stark an. Der Übergangsbereich von elastischer zu plastischer Verformung liegt bei fast allen Kunststoffolien zwischen 2 und 3 % Dehnung. Im rasterelektronenmikroskopischen Bild können bei Dehnungen im elastischen Bereich nur wenige Lichtporen nachgewiesen werden, während bei Dehnungen im plastischen Bereich Risse auftreten, allerdings erst bei Dehnungen über 8 %. Bei bedampften Monofolien tritt die Verschlechterung der Barriereeigenschaften bereits bei kleineren Dehnungen auf als bei bedampften Verbundfolien. Dies läßt sich mit einer verbesserten „Fließfähigkeit" der Aluminiumschicht und einer homogenen mechanischen Belastung über den Folienquerschnitt erklären [103]. Auch die Schutzwirkung der gegen die aluminiumbedampfte Trägerfolie kaschierten Kunststoffolie verbessert die Barriereeigenschaften.

4.6.3 Knitterfestigkeit

Die Belastung von Kunststoffolien durch Knitterbeanspruchung zählt zu den stärksten Belastungen. Die Folienmuster werden in Bögen (297 x 210 mm) geschnitten und die Schmalseiten mit Klemmringen auf zwei Zylindern mit einem Durchmesser von 90 mm befestigt. Einer der beiden Zylinder ist fest. Der zweite Zylinder legt eine horizontale Weglänge von rund 180 mm zurück und rotiert dabei um 440° um die eigene Längsachse. Die Anzahl der Zyklen, mit denen eine Probe auf Knitterbeanspruchung geprüft wird, ist frei wählbar. Zur Auswertung werden die belasteten Proben auf Gas- bzw. Wasserdampfdurchlässigkeit untersucht. Das Meßprinzip ist in der Norm ASTM-F 392 beschrieben [117]. Die Änderung der Sauerstoffdurchlässigkeit als Funktion der Zyklenzahl ist in Tabelle 4.5 für aluminiumbedampfte Folien zusammengestellt.

Tabelle 4.5. Änderung der Sauerstoffdurchlässigkeit aluminiumbedampfter Kunststoffolien bei Knitterfestigkeitsprüfung. Nach [4, 30]

Folien	Sauerstoffdurchlässigkeit in ml/(m^2·d·bar) bei 23 °C und 50 % r. F. Anzahl der Zyklen								
Dicke in µm	0	1	5	10	25	50	100	250	500
PET_{met} 12	1,49	-	8,85	15,4	25,4	29,0	38,0	76	-
PET_{met}/PE 12/50	0,77	-	1,87	3,12	3,81	5,48	7,61	8,50	10,7 - 10000
PET_{met}/LDPE 12/70	1,8	1,9	-	3,5	-	3,8	-	-	-
$BOPP_{met}$/BOPP 20/30	9,0	13,3	-	27,3	-	72,3	-	-	-

Grundsätzlich gilt, daß der Verlust der Barriereeigenschaften bei ungeschützten Aluminiumschichten am größten ist und durch Lackieren oder Kaschieren erheblich verringert werden kann. Die Sauerstoffdurchlässigkeit wird aufgrund der erheblich größeren Partialdruckdifferenz durch den Test stärker beeinflußt als die Wasserdampfdurchlässigkeit.

4.6.4 Zyklische ein- und zweiachsige Belastung

Neben den zyklischen Belastungen, wie sie beim Bestimmen der Knitterfestigkeit auftreten, wurden auch Wechselbelastungen zum Erstellen von Materialermüdungskurven aluminiumbedampfter PET-Folien mit einer Foliendicke von 7 µm und Aluminiumschichtdicken zwischen 250 und 300 nm angewandt [66]. Dabei wurde zwischen einachsiger und zweiachsiger Belastung unterschieden. Die einachsige Belastung wurde durch sich zyklisch wiederholende Dehnbeanspruchung, die zweiachsige durch zyklisches Anlegen eines Überdruckes und Aufblähen der Folie simuliert (Belastungsfrequenz: jeweils 2 Hz). Die Zugspannung σ läßt sich dabei aus folgendem Zusammenhang berechnen:

$$\sigma = \frac{p \cdot r_i}{2 \cdot l} \qquad (4.2)$$

Darin bedeuten p den angelegten Druck, r_i den inneren Wölbungsradius im Scheitelpunkt der aufgeblähten Folie und l die ursprüngliche Foliendicke.

Für beide Belastunsgmodelle wurde das Absinken der Zugspannung für bis zu 10^4 Lastwechsel bei 20 und 100 °C ermittelt. Die Ergebnisse sind in Bild 4.7 dargestellt. Auf der Y-Achse ist die Zugspannung nach einem Lastwechsel aufgetragen. Sie unterscheidet sich aufgrund der unterschiedlichen Belastung bei gleichem Probenmaterial für beide Fälle. Es zeigt sich, daß bei einer Temperaturerhöhung um 80 °C bei gleicher Zugspannung die Dauerbelastbarkeit, ausgedrückt durch die Zahl der Lastwechsel, deutlich verringert wird. Beispielsweise sinkt bei einer Zugspannung von 70 MPa durch die Temperaturerhöhung die Zahl der Lastwechsel von rund 3100 auf 10 ab (zweiachsige Belastung).

Zusätzlich wurde in der Studie für den zweiachsigen Belastungsfall die Strahlungsdurchlässigkeit der belasteten Folie aufgetragen. Für den Quotienten aus angelegtem Druck p und Berstdruck p_B wurden die Ursachen der erhöhten Strahlungsdurchlässigkeit ermittelt. Bei $0{,}15 < p/p_B < 0{,}20$ treten einzelne isolierte Poren in der Aluminiumschicht auf, die sich bei $p/p_B \cong 0{,}4$ zu ersten Rissen in der Aluminiumschicht ausdehnen. Für $p/p_B > 0{,}5$ wurde das Ausbilden eines dichten Netzwerkes aus Rissen beobachtet. Die Erhöhung der Strahlungsdurchlässigkeit läßt sich nicht durch das Ablösen der Aluminiumschicht von der Trägerfolie erklären, sondern wird durch die Zunahme von Fehlstellen (Poren und Rissen) als Folge der Zugspannung und der Anzahl der Lastwechsel bedingt.

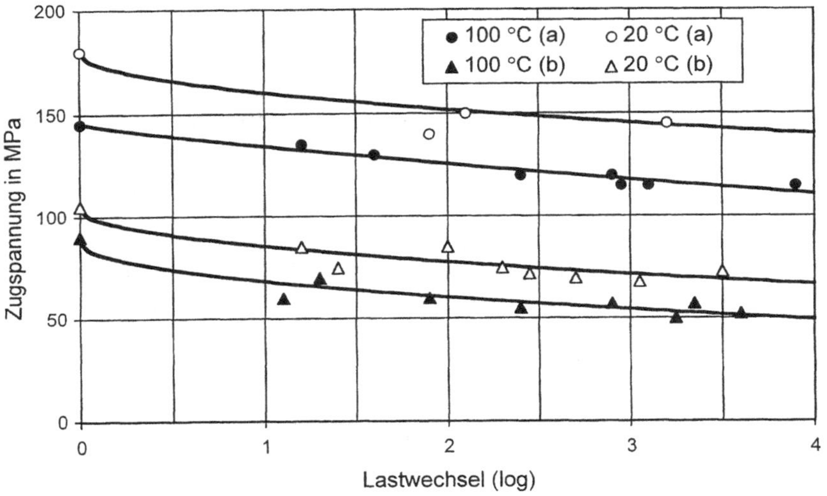

Bild 4.7. Ermüdungskurven bei einachsiger (a) und zweiachsiger (b) Belastung einer aluminiumbedampften PET-Folie bei 20 °C und 100 °C. [66]

4.6.5 Sonstige Belastungsarten

Untersuchungen mit dem Ziel, die Festigkeit der aufgedampften Aluminiumschicht zu beurteilen, wurden durchgeführt, indem aluminiumbedampfte PET-, PET/LDPE- und BOPP-Folien zwischen zwei Glasplatten gelegt wurden. Die Glasplatten wurden mit unterschiedlichen Drücken belastet, während die Proben gleichzeitig auf Zug beansprucht wurden. Die Ergebnisse sind in Tabelle 4.6, Teil I dargestellt. Desweiteren wurden die Proben sowohl mit der aluminiumbedampften Seite als auch mit der unbedampften Seite über einen Glasstab (Durchmesser 8 mm) gezogen. Die Ergebnisse sind in Tabelle 4.6, Teil II zusammengefaßt [111]. Untersucht wurden die Packstoffe auf die Veränderung ihrer Sauerstoff- oder Wasserdampfdurchlässigkeit.

Die Ergebnisse in Tabelle 4.6 zeigen, daß die Aluminiumschicht unempfindlich gegen das Ziehen der bedampften Kunststoffolien zwischen den Glasplatten ist. Erklärt wird diese Erscheinung mit Antiblockteilchen auf der Aluminiumschicht, die einen direkten Kontakt zwischen Glas und Aluminium verhindern. Beim Ziehen der unbedampften Folienoberfläche über den Glasstab wurden ebenfalls keine Veränderungen in den Barriereeigenschaften festgestellt. Beim Ziehen der Aluminiumschicht über den Glasstab trat nur bei der PET_{met}-Folie ein deutlicher Verlust der Barriereeigenschaften auf. Beim PET_{met}/LDPE-Verbund ist das innenliegende Aluminium sowohl durch die PET- als auch die PE-Schicht vor dieser Beanspruchung geschützt. Die Zunahme der Sauerstoffdurchlässigkeit ist im Vergleich zur unbelasteten Folie gering. Auffallend ist der kleiner werdende Verlust der Barriereeigenschaften beim Ziehen der aluminiumbedampften Monofolien über den Glasstab bei einer Belastung von 0,10 N/mm. Bei geringeren Belastungen wurden zunächst größere Durchlässigkeiten festgestellt.

Tabelle 4.6. Einfluß von Reibung (Reibpartner: Glas und Kunststoff) bei unterschiedlicher Belastung auf die Barriereeigenschaften aluminiumbedampfter Kunststoffe. Nach [111] (Meßbedingungen: O_2-Durchlässigkeit bei 23 °C und 75 % r. F., H_2O-Dampfdurchlässigkeit: 38 °C und 100 % Feuchtegefälle)

Prüfung / Belastung	Wasserdampfdurchlässigkeit in g/(m²·d)	Sauerstoffdurchlässigkeit in ml/(m²·d·bar)	
	$BOPP_{met}$ 20 µm	PET_{met} 12 µm	PET_{met}/LDPE 12/40 µm
unbelastet	0,35	0,50	0,50
I. Glasplatten			
80 Pa	0,46	0,40	0,65
160 Pa	0,39	0,50	0,75
750 Pa	0,46	0,45	0,75
1800 Pa	0,53	0,45	0,85
II. Glasstab			
0,03 N/mm	0,42	2,30	0,75
0,07 N/mm	0,49	2,15	0,80
0,10 N/mm	0,38	6,26	0,60

5 Barriereeigenschaften von Kunststoffolien

Eine der Hauptanforderungen an Lebensmittelverpackungen ist der Schutz des Füllgutes vor Umwelteinflüssen. Keine der in der Lebensmittel-Verpackungstechnik eingesetzten Kunststoffolien bietet einen absoluten Schutz. Die Qualität des abgepackten Produktes kann beim Verwenden von Verpackungen aus Kunststoff durch enzymatische, physikalische, chemische und mikrobiologische Veränderungen während der Lagerung verringert werden. Diese Veränderungen werden durch das Permeieren von Gasen, Wasserdampf und organischen Substanzen oder durch den Übergang von organischen Substanzen aus dem Packstoff auf das abgepackte Produkt (Migration) hervorgerufen und häufig durch Strahlung katalysiert [35, 36, 41].

In diesem Abschnitt wird näher auf die Theorie der Gas- und Wasserdampfdurchlässigkeit eingegangen, da diese Parameter zum Beurteilen der Maschinengängigkeit von metallisierten Packstoffen als geeignet erscheinen. Die Möglichkeit, auch die Strahlungsdurchlässigkeit als Beurteilungskriterium für die Veränderung zu wählen, wurde bereits im Zusammenhang mit der Oberflächenveredelung von Kunststoffolien erläutert.

5.1 Gasdurchlässigkeit

Der Durchgang von Gasmolekülen durch Packstoffe wird ganz allgemein als Permeation bezeichnet. Die wichtigste Kenngröße zum Beschreiben des Gasdurchgangs ist der Permeationskoeffizient, der angibt, welches Gasvolumen durch eine Kunststoffolie bestimmter Dicke bei einer gegebenen Probenfläche und Partialdruckdifferenz pro Zeiteinheit permeiert. In der Lebensmittel-Verpackungstechnik interessiert dabei besonders die Durchlässigkeit von Kunststoffolien für Sauerstoff und Kohlendioxid. Auf die Bedeutung dieser Gase soll nachfolgend kurz eingegangen werden.

Sauerstoff kann mit vielen Lebensmittelinhaltsstoffen chemische Reaktionen eingehen und irreversible Veränderungen bewirken. Sauerstoffempfindlich sind alle ungesättigten Fettsäuren, einige Vitamine (z. B. Vitamine A, C und E), Aminosäuren (Arginin, Histidin, Lysin, Thiamin und Methionin) sowie viele natürlich in Lebensmitteln vorkommende Farbstoffe und Aromen. In vielen Fällen ist die Sauerstoffeinwirkung mit Farbänderungen, mit einer Minderung der geschmacklichen Qualität oder mit gesundheitsgefährdenden Verderbnisreaktionen verbunden. Die Sauerstoffdurchlässigkeit ist in den meisten Fällen das wichtigste Prüfkriterium für die Gasdurchlässigkeit einer Verpackung. Sauerstoff-Permeationskoeffizienten für häufig in der lebensmittelverarbeitenden Industrie verwendete Kunststoffe sind in Tabelle 5.1 zusammengestellt. Die Koeffizienten beziehen sich auf eine Temperatur von 23 °C und eine relative Luftfeuchte von 0 %.

Die CO_2-Durchlässigkeit von Packstoffen spielt bei solchen Lebensmitteln eine entscheidende Rolle, die nach dem Verpacken noch CO_2 produzieren (Kaffee), die in einer CO_2-Schutzgasatmosphäre (Backwaren) oder in einer modifizierten Atmosphäre (Obst und Gemüse) verpackt und gelagert werden. In der getränkeabfüllenden Industrie spielt die CO_2-Durchlässigkeit beim Abfüllen von Bier, Limonaden und Mineralwässern eine wichtige Rolle. CO_2-Permeationskoeffizienten sind ebenfalls in Tabelle 5.1zusammengestellt.

Tabelle 5.1. O_2- und CO_2-Permeationskoeffizienten für Kunststoffolien (Prüfbedingungen: 23 °C und 0 % r. F.) [39]

Kunststoff	O_2-Permeationskoeffizient in ml·100 µm/(m²·d·bar)	CO_2-Permeationskoeffizient in ml·100 µm/(m²·d·bar)
LDPE	2000 - 2200	8200 - 8500
HDPE	450 - 500	2300 - 2400
PP	520 - 800	2800
BOPP	250	760
PS	1000 - 1100	6800 - 7800
E-PVC	45 - 55	190
PVDC	2,5 - 4,0	10 - 15
PET	15 - 20	55 - 65
PC	650 - 850	5200

Alle in der Verpackungstechnik eingesetzten Kunststoffe sind mehr oder weniger durchlässig für Gas- und Wasserdampfmoleküle. Dabei bleibt zunächst unberücksichtigt, welche chemisch-physikalischen Vorgänge für den Stofftransport verantwortlich sind. Im allgemeinen unterscheidet man zwei Modelle: einen Stofftransport durch Poren oder Kapillaren, welche den Packstoff durchziehen, und einen Stofftransport aufgrund eines Lösungsdiffusionsmodells. Das erste Modell spielt nur bei Kunststoffolien mit Fabrikationsfehlern, Rissen und Falten eine Rolle. Wesentlich wichtiger ist das Lösungsdiffusionsmodell, das den Gasdurchgang intakter Kunststoffolien beschreibt. Tabelle 5.2 zeigt die unterschiedlichen Modelle in einer Übersicht.

Das treibende Gefälle für den Gasdurchgang durch Kunststoffolien ist immer das Partialdruckgefälle des permeierenden Gases, unabhängig davon, ob eine Gesamtdruckdifferenz auf beiden Seiten des Packstoffs vorliegt. Im folgenden soll nur auf die Lösungsdiffusion eingegangen werden. Sie ist anwendbar für Folien zwischen 10 µm und 1 mm Dicke. Der Durchgang durch eine polymere Membran hängt ab von der Form, Molekülgröße und chemischen Beschaffenheit des Gases, von den physikalischen und chemischen Eigenschaften des Kunststoffs sowie von Wechselwirkungen zwischen Permeant und Polymer. Auch für chemisch ähnliche Stoffe können sich daher sehr unterschiedliche Permeationseigenschaften ergeben. Die Temperaturabhängigkeit der Lösungsdiffusion läßt sich durch die Arrhenius-Gleichung beschreiben.

Tabelle 5.2. Stofftransport von Gasen und Dämpfen durch Kunststoffolien. Nach [34]

Treibendes Gefälle	Kunststoffolien mit Poren	Kunststoffe ohne Poren
Partialdruck- und Gesamtdruckgefälle	I. Poiseuille-Strömung $\dot{V}_P = \frac{r^4 \cdot \pi \cdot (p_1 - p_2)}{8 \cdot \eta \cdot l}$ II. Knudsen-Strömung $\dot{V}_K = \frac{8 \cdot r^3 \cdot \pi \cdot (p_1 - p_2)}{3 \cdot l \cdot p_1} \cdot \sqrt{\frac{R \cdot T}{2 \cdot \pi}}$	Lösungsdiffusion $\dot{V} = D_{G,KS} \cdot A \frac{c_1 - c_2}{l}$
Partialdruckgefälle bei gleichem Absolutdruck auf beiden Folienseiten	Ficksche Diffusion durch Poren $\dot{V}_F = D_{G,G} \cdot A_P \frac{c_1 - c_2}{l}$	Lösungsdiffusion $\dot{V} = D_{G,KS} \cdot A \frac{c_1 - c_2}{l}$
Formelzeichen: $\dot{V}$: Volumenstrom; r: Porenradius; p_1, p_2: Partialdruck; η: dynamische Viskosität; l: Porenlänge; D: Diffusionskoeffizient (G,G: Gas in Gas, G,KS: Gas in Kunststoff); A: Permeationsfläche; A_P: Porenfläche; c_1, c_2: Oberflächenkonzentration; R: Gaskonstante; T: absolute Temperatur		

5.1.1 Gasdurchgang durch Mono- und Verbundfolien

Permeationsvorgänge, die auf dem Lösungsdiffusionsmodell beruhen, setzen sich aus drei Schritten zusammen. Zunächst adsorbieren die Gasmoleküle an der Polymeroberfläche und werden im Polymer gelöst. Anschließend findet Diffusion in Richtung der niedrigeren Gaskonzentration statt. Den letzten Schritt stellt das Desorbieren von der Polymeroberfläche dar. Die grundlegenden Gesetze zum Beschreiben der Gaspermeation sind die zwei Fickschen Gesetze, wobei das erste Ficksche Gesetz den Gasdurchgang im stationären Zustand und das zweite Ficksche Gesetz den Gasdurchgang im instationären Zustand beschreibt.

Das erste Ficksche Gesetz besagt, daß der Gasdurchgang durch die Probenfläche A in x-Richtung ($\dot{V}_x$) proportional dem Konzentrationsgradienten $\partial c/\partial x$ des permeierenden Gases im Polymer ist.

$$F_x = \frac{\dot{V}_x}{A} = -D \frac{\partial c}{\partial x} \tag{5.1}$$

Der Gasdurchgang beschreibt das Gasvolumen, das pro Zeit- und Flächeneinheit durch eine Folie diffundiert, wobei c die Gaskonzentration, x die Raumkoordinate senkrecht zur Oberfläche und D der Diffusionskoeffizient sind. Der Diffusionskoeffizient beschreibt die Geschwindigkeit, mit der das Gas durch die Polymermatrix tritt. Er ist temperaturabhängig und kann von der Gaskonzentration im Polymer und der Zeit seit Diffusionsbeginn abhängig sein. Gleichung 5.1 kann nur dann angewandt werden, wenn es sich bei dem untersuchten Kunststoff um ein homogenes Material handelt, dessen Material- und Diffusionseigenschaften an jeder Stelle im Polymer gleich sind. Ferner gilt Gleichung 5.1 nur dann für den stationären Fall, wenn die Konzentrationsänderung des Gases im Kunststoff über die Zeit konstant ist [13].

Das zweite Ficksche Gesetz beschreibt den instationären Zustand des Gasdurchgangs durch Kunststoffolien. Dazu wird die Diffusion durch ein Volumenelement mit kartesischen Koordinaten betrachtet (Bild 5.1) [13, 14].

Der Punkt O sei das Zentrum des Volumenelements mit der Seitenlänge $2dx$, $2dy$ und $2dz$. Der Gasdurchgang durch die Fläche $ABCD$ beträgt unter der Annahme, daß der Gasfluß im Punkt O genau F_x sei und daß ein Gradient dF/dx in x-Richtung vorhanden sei:

$$F_x - \frac{\partial F_x}{\partial x} dx \tag{5.2}$$

und analog für den Gasfluß durch die Ebene $abcd$

$$F_x + \frac{\partial F_x}{\partial x} dx \quad . \tag{5.3}$$

Das Gasvolumen, das pro Zeiteinheit durch die Fläche $ABCD$ in das Volumenelement eintritt, ist

$$4 \cdot dydz\left(F_x - \frac{\partial F_x}{\partial x} dx \right) \tag{5.4}$$

und das, welches aus der Fläche $abcd$ austritt,

$$4 \cdot dydz\left(F_x + \frac{\partial F_x}{\partial x} dx \right) \quad . \tag{5.5}$$

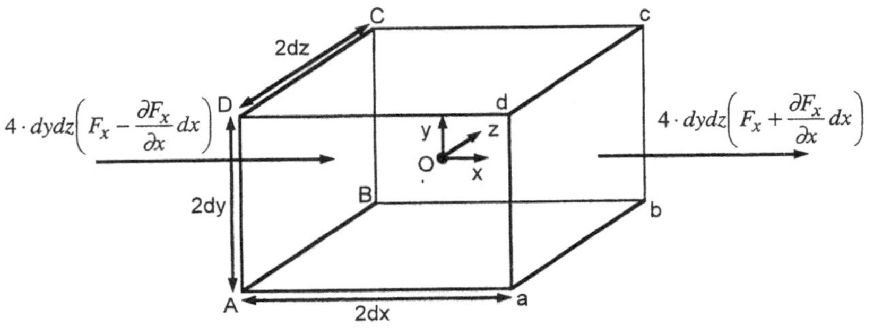

Bild 5.1. Gasdurchgang durch ein Volumenelement [14]

Das Gasvolumen, das sich aufgrund der Diffusion in x-Richtung in dem Volumenelement anreichert, beträgt

$$\dot{V}_x = -8 \cdot dx\,dy\,dz \left(\frac{\partial F_x}{\partial x} \right) \quad . \tag{5.6}$$

Eine entsprechende Anreicherung ergibt sich in diesem Volumenelement auch für die Diffusion in y- und z-Richtung:

$$\dot{V}_y = -8 \cdot dx\,dy\,dz \left(\frac{\partial F_y}{\partial y} \right) \quad \text{und} \tag{5.7}$$

$$\dot{V}_z = -8 \cdot dx\,dy\,dz \left(\frac{\partial F_z}{\partial z} \right) \quad . \tag{5.8}$$

Die Gesamtzunahme der Gaskonzentration in dem betrachteten Volumenelement läßt sich somit durch folgenden Zusammenhang beschreiben:

$$\frac{\partial c}{\partial t} = \frac{\dot{V}_x + \dot{V}_y + \dot{V}_z}{8\,dx\,dy\,dz} \tag{5.9}$$

oder

$$\frac{\partial c}{\partial x} = -\frac{\partial F_x}{\partial x} - \frac{\partial F_y}{\partial y} - \frac{\partial F_z}{\partial z} \quad . \tag{5.10}$$

Unter der Annahme, daß der Diffusionskoeffizient D in alle Richtungen gleich ist, folgt:

$$\frac{\partial c}{\partial t} = D \cdot \left(\frac{\partial^2 c}{\partial x^2} + \frac{\partial^2 c}{\partial y^2} + \frac{\partial^2 c}{\partial z^2} \right) \quad . \tag{5.11}$$

Gleichung 5.11 ist als das 2. Ficksche Gesetz bekannt. Es beschreibt die örtliche Konzentrationsänderung als eine Funktion der Zeit. Wenn sich der Gasdurchgang auf eine Hauptrichtung beschränkt, vereinfacht es sich zu

$$\frac{\partial c}{\partial t} = D \cdot \left(\frac{\partial^2 c}{\partial x^2} \right) \quad . \tag{5.12}$$

Diese Einschränkung ist sicherlich bei Untersuchungen zur Gasdurchlässigkeit von Kunststofffolien zulässig, wo die größte Menge eines Gases durch eine Ebene und nur vernachlässigbar kleine Mengen durch die Ränder permeieren. Dieser Fall wird als eindimensionale Permeation bezeichnet.

Gasdurchgang im stationären Zustand

Ein stationärer Zustand des Gasdurchgangs ist erreicht, wenn die Gaskonzentration in allen Stellen der Folie konstant bleibt. Für die mathematische Beschreibung soll im folgenden angenommen werden, daß der Diffusionskoeffizient D konstant ist und an beiden Folienoberflächen konstante Gaskonzentrationen vorliegen. Bei $x = 0$ betrage die Oberflächenkonzentration c_1, bei $x = l$ entsprechend c_2. Daher folgt aus Gleichung 5.10:

$$\frac{\partial^2 c}{\partial x^2} = 0 \quad . \tag{5.13}$$

Integriert man diese Gleichung über x, so sieht man, daß die Änderung der Gaskonzentration über die Wegstrecke x konstant ist.

$$\frac{\partial c}{\partial x} = const \quad . \tag{5.14}$$

Durch einen weiteren Integrationsschritt und Einsetzen der oben genannten Randbedingungen erhält man

$$\frac{c - c_1}{c_2 - c_1} = \frac{x}{l} \quad . \tag{5.15}$$

Man erkennt, daß die Gaskonzentration in der Folie linear von c_1 nach c_2 abnimmt. Der Volumenstrom des durch die Folie tretenden Gases ist in jedem zur Folienfläche parallelen Querschnitt gleich:

$$F = \frac{\dot{V}}{A} = -D\frac{dc}{dx} = D\frac{c_1 - c_2}{l} \quad . \tag{5.16}$$

Mit Hilfe der Gleichung 5.16 läßt sich der Diffusionskoeffizient D berechnen, wenn sich der Volumenstrom $\dot{V}$, die Oberflächenkonzentrationen c_1 und c_2, die Foliendicke l sowie die Permeationsfläche A experimentell bestimmen lassen. Gerade das Bestimmen der Oberflächenkonzentrationen ist aber nur in Ausnahmefällen direkt möglich. Wesentlich häufiger wird die Oberflächenkonzentration über die Gaskonzentration im umgebenden Medium berechnet. Den Zusammenhang zwischen der Gaskonzentration im Kunststoff c und im umgebenden Medium C beschreibt der Nernstsche Verteilungssatz über einen temperatur- und konzentrationsabhängigen Faktor K [79].

$$c = K \cdot C \quad . \tag{5.17}$$

Für Gase und Dämpfe ist die Konzentration C proportional dem Partialdruck p. Damit kann Gleichung 5.17 auch geschrieben werden als:

$$c = S \cdot p \quad . \tag{5.18}$$

Der Löslichkeitskoeffizient S ist temperaturabhängig und, im Gegensatz zum Diffusionskoeffizienten, bei größeren Partialdrücken auch druckabhängig [80]. Bei kleinen Partialdrücken ist die Druckabhängigkeit aber zu vernachlässigen. Gleichung 5.18 wird in diesem Fall als Henrysches Gesetz bezeichnet. Der Löslichkeitskoeffizient hängt sowohl von den Eigenschaften des Gases als auch von den Eigenschaften des Kunststoffs ab.

Mit Gleichung 5.18 läßt sich Gleichung 5.16 auch folgendermaßen ausdrücken:

$$\dot{V} = D \cdot S \cdot A \frac{p_1 - p_2}{l} = P \cdot A \frac{p_1 - p_2}{l} \quad . \tag{5.19}$$

Dabei werden der Diffusionskoeffizient D und der Löslichkeitskoeffizient S zum Permeationskoeffizienten P zusammengefaßt. Gleichung 5.19 wird als Permeationsgesetz bezeichnet.

An dieser Stelle sei nochmals auf die Voraussetzungen hingewiesen, unter denen das hergeleitete Permeationsgesetz gültig ist:

- Das betrachtete Gas geht keine Reaktion mit dem Kunststoffpolymer ein,
- das Lösen des Gases im Kunststoff verändert nicht die Polymerstruktur (etwa durch dessen Schwellen),
- der Kunststoff ist homogen, so daß der Diffusionskoeffizient an allen Stellen des Polymers gleich ist,
- der Diffusionskoeffizient ist unabhängig von der Gaskonzentration im Polymer (Ficksche Diffusion),
- der Diffusionskoeffizient ist nicht zeitabhängig,
- die Druckabhängigkeit des Löslichkeitskoeffizienten kann aufgrund niedriger Gaskonzentrationen im Polymer vernachlässigt werden und
- die Oberflächenkonzentration c ist proportional zum Partialdruck p (Henrysches Gesetz).

Abweichungen von diesen Postulaten sind bekannt. Sie führten zur Formulierung des „Dual-Mode"-Sorptionsmodells, das besonders wichtig bei der Untersuchung von Permeationsvorgängen von Dämpfen, aber auch von Kohlendioxid ist. Es konnte nachgewiesen werden, daß sich die Sorptionsisotherme, die das Lösungsverhalten des Gases bzw. des organischen Dampfes in einer Polymermatrix beschreibt, aus zwei Kurven, die addiert werden, zusammensetzt. Die erste Kurve wird durch eine Gerade (Henrysches Gesetz), die zweite Kurve durch eine Langmuir-Isotherme beschrieben. Man vermutet, daß die Gasmoleküle auf zwei unterschiedliche Arten im Polymer gelöst werden. Ein Teil der die Kunststoffolie durchdringenden Moleküle füllt bestehende Mikrokammern aus, ein anderer geht in wahre, molekulare Lösung über. Der Langmuir-Anteil nimmt mit sinkendem Partialdruck ab. Im Bereich um 1 bar Absolutdruck ist der Langmuir-Anteil vernachlässigbar klein und man beobachtet den oben beschriebenen linearen Zusammenhang des Henryschen Gesetzes. Erklärt wird dieses Verhalten mit größerwerdenden Diffusionskoeffizienten bei gleichzeitiger Abnahme der Kondensation [92, 93, 105].

Gasdurchgang im instationären Zustand

Für die meisten Problemstellungen ist das Messen der Gasdurchlässigkeit im Gleichgewicht ausreichend. Es konnte aber mit Gleichung 5.19 gezeigt werden, daß man im stationären Zustand nur den Permeationskoeffizienten, nicht aber die den Gasdurchgang exakt beschreibenden Diffusions- und Löslichkeitskoeffizienten ermitteln kann. Sollen sowohl der Diffusionskoeffizient als auch der Löslichkeitskoeffizient ermittelt werden, muß der instationäre Zustand des Gasdurchgangs untersucht werden. Auch wird versucht, durch Messungen im instationären Bereich die Dauer von Experimenten durch die Vorhersage des Gasdurchgangs im stationären Bereich zu verkürzen [38].

Der Gasdurchgang im instationären Bereich wird durch eine sprunghafte Änderung der Partialdruckdifferenz ausgelöst. Die Zeitdauer bis zum Erreichen eines neuen, stationären Zustands kann von wenigen Minuten bis zu mehreren Tagen dauern. Der instationäre Zustand wird durch das zweite Ficksche Gesetz beschrieben (Gleichung 5.12). Für die Lösung dieser Differentialgleichung werden folgende Randbedingungen definiert: Die Gasmoleküle sind vor der Änderung der Partialdruckdifferenz gleichmäßig mit der Konzentration c_0 in der Folie verteilt. Der instationäre Gasdurchgang beginnt in dem Augenblick, in dem auf beiden Seiten der Kunststoffolie unterschiedliche Gaskonzentrationen vorliegen. Bis der neue Gleichgewichtszustand erreicht ist, ändert sich die Gaskonzentration c in der Folie. Das aufgrund des Konzentrationsgradienten durch die Folie diffundierende Gasvolumen Q beträgt, wenn es auf der Folienseite akkumuliert wird [14]:

$$Q = D \cdot A \cdot (c_1 - c_2)\frac{t}{l} + \frac{2 \cdot l \cdot A}{\pi^2}\sum_{n=1}^{\infty}\frac{c_1 \cdot \cos(n \cdot \pi) + c_2}{n^2}\left(1 - \exp\left(-\frac{D \cdot n^2 \cdot \pi^2 \cdot t}{l^2}\right)\right) + \frac{4 \cdot c_0 \cdot l \cdot A}{\pi^2}\sum_{m=1}^{\infty}\frac{1}{(2 \cdot m + 1)}\left(1 - \exp\left(-\frac{D(2 \cdot m + 1)^2 \cdot \pi^2 \cdot t}{l^2}\right)\right) \quad . \tag{5.20}$$

Bei den meisten Versuchen zum Bestimmen der Gasdurchlässigkeit von Folien sind die Anfangsbedingungen zum Zeitpunkt $t = 0$ so gewählt, daß die Oberflächenkonzentration auf der einen Seite c_1, auf der anderen Seite $c_2 = 0$ ist. Diese Bedingungen werden während des gesamten Versuchs konstant gehalten. Die Konzentration c_0 in der Folie ist zu Beginn des Versuchs durch Vorspülung vernachlässigbar klein ($c_0 = 0$). Gleichung 5.20 kann damit vereinfacht werden zu:

$$Q = A \cdot l \cdot c_1\left(\frac{D \cdot t}{l^2} - \frac{1}{6} - \frac{2}{\pi^2}\sum_{n=1}^{\infty}\frac{-1^n}{n^2}\exp\left(-\frac{D \cdot n^2 \cdot \pi^2 \cdot t}{l^2}\right)\right) \quad . \tag{5.21}$$

Man erhält diese Gleichung durch Fourier-Reihentransformation mit exponentiellen Zeitfaktoren und Zuweisung von Koeffizienten, um die Randbedingungen einzubeziehen [81]. Es wird bei der Herleitung der Gleichung 5.21 angenommen, daß sich sofort mit der Änderung der Partialdruckdifferenz ein Gleichgewichtszustand einstellt. Unter Verwendung von Gleichung 5.18 kann man Gleichung 5.21 so umschreiben, daß man statt der Konzentrationsdifferenz die Partialdruckdifferenz des Gases als treibendes Gefälle für den Gasdurchgang betrachtet:

$$Q = A \cdot l \cdot S \cdot p_1\left(\frac{D \cdot t}{l^2} - \frac{1}{6} - \frac{2}{\pi^2}\sum_{n=1}^{\infty}\frac{-1^n}{n^2}\exp\left(-\frac{D \cdot n^2 \cdot \pi^2 \cdot t}{l^2}\right)\right) \quad . \tag{5.22}$$

Bei vielen der heute verwendeten Permeationsmeßgeräten wird die Gasdurchlässigkeit nicht über die akkumulierte Gasmenge, sondern über den sich zeitlich ändernden Volumenstrom $\dot{V}$ erfaßt. Bei sonst gleichen Randbedingungen kann man Gleichung 5.22 ableiten:

$$\dot{V} = \frac{dQ}{dt} = \frac{A \cdot D \cdot S \cdot p_1}{l}\left(1 + 2\sum_{n=1}^{\infty} -1^n \exp\left(-\frac{D \cdot n^2 \cdot \pi^2 \cdot t}{l^2}\right)\right) \quad . \tag{5.23}$$

Die Bilder 5.2 und 5.3 zeigen beispielhafte Auftragungen der Gleichungen 5.22 und 5.23. Für beide Gleichungen existieren mehrere praktische Lösungsansätze, die in dieser Arbeit nicht vollständig aufgeführt werden können.

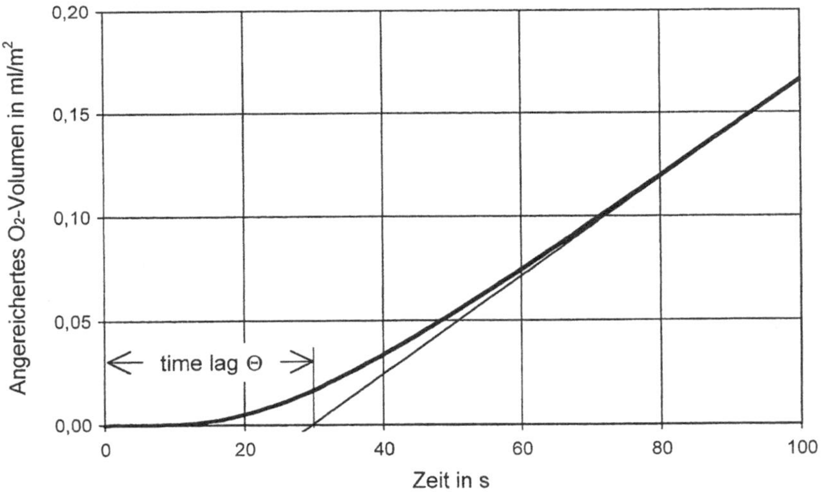

Bild 5.2. Angereichertes O_2-Volumen als Funktion der Zeit (Gleichung 5.22); Bsp.: $BOPP_{met}$, $D = 1{,}1 \cdot 10^{-12}$ m²/s, $S = 0{,}3$ ml/(m³·Pa), $l = 14$ µm, $p_l = 1000$ hPa, $\vartheta = 23$ °C

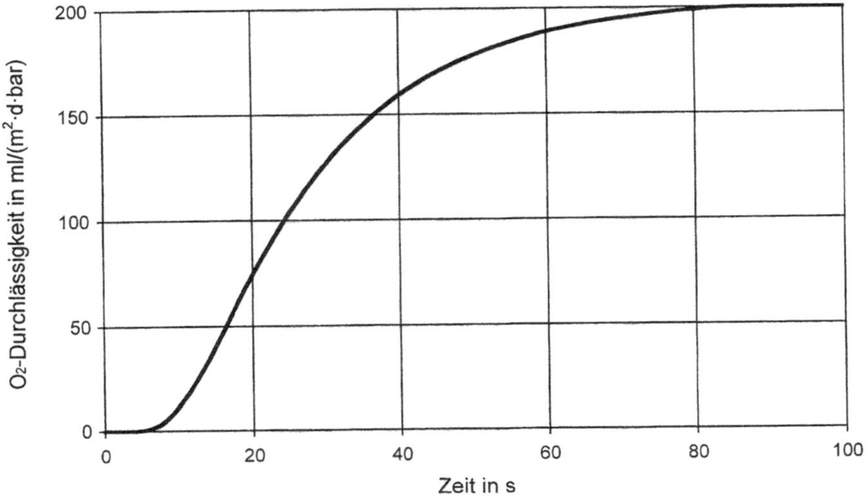

Bild 5.3. Änderung der O_2-Durchlässigkeit als Funktion der Zeit (Gleichung 5.23); Bsp.: $BOPP_{met}$, $D = 1{,}1 \cdot 10^{-12}$ m²/s, S = 0,3 ml/(m³·Pa), l = 14 µm, p_1 = 1000 hPa, ϑ = 23 °C

Die in der Literatur am häufigsten beschriebene Methode zum Bestimmen der Diffusions- und Löslichkeitskoeffizienten, ist die sogenannte „time-lag“-Methode [7, 15]. Wird die Zeit t in Gleichung 5.22 sehr groß, ist ein stationärer Zustand der Permeation erreicht. Der exponentielle Teil der Gleichung wird dann vernachlässigbar klein und die Auftragung von Q über der Zeit ergibt eine Gerade.

$$Q = \frac{A \cdot D \cdot c_1}{l}\left(t - \frac{l^2}{6 \cdot D}\right) \tag{5.24}$$

Diese Gerade hat einen Schnittpunkt Θ mit der Zeitachse bei

$$\Theta = \frac{l^2}{6 \cdot D} \quad . \tag{5.25}$$

Dieser aus Permeationsmessungen extrapolierte Schnittpunkt mit der Zeitachse wird „time-lag“ genannt. Zur Verdeutlichung wurde er in Bild 5.2 eingefügt. Mit Hilfe von Gleichung 5.25 läßt sich der Diffusionskoeffizient D bestimmen. Der Löslichkeitskoeffizient kann rechnerisch aus dem Quotienten des in Gleichgewichtsmessungen gefundenen Permeationskoeffizienten und dem Diffusionskoeffizienten ermittelt werden. Für Gleichung 5.23 stellt die sogenannte Halbwertmethode das einfachste Auswerteverfahren dar. Die Zeit $t_{0,5}$ beschreibt den Zustand innerhalb des instationären Bereichs, in dem der Gasdurchgang 50 % des Endwertes erreicht hat. Für die Lösung wird Gleichung 5.23 geschrieben als:

$$\dot{V} = \dot{V}_\infty \left(1 + 2\sum_{n=1}^{\infty} -1^n \exp\left(-\frac{D \cdot n^2 \cdot \pi^2 \cdot t}{l^2}\right)\right) \quad , \tag{5.26}$$

wobei $\dot{V}_\infty$ dem Gasdurchgang im Gleichgewicht entspricht. Für $\dot{V} = 0{,}5\,\dot{V}_\infty$ gilt:

$$\exp\left(-\frac{D \cdot \pi^2 \cdot t_{0,5}}{l^2}\right) = 0{,}2539 \tag{5.27}$$

oder

$$D = \frac{l^2}{7{,}199 \cdot t_{0,5}} \quad . \tag{5.28}$$

Auch bei dieser Methode wird zunächst der Permeationskoeffizient in Gleichgewichtsmessungen bestimmt und der Löslichkeitskoeffizient aus dem Quotienten von Permeations- und Diffusionskoeffizient ermittelt [26].

Gasdurchgang durch Verbundfolien

Nicht jeder Kunststoff erfüllt für sich allein alle für die Verarbeitung zu Lebensmittelverpackungen geforderten Eigenschaften wie Siegelbarkeit, Festigkeit oder Gasdichtigkeit. Aus diesem Grund kombiniert man die Eigenschaften von Monofolien in Verbundfolien. Unter Gleichgewichtsbedingungen ist der Gasdurchgang $\dot{V}$ der Verbundfolie gleich dem Gasdurchgang durch jede der einzelnen Lagen der Verbundfolie. Eine schematische Darstellung dieser Verhältnisse zeigt Bild 5.4.

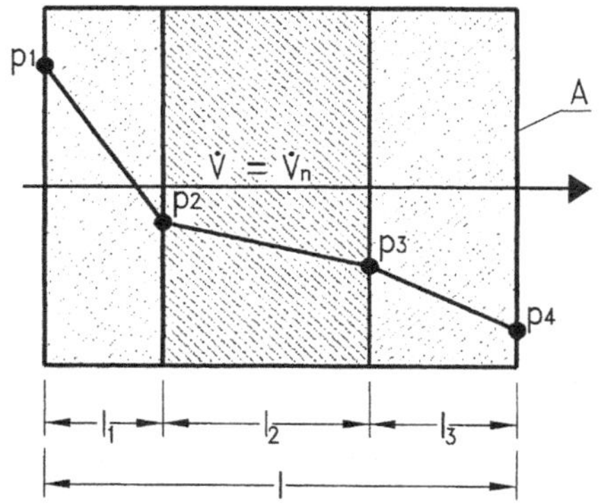

Bild 5.4. Gasdurchgang durch eine Verbundfolie und Partialdruckgradient in einer Verbundfolie mit drei Lagen (n = 1...3)

Der Gasdurchgang $\dot{V}$ im stationären Zustand läßt sich wie folgt beschreiben [94]:

$$\dot{V} = P \cdot A \frac{\Delta p}{l} = P_n \cdot A \frac{\Delta p_n}{l_n} = \dot{V}_n \quad . \tag{5.29}$$

Darin bedeuten P den Permeationskoeffizienten der Verbundfolie, P_n den Permeationskoeffizienten der n-ten Folienlage, Δp den Partialdruckgradienten der Verbundfolie, Δp_n den Partialdruckgradienten der n-ten Folienlage, l die Dicke der Verbundfolie, l_n die Dicke der n-ten Folienlage, A die Permeationsfläche und $\dot{V}_n$ den Gasdurchgang durch die n-te Folienlage. Unter den bereits gemachten Annahmen, daß die jeweiligen Diffusions- und Löslichkeitskoeffizienten konzentrations- und druckunabhängig sind und daß zwischen den einzelnen Folienlagen keine Diffusionshindernisse bestehen (z. B. durch Kaschierungen), kann der Permeationskoeffizient der Verbundfolie aus den Permeationskoeffizienten und Schichtdicken der einzelnen Lagen, vergleichbar der Wärmeleitung durch eine ebene Wand, ermittelt werden.

$$\frac{l}{P} = \frac{l_1}{P_1} + \frac{l_2}{P_2} + \ldots + \frac{l_n}{P_n} \tag{5.30}$$

beziehungsweise

$$P = \frac{l}{\frac{l_1}{P_1} + \frac{l_2}{P_2} + \ldots + \frac{l_n}{P_n}} \tag{5.31}$$

mit

$$l = l_1 + l_2 + \ldots + l_n \quad . \tag{5.32}$$

Um den Gasdurchgang durch eine Verbundfolie rechnerisch aus den Stoffwerten der einzelnen Lagen ermitteln zu können, wird Gleichung 5.31 in Gleichung 5.29 eingesetzt.

$$\dot{V} = A \cdot \Delta p \cdot \frac{P}{l} = A \cdot \Delta p \cdot \frac{1}{\frac{l_1}{P_1} + \frac{l_2}{P_2} + \ldots + \frac{l_n}{P_n}} \tag{5.33}$$

oder

$$\frac{1}{\dot{V}} = \frac{1}{\dot{V}_1} + \frac{1}{\dot{V}_2} + \ldots + \frac{1}{\dot{V}_n} \quad . \tag{5.34}$$

Bei bekannten Schichtdicken und Permeationskoeffizienten der im Verbund verwendeten Kunststoffe ist es somit möglich, die Gasdurchlässigkeit einer Verbundfolie zu berechnen. Die Gleichungen 5.29 bis 5.34 zeigen, daß dabei die Anordnung der einzelnen Lagen theoretisch keinen Einfluß auf die Gasdurchlässigkeit der Verbundfolie hat. Ein Berechnen der Gasdurchlässigkeit ist nur dann nicht möglich, wenn durch Feuchtigkeitsaufnahme die Barriereeigenschaften der Kunststoffe verändert werden. Dies wäre beispielsweise beim Einsatz von EVOH der Fall.

5.1.2 Gasdurchlässigkeit oberflächenbehandelter Kunststoffolien

Durch Bedampfung im Hochvakuum mit Metallen oder Metalloxiden veredelte Kunststoffolien gewinnen in der Verpackungstechnik immer mehr an Bedeutung. Häufig ersetzen sie aluminiumkaschierte Kunststoffverbunde. Die Barriereeigenschaften der oberflächenbehandelten Kunststofffolien sind nicht so gut wie die von aluminiumkaschierten Kunststoffolien, doch haben metallisierte Kunststoffolien andere Vorteile, wie geringe Material- und Herstellkosten sowie Gewichtsreduktion. Die auf die Trägerfolie aufgedampfte Schicht muß, um Verletzungen während des maschinellen Verarbeitens vorzubeugen, durch Kaschieren gegen eine weitere Kunststoffolie oder durch Lackieren geschützt werden. Grundsätzlich gilt für alle oberflächenbehandelten Folien, daß die mechanischen und thermischen Eigenschaften der Trägerfolie erhalten bleiben.

Für die Änderung der Barriereeigenschaften der metallisierten Folie stellt man sich die Kunststoffolie als einen Kunststoff-Aluminium-Verbund vor. Da Aluminium bzw. Aluminiumoxid (Al_2O_3) keine meßbare Permeation zulassen, sind für den Gastransport durch die Metallschicht in erster Linie Fehlstellen verantwortlich, auch wenn andere Transportmechanismen, wie die Diffusion durch Festkörpergitter, Kapillarkondensation und Oberflächendiffusion in den Poren, diskutiert werden [56, 60, 102, 103]. Beim Stoffdurchgang durch Fehlstellen wird in Abhängigkeit der Größe der Fehlstellen in Molekularströmung (Knudsenzahl ≥ 1) und Strömung durch makroskopische Defekte (Knudsenzahl < 1) unterschieden. Geht man von kreisrunden Poren aus, entspricht dies im ersten Fall einem Porendurchmesser von höchstens 10 nm und im zweiten Fall von mehr als 100 nm. Bei der Molekularströmung ist der Durchmesser der Pore kleiner als die mittlere freie Weglänge. Trotzdem können sich Gasmoleküle bereits durch die Poren bewegen. Liegt der Durchmesser der Fehlstelle im Bereich der Schichtdicke der aufgedampften Metallschicht (10 bis 100 nm), müssen bei Berechnungen Korrekturfaktoren berücksichtigt werden. Bei der Strömung durch makroskopische Defekte sind die Fehlstellen so groß, daß man für die Trägerfolie das für den Gasdurchgang durch Monofolien gültige Permeationsgesetz anwenden kann. Zu berücksichtigen ist nur, daß die Permeationsfläche auf die Fläche der makroskopischen Fehlstellen begrenzt ist. Um diese freie Permeationsfläche beschreiben zu können, wurden verschiedene Modelle entwickelt.

Die meisten Modelle gehen von einer flächenbezogenen Anzahl kreisrunder Poren mit identischen Radien [71] oder mit einer bekannten Radienverteilung [9, 61] aus. Der Abstand zwischen den einzelnen Poren wird als so groß angenommen, daß eine gegenseitige Beeinflussung der Strömung durch die Poren bzw. Diffusion durch die Kunststoffschicht ausgeschlossen werden kann und sich der Gesamtgasdurchgang durch die Kunststoffolie durch Aufsummieren des Gasdurchgangs durch die einzelnen Poren ergibt. Alle Betrachtungen befassen sich nur mit dem Gasdurchgang im stationären Zustand. Die für den Gasdurchgang durch Kunststoffolien getroffenen Annahmen, wie die Gültigkeit des Henryschen Gesetzes und die Konzentrationsunabhängigkeit des Diffusionskoeffizienten, sind auch bei den Betrachtungen hier gültig. In einem zylindrischen Koordinatensystem

(x, r) liegt der Ursprung im Mittelpunkt der Pore mit dem Radius r_0. Die Ortskoordinate x befindet sich senkrecht zur Oberfläche der Trägerfolie. Bild 5.5 zeigt das Modell einer Pore.

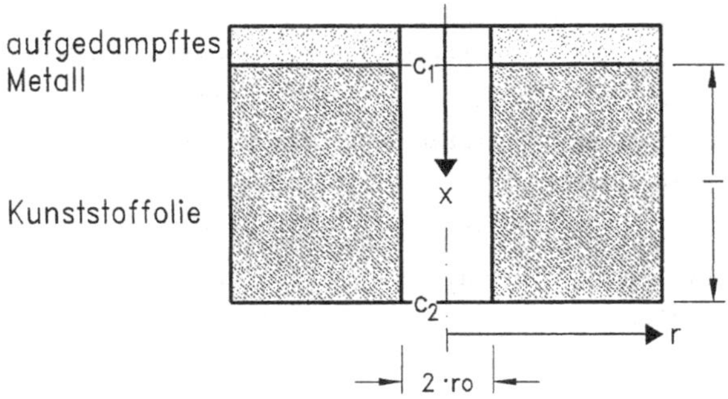

Bild 5.5. Modell einer isolierten Pore in der Metallschicht auf einer porenfreien Trägerfolie. Nach [9]

Im Gleichgewicht läßt sich der Konzentrationsverlauf in der Folie mit

$$\frac{\partial^2 c}{\partial r^2} + \frac{1}{r} \cdot \frac{\partial c}{\partial r} + \frac{\partial^2 c}{\partial x^2} = 0 \tag{5.35}$$

beschreiben. Die Randbedingungen zu dieser Differentialgleichung lauten:

$c(l, r) = c_2$ für alle r,

$c(0, r) = c_1$ für $r < r_0$ und

$(\partial c / \partial x)_{0,r} = 0$ für $r > r_0$.

Exakte Lösungen wurden für die Extrema $l << r_0$ und $l >> r_0$ angegeben. Zwischen diesen Extrema zeigt Gleichung 5.36 den theoretischen Zusammenhang von Gasdurchlässigkeit, Porenradius und Porenfläche bei einzelnen Poren. In der Gleichung bedeuten D den Diffusionskoeffizient der Trägerfolie, c_1 und c_2 die Oberflächenkonzentrationen, wobei c_1 die Konzentration an der Grenzfläche Kunststoff-Aluminium ist. O_r stellt das Flächenverhältnis der Porenfläche zur gesamten Folienfläche dar. Der Faktor 1,18 ergibt sich aus graphischer Integration für ein Verhältnis der Dicke der Trägerfolie l zum Porenradius r_0 von größer 0,3 [71].

$$F = \frac{\dot{V}}{A} = D \cdot \frac{c_1 - c_2}{l} \cdot O_r \cdot \left(1 + 1{,}18 \frac{l}{r_0}\right) \tag{5.36}$$

Der Einfluß der Porenanzahl auf die Sauerstoffdurchlässigkeit wurde für verschiedene handelsübliche metallisierte Folien untersucht. Dabei wurde in Vorversuchen ermittelt, daß die Porendurchmesserverteilung zwischen 0 und rund 20 µm lag und bei allen untersuchten Mustern gleich war und daher in der Modellbetrachtung nicht weiter berücksichtigt werden muß. Desweiteren wurde festgestellt, daß die Al-Schichtdicke nur einen vernachlässigbar kleinen Einfluß auf die Gasdurchlässigkeit der metallisierten Folie hat [51, 61].

Für die Beschreibung des Zusammenhangs zwischen Porenzahl und Sauerstoffdurchlässigkeit wurde Gleichung 5.36 erweitert zu:

$$F = D \cdot \frac{c_1 - c_2}{l} \cdot \sum_{i=1}^{n} O_{r,i} \left(1 + 1{,}18 \frac{l}{r_{0,i}} \right) \qquad (5.37)$$

wobei

$$\sum_{i=1}^{n} O_{r,i} = \sum_{i=1}^{n} \pi \cdot r_{0,i}^2 \cdot n_i \qquad (5.38)$$

der Fläche der Fehlstellen im Polymer entspricht [9]. Die Größenverteilung der Poren kann beispielsweise durch das Auswerten von REM-und TEM-Aufnahmen ermittelt werden. Für eine mit 50 nm bleibedampfte PET-Folie wurden beispielsweise 150 Poren/mm^2 mit einer Gesamtfläche von 7500 µm^2/mm^2 (0,75 %) ermittelt [61]. Die Poren wurden in Klassen von 1 µm Breite (entsprechend einem äquivalenten Porendurchmesser) eingeteilt. Die größte Anzahl von Poren (n = 26) wurde mit einem Durchmesser von 3 µm ermittelt. Der größte Durchmesser war 19 µm (n = 2). Poren mit einem Durchmesser von 1 mm wurden 9mal gefunden.

Eine weitere Modellvorstellung [7, 51] geht von der Diffusion von Gasen durch eine Kugelschale aus. Mit r_2 wird dabei der innere Radius der Kugelschale bezeichnet und für die Untersuchungen an metallisierten Folien dem Porenradius gleich gesetzt; r_1 bezeichnet den äußeren Radius der Kugelschale und entspricht in dem Modell der Schichtdicke des aufgedampften Aluminiums.

$$\dot{V} = D \cdot \frac{c_1 - c_2}{r_1 - r_2} \cdot 4 \cdot \pi \cdot r_1 \cdot r_2 \qquad (5.39)$$

Die Gleichung ist nur für kleine Porenradien sinnvoll anwendbar, da die gewählte Halbkugelform nicht den realen Bedingungen entspricht und durch die gekrümmte Oberfläche ein größeres Polymervolumen unterhalb der metallisierten Beschichtung angenommen wird als bei planparallelen Oberflächen tatsächlich vorhanden ist.

Ohne auf die Form der Poren einzugehen, orientiert sich ein weiteres Modell [60, 62] am Gasdurchgang durch Verbundfolien und führt einen Gesamtpermeationskoeffizienten ein. Bei Metall-Gas-Kombinationen, bei denen Diffusion durch die Metallschicht stattfindet (z. B. Wasserstoff durch Paladium oder Nickel), wird Gleichung 5.30 unverändert übernommen.

$$\frac{l}{P} = \frac{l_{KS}}{P_{KS}} + \frac{l_{met}}{P_{met}} \qquad (5.40)$$

Die Indizes *KS* stehen für Kunststoff und *met* für Vakuumbeschichtung. Bei metallischen Beschichtungen mit einem Gastransport nur durch die Fehlstellen wird für die Beschreibung des Gesamtpermeationskoeffizienten *P*.

$$P = P_{KS} \frac{1}{\sqrt{m}} \mathrm{K}_p \tag{5.41}$$

vorgeschlagen [60]. Darin bedeutet *m* die Masse des permeierenden Gases. K_p ist ein Koeffizient, der zur Gasdurchlässigkeit der Metallschicht proportional ist. Er beträgt beispielsweise für CO_2/Pb 4,8 $g^{1/2}$, für CO_2/Ni sowie CO_2/Cu 4,2 $g^{1/2}$. Ein weiterer Vorschlag, den Permeationskoeffizienten auszudrücken, beruht auf Gleichung 5.36 [61]:

$$P = P_{KS} \sum_{i=1}^{n} O_{r,i} \cdot \left(1 + 1{,}18 \frac{l}{r_{0,i}}\right) \tag{5.42}$$

Die Größenverteilung der Poren läßt sich mit Gleichung 5.38 beschreiben. Werte für Permeationskoeffizienten, die mit Gleichung 5.42 bestimmt wurden, sind niedriger als die experimentell bestimmten. Die Ursache hierfür dürfte sein, daß bei der Berechnung der Permeationsfläche aufgrund der lichtmikroskopischen Untersuchungen nicht alle Poren erkannt werden und daß ein Gasdurchgang auch entlang der Korngrenzen stattfindet.

Die Methode der Finiten Elemente ist eine weitere Möglichkeit zum Beschreiben des Gasdurchgangs durch metallisierte Folien. Sie wurde in der Literatur ausführlich beschrieben, führt aber zu Durchlässigkeitswerten, die im Vergleich zu gemessenen Werten zu groß sind [9]. Auch diese Methode basiert auf der Modellvorstellung des in Bild 5.5 dargestellten Zylinders.

Allen Modellen ist gemein, daß sie von einer Porengeometrie mit kreisrundem Durchmesser ausgehen. Diese Vorstellung vereinfacht die tatsächlichen Gegebenheiten sehr. REM-Aufnahmen lassen vermuten, daß die geometrischen Abmessungen erheblich von der Modellvorstellung abweichen und der Porenradius als einzige geometrische Größe nicht ausreicht. Besonders nach dem maschinellen Verarbeiten von metallisierten Kunststoffolien lassen sich lange Risse in der Metallschicht nachweisen.

5.2 Wasserdampfdurchlässigkeit

Der Wassergehalt in Lebensmitteln ist die Voraussetzung für eine Reihe von chemischen, biochemischen und biologischen Verderbnisreaktionen. Häufig wird eine geringe Wasserdampfdurchlässigkeit der Verpackung gefordert, um die Konsistenz eines Lebensmittels auch bei längerer Lagerung konstant zu halten. Beim Abfüllen von Flüssigkeiten in Kunststoffverpackungen besteht in geringem Umfang die Gefahr eines Volumenverlustes durch Wasserdampfpermeation. Dieser Verlust darf während der Lagerzeit nicht zu einem Unterschreiten der Nennfüllmenge führen. Auch bei der Wasserdampfdurchlässigkeit gelten die oben beschriebenen Gesetzmäßigkeiten nur mit

Einschränkungen, besonders für hydrophile Polymere, da sowohl der Diffusionskoeffizient als auch der Löslichkeitskoeffizient und damit auch der Permeationskoeffizient konzentrationsabhängig sein können. Abweichend von den Permeationskoeffizienten für Gase ist es bei Wasserdampf üblich, die Masse anzugeben, die pro Zeiteinheit durch eine Folie bekannter Dicke und Fläche dringt. Üblich ist ebenfalls, statt der Partialdruckdifferenz, das Feuchtegefälle zwischen Folienaußen- und Folieninnenseite (meistens 85/0 oder 100/0 % r. F.) anzugeben. Tabelle 5.3 zeigt die Permeationskoeffizienten von in der Lebensmittel-Verpackungstechnik verwendeten Kunststoffen.

Tabelle 5.3. Wasserdampf-Permeationskoeffizienten für Kunststoffolien (Prüfbedingungen: 23 °C und Feuchtegefälle: 100/0 %) [39]

Kunststoff	Permeationskoeffizienten in $g \cdot 100\ \mu m/(m^2 \cdot d)$
LDPE	0,9 -1,2
HDPE	0,5
PP	0,6
BOPP	0,3
PS	15
E-PVC	2,0 - 3,0
PVDC	< 0,1
PET	1,8 - 2,2

Für die Beschreibung des Wasserdampftransportes existiert eine Reihe von Modellen, die entweder auf mechanistischen, rein empirischen, phänomenologischen oder auf Kombinationen verschiedener Ansätze beruhen. Die meisten Modelle dürften empirisch sein. Möchte man die Wechselwirkung von Kunststoff und Wasserdampf in die Betrachtung einbeziehen, eignen sich mechanistische Modelle. Der Wasserdampfdurchgang durch Kunststoffolien hängt besonders stark von der thermodynamischen Kompatibilität zwischen dem Wasserdampf und dem Polymer ab. Man unterscheidet daher in einen Wasserdampftransport durch hydrophobe und hydrophile Kunststoffe.

Hydrophobe Packstoffe, wie PE und PP, eignen sich besonders für das Abpacken feuchteempfindlicher Füllgüter. Die thermodynamische Kompatibilität von Wasserdampf und Polymer ist dabei so klein, daß die Wasserdampfsorption im Kunststoff vernachlässigt werden kann. Zum Beschreiben der Wasserdampfdurchlässigkeit eignen sich daher die bereits für die Gasdurchlässigkeit eingeführten Gesetzmäßigkeiten. Ein weiterer, mechanistischer Ansatz zum Beschreiben des Wasserdampfdurchgangs beruht auf der Diffusionsgleichung nach Nernst und Planck [12, 67]. Auf die Darstellung dieses Ansatzes wird hier verzichtet, da er für die praktische Berechnung untauglich ist.

Wechselwirkungen zwischen Wasserdampf und hydrophilen Kunststoffen, beispielsweise Folien aus Zellulose, PA oder EVOH, können zu Strukturveränderungen des Kunststoffes führen. In diesem Fall läßt sich der Wasserdampfdurchgang nicht mit den Fickschen Gesetzen und dem Henryschen Gesetz beschreiben. Häufig ist es daher nur möglich, die Abhängigkeit der Wasserdampfdurchlässigkeit einer bestimmten Folie von dem Partialdruckgefälle oder der Temperatur experimentell zu ermitteln und an empirische Modelle anzupassen [12, 17, 67, 91]. Auf die Darstellung der Modelle wird hier verzichtet.

5.3 Strahlungsdurchlässigkeit

Eine Reihe von Lebensmitteln bzw. Lebensmittelbestandteilen ist lichtempfindlich. Nachgewiesen wurde die Lichtempfindlichkeit unter anderem bei Kaffee, Fruchtsäften, Wein und Bier. Lichtempfindliche Lebensmittelinhaltsstoffe sind einige Vitamine (A, B_1, B_6, C, D, E und K), ungesättigte Fettsäuren und einige essentielle Aminosäuren [5, 31, 34, 74]. Aldehyde, Ketone, H_2S, SO_2 und weitere Schwefelverbindungen sind für eine lichtinduzierte Geschmacksverschlechterung von Bier verantwortlich, ebenso Kohlenwasserstoffe, die durch das Abspalten verschiedener Seitenketten von Humulonen und Lupulonen entstehen [106]. Licht wirkt bei Anwesenheit von Sauerstoff als Oxidationsbeschleuniger. Die Oxidationsgeschwindigkeit hängt stark von der Wellenlänge des eingestrahlten Lichtes ab. Der Lichteinfluß führt, auch bei niedrigen Lagertemperaturen, zu Farbveränderungen, Vitaminverlust, Fehlaromen („Lichtgeschmack") und einem Verringern der Haltbarkeit [85, 86, 113].

Bei der Auswahl geeigneter Packstoffe muß daher bei vielen Lebensmitteln neben einer niedrigen Sauerstoffdurchlässigkeit auch auf ausreichenden Lichtschutz, besonders im Wellenlängenbereich 300-450 nm, geachtet werden. Das Maß der Schädigung ist von der Strahlungsleistung der Lichtquelle, der spektralen Stahlungsflußverteilung und vom Transmissions-, Remissions- und Absorptionsverhalten von Verpackung und Füllgut abhängig [34].

Guten Schutz gegen das Eindringen von Licht in das Lebensmittel bieten aluminiumbedampfte Folien. Durch das Aufbringen der Aluminiumschicht auf den Packstoff kann die Transmission auch im kurzwelligen Wellenlängenbereich auf unter 1 % (entspricht einer optischen Dichte von 2) verringert werden [102, 109]. Dieser Lichtschutz ist aber nicht in allen Fällen ausreichend. Über die strahlungsinduzierte Oxidation von L-Ascorbinsäure in Orangensaft, der in (sauerstoffdurchlässigen) aluminiumbedampften Folien verpackt war, wurde berichtet [32].

Beispielhaft ist das Transmissionsspektrum einer aluminiumbedampften BOPP-Folie in Bild 5.6 dargestellt. Die Transmission hat ihr absolutes Maximum bei etwa 220 nm und ein relatives Maximum bei über 800 nm. Unterhalb 190 nm wird die gesamte eingestrahlte Lichtenergie durch den Packstoff absorbiert.

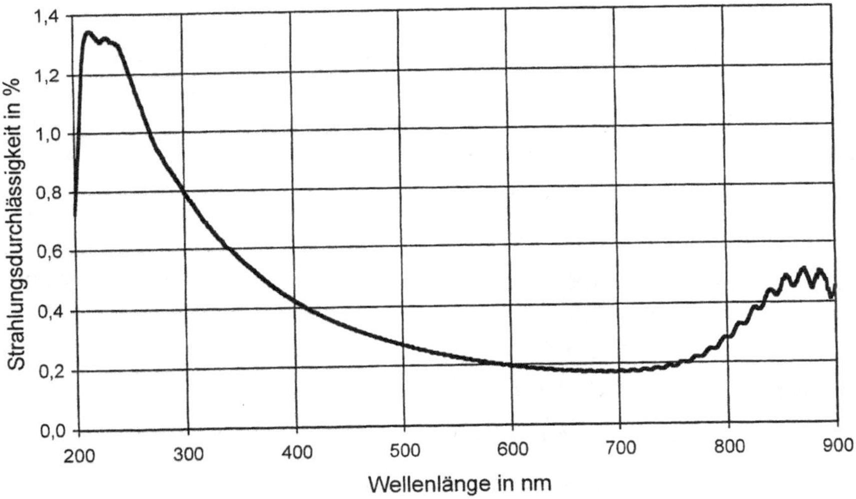

Bild 5.6. Transmissionsspektrum einer aluminiumbedampften BOPP-Folie (Foliendicke 15 µm, Al-Dicke rund. 50 nm)

6 Material und Methoden

6.1 Untersuchte Packstoffe

Folgende Packstoffe wurden im Rahmen dieser Arbeit verwendet:

Polypropylenfolie

Eine coextrudierte, biaxial gereckte und thermofixierte Polypropylenfolie (BOPP).

Foliendicke: 20 µm; Bahnbreite: 280 mm

Aluminiumbedampfte Polypropylenfolie

Eine coextrudierte, biaxial gereckte und thermofixierte Polypropylenfolie, einseitig aluminiumbedampft ($BOPP_{met}$). Die aufgedampfte Aluminiumschicht wird auf der Folieninnenseite durch eine siegelfähige Lackschicht geschützt.

Foliendicke: 15 µm; Bahnbreite: 285 mm

Aluminiumbedampfter PET/PE-Verbund

Eine einseitig aluminiumbedampfte Polyethylenterephthalatfolie, kaschiert gegen eine Polyethylenfolie (PET_{met}/PE).

Foliendicke: 87 µm (12/75); Bahnbreite: 285 mm

Aluminiumkaschierter PET/PE-Verbund

Eine gegen eine Aluminiumfolie kaschierte Polyethylenterephthalatfolie, wiederum kaschiert gegen eine Polyethylenfolie (PET/Al/PE).

Foliendicke: 60 µm (12/8/40); Bahnbreite: 280 mm

Papier/PE-Verbund

Papier, kaschiert gegen eine Polyethylenfolie, wiederum kaschiert gegen eine zweite Lage Polyethylen (Papier/PE/PE) .

Foliendicke: 100 µm (60 g/m^2/20 µm/30 µm); Bahnbreite: 300 mm

6.2 Verwendete Verpackungsmaschinen - Bauformen

Das Messen der Abzugskräfte wurde an drei verschiedenen Bauformen vertikaler Schlauchbeutelmaschinen durchgeführt. Um vergleichbare Ergebnisse zu erhalten, wurden die Versuchsbedingungen, soweit dies möglich war, konstant gehalten. Dazu wurden jeweils nur von einer Vorratsrolle stammende Packstoffe verwendet, aus denen Beutel mit gleichen Abmessungen hergestellt wurden. Auch wurde versucht, die Einflüsse des Formschultermaterials und des Tänzerrollensystems auf die Abzugskräfte vergleichbar zu gestalten. Die Verpackungsmaschinen unterschieden sich grundsätzlich durch ihre Folienabzugssysteme. Es wurden eine vertikale Schlauchbeutelmaschine mit Riemenabzug (Rovema M-VP 220/240), eine mit vakuumunterstütztem Riemenabzug (Bosch SVB 2501) und eine mit Zangenabzug (Bosch SVZ 1650 A) verwendet. Die Maschinen werden mit den Nummern 1 bis 3 versehen. Alle Maschinen arbeiteten intermittierend. Wichtige Maschinendaten sind aus der Tabelle 6.1 ersichtlich.

Tabelle 6.1. Technische Daten der verwendeten vertikalen Schlauchbeutelmaschinen [132, 133, 138]

	Rovema M-VP 220/240	Bosch SVB 2501	Bosch SVZ 1650 A
Maschinenbezeichnung	1	2	3
Baujahr	1984	1994	1994
Packmittelgeometrie (Schlauchbeutel)			
Beutellänge in mm (Min./Max.)	50/240	bis 400	60/250
Beutelbreite in mm (Min./Max.)	60/220	80/250	40/165
Maschinenausbringung in Beutel/min (Min./Max.)	12/120	bis 120	25/110
Maschinenabmessungen in mm (Höhe/Breite/Tiefe)	1794/1550/2090	1700/1200/2500	1710/1157/980
Energiedaten			
Anschlußwert in kVA	5,00	5,50	2,75
Druckluftbedarf in m^3/h	0,350	0,040 (Heißsiegeln) 0,160 (Schweißen)	0,010 (Heißsiegeln) 0,060 (Schweißen)
bei Mindestdruck in bar	6	5	5

6.2.1 Vertikale Schlauchbeutelmaschine mit Riemenabzug

Bild 6.1 zeigt die Schlauchbeutelmaschine mit Riemenabzug (Maschine 1) mit allen wichtigen Funktionselementen und dem Bedienfeld. Formschulter und Formschulterhalterung sind gekennzeichnet. An die untere Quertraverse wurden die Dehnungsmeßstreifen plaziert. Der induktive Wegaufnehmer war an einem Gewindestab befestigt, der in die obere Quertraverse der Formschulterhalterung eingeschraubt wurde. Der Packstoffabzug erfolgt durch zwei am Formatrohr anliegende, schlupffreie und selbstreinigende Zahnriemen. Die Maschine hat einen Regelbereich von 12 bis 120 Beutel/min, wobei die maximale Ausbringung immer vom Packstoff, dem Füllvolumen, der Beutelbreite und -länge sowie vom Füllgut abhängt. Die Beutellänge kann von 50 - 240 mm, die Beutelbreite von 60 - 220 mm mit einem maximalen Füllvolumen von ungefähr 1,5 l variiert werden.

Die Maschine ist mit einer mit Mikroprozessoren arbeitenden, elektronischen Ablaufsteuerung („Rovema-tronic“) ausgestattet. Einzelne Maschineneinstellgrößen wie Taktzahl, Siegeltemperatur, elektrische Impulsdauer für die Längs- und Quersiegelung und der Abwurfzeitpunkt vorgeschalteter Dosieraggregate sind unabhängig voneinander wählbar und einstellbar. Einige Funktionen sind mechanisch verriegelt (z. B. Siegelwerkzeugbewegung). Kernstück der „Rovema-tronic“ ist ein Winkelgeber, der den Maschinenzyklus erfaßt, die Drehbewegung der Hauptantriebswelle in 360 Einzelschritte einteilt und mit Hilfe optoelektrischer Abtastelemente in elektrische Signale umwandelt. Funktionen können so auf 1° genau vorgegeben werden. Ein nachgeschalteter Mikroprozessor verarbeitet dann alle eingehenden Daten zur Ablaufsteuerung. Im Datenspeicher können zehn variable Produktionsprogramme mit maximal 24 Funktionskanälen abgespeichert werden.

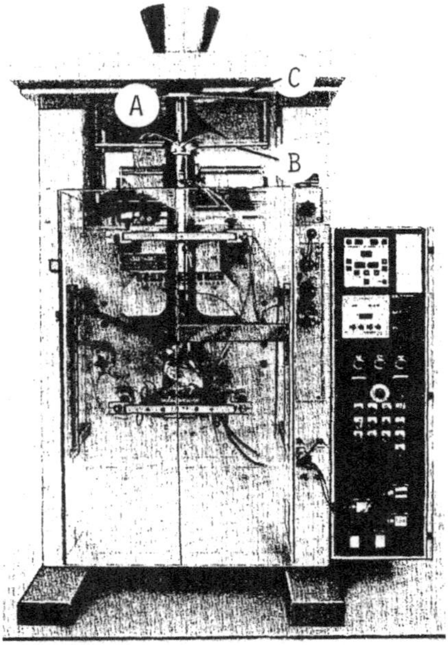

Bild 6.1. Vertikale Schlauchbeutelmaschine Rovema M-VP 220/240 mit Riemenabzug (Frontansicht). A: Formschulter, B: untere Quertraverse und C: obere Traverse der Formschulterhalterung [139]

Das Steuerungsdisplay besteht aus einem Bedien- und einem Anzeigefeld mit LED-Anzeige, das eine Kontrolle der Funktionen ermöglicht. Informationen, wie Beginn und Ende einer Maschinenfunktion, die jeweilige Arbeitsposition, Programm und Kanal sowie die Taktzahl, sind ablesbar. An den Temperaturreglern können Temperaturen der Längssiegelbacke und der beiden Quersiegelbacken getrennt voneinander eingestellt werden. Das Anzeigenfeld zeigt die Ist- und auf Knopfdruck die Sollwerte an. Die Regelgenauigkeit der Siegeltemperatur ist kleiner als 1 °C. Der Regelbereich geht von 0 bis 300 °C.

Für alle Versuche an dieser Maschine wurde eine glatt polierte Formschulter aus Stahl mit einem Einlaufwinkel von 62° verwendet. Während der Messungen wurden keine Veränderungen an der Maschine durchgeführt.

6.2.2 Vertikale Schlauchbeutelmaschine mit vakuumunterstütztem Riemenabzug

Die Untersuchungen an einer vertikalen Schlauchbeutelmaschine mit vakuumunterstütztem Riemenabzug wurden mit einer Maschine der Firma Bosch, Baureihe SVB 2501 (Maschine 2) durchgeführt. Bild 6.2 zeigt die Frontseite dieser Maschine.

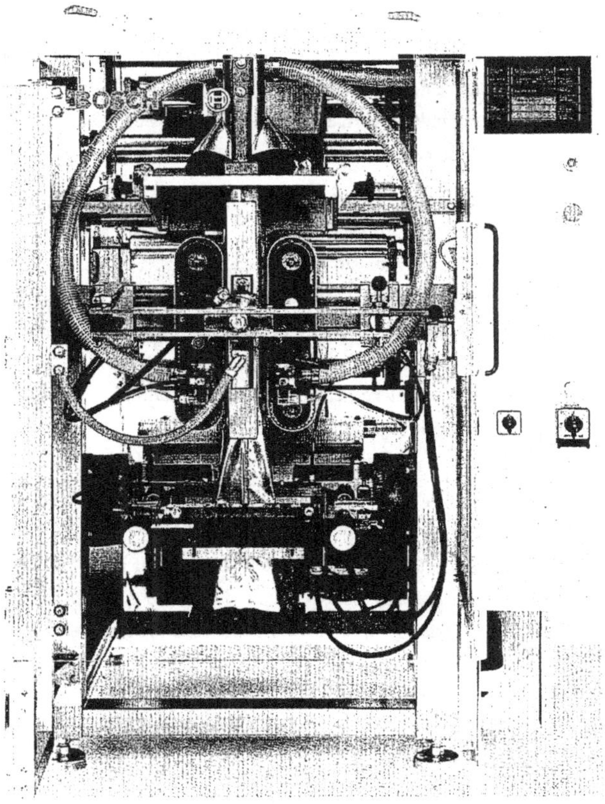

Bild 6.2. Vertikale Schlauchbeutelmaschine Bosch SVB 2501 mit vakuumunterstütztem Riemenabzug (Frontansicht) [133]

Diese Maschine arbeitet im mittleren bis kleinen Beutelformatbereich. Mit ihr können Standbodenbeutel sowie Schlauchbeutel mit und ohne Seitenfalten angefertigt werden. Die Beutellänge kann bis 400 mm, die Beutelbreite zwischen 80 - 250 mm eingestellt werden. Die Maschinenausbringung liegt bei maximal 120 Beutel/min. Der Folienschlauchabzug erfolgt durch ein vom Hersteller patentiertes, vakuumunterstütztes Riemenabzugsabzugssystem. Während bei üblichen Riemenabzugssystemen die Riemen nur während des Packstofftransportes angetrieben werden, verfügt dieser Maschinentyp über einen kontinuierlichen Riemenantrieb. Durch intermittierendes Anlegen eines Vakuums an die gelochten Riemen wird der Packstoffschlauch vom Formatrohr abgehoben und gegen die Riemen gepreßt. Die Vakuumschaltung ermöglicht einen reibungsfreien Packstoffabzug am Formatrohr. Die Dauer des angelegten Vakuums bestimmt die Abzugslänge.

Alle wichtigen Maschinenfunktionen sind unabhängig voneinander einstellbar und können in Steuerungsprogrammen abgespeichert werden. Die Steuerung der Maschine regelt ein 32-Bit-Mikroprozessor. Das Bedienfeld ist als Touchscreen ausgeführt. Durch Berühren der entsprechenden Funktionsfelder am Bildschirm werden Einzelwerte wie Siegelzeit, Siegeltemperatur, Folienabzugszeit, Dosierzeitpunkt, Quernahtbacken-Öffnungszeit, Taktzahl und Bahngeschwindigkeit in der jeweiligen SI-Einheit eingegeben.

Bei allen Versuchen wurden die Packstoffe über eine Formschulter aus Gußharz mit einem Einlaufwinkel von 45° geführt. Bei dieser vertikalen Schlauchbeutelmaschine sind sowohl die Formschulter als auch das Formatrohr auf einer Aluminiumplatte (Dicke 20 mm) befestigt. Da beim Längssiegeln durch das Drücken der Längssiegelbacke gegen das Formatrohr Torsion auftritt, die die Messung der Abzugskräfte verfälschen kann, wurde die Platte derart geteilt, daß die Formschulter und das Formatrohr getrennt voneinander auf der Maschine befestigt werden konnten. Gleichzeitig wurde die Dicke der Formschulterhalterung durch Abfräsen auf 10 mm reduziert, um eine größere Durchbiegung zu erhalten.

6.2.3 Vertikale Schlauchbeutelmaschine mit Zangenabzug

Die in den Versuchen eingesetzte Maschine 3 unterscheidet sich nicht nur durch das Abzugsprinzip von den bisher beschriebenen, sondern auch durch den übersichtlichen und kompakten Aufbau in Balkonbauweise (siehe Bild 6.3). Als Balkonbauweise wird das Ausrichten der Funktionselemente an der Frontseite der Maschine bezeichnet. Die Packstoffrolle, der Folienlauf von der Packstoffrolle bis zur Formschulter, die Formschulter, das Bedienfeld und die in einem Kasten montierten Quersiegelbacken mit Zangenabzugsvorrichtung befinden sich an der Frontseite der Verpackungsmaschine.

Die Maschine wird durch einen 32-Bit-Mikroprozessor gesteuert. Es können bis zu zehn Maschinenprogramme gespeichert werden. Jedes Programm nimmt sowohl Daten über den Funktionsablauf, z. B. Siegelzeit, Dosierzeit, Längs- und Quersiegelbackentemperatur, Beutellänge, als auch Informationen zur Funktionsüberwachung und Fehlerdiagnose auf. Die Dateneingabe und Bedienung erfolgt im Dialog über Folientastatur und Klartextanzeige.

Die Formschulter für die Versuche an dieser Maschine bestand aus poliertem Stahl und hatte einen Einlaufwinkel von 63°.

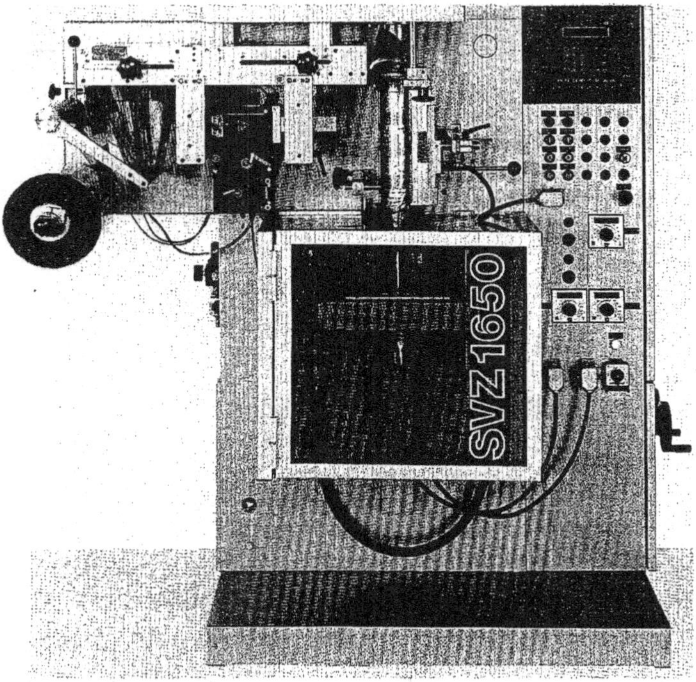

Bild 6.3. Vertikale Schlauchbeutelmaschine Bosch SVZ 1650 A mit Zangenabzug (Frontansicht) [134]

Während der Messungen wurden keine Veränderungen an der Maschine vorgenommen.

6.3 Bestimmen der Abzugskräfte

6.3.1 Meßkette

Die Abzugskräfte wurden sowohl mit Dehnungsmeßstreifen als auch mit einem induktiven Wegaufnehmer bestimmt. Um die Abzugskräfte zu erfassen und anzuzeigen, wurden neben diesen Weggebern weitere Schaltungen und Geräte benötigt. Der gesamte Meßaufbau, als Meßkette bezeichnet, ist in Bild 6.4 dargestellt.

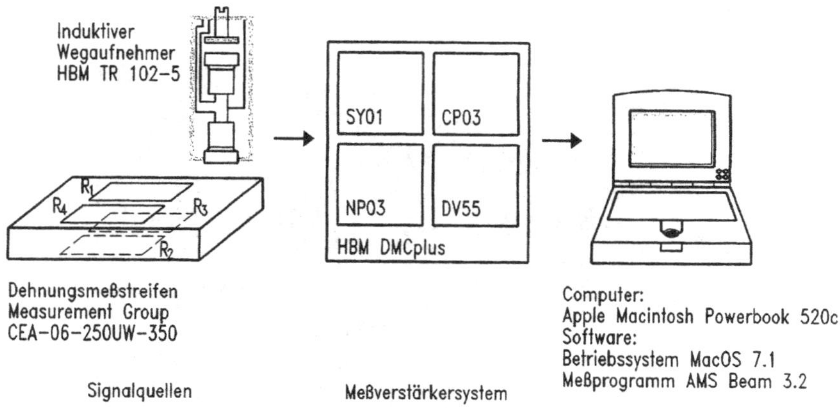

Bild 6.4. Schematische Darstellung der verwendeten Meßkette

Meßverstärkersystem

Als Meßverstärker wurde ein rechnersteuerbares, digitales System DMC*plus* der Firma HBM (Hottinger Baldwin Meßtechnik) verwendet. Im Gehäuse des Verstärkers sind die Basiskomponenten Stromversorgungsteil (NP03), Zentraleinheit (CP03) und die Steuereinheit (SY01) untergebracht. Zum Anschluß der Weggeber wurde der Meßverstärkereinschub DV55 gewählt.

Das vom Aufnehmer kommende, analoge Meßsignal wird durch ein Analog/Digital Umsetzungsverfahren (ADU) im Verstärker angehoben und dann im gesamten Signalbereich ohne Informationsverlust digitalisiert. Jeder DV-Einschub ist mit einem solchen A/D-Umwandler ausgerüstet. Sie werden synchron getaktet, so daß die Meßsignale absolut zeitgleich weiterverarbeitet werden können. Der A/D-Umwandler basiert auf einem zweistufigen 16-Bit-Umsetzer. Weiterhin werden das Tarieren sowie der Empfindlichkeits- und Nullabgleich über den Meßverstärker geregelt. Der digitale Verstärker liefert Meßwerte mit einer Meßrate von 1 bis 9600 1/s. Bei Meßraten unter 9600 1/s werden Mittelwerte im Gate-Array-Chip im Meßverstärker berechnet. Bei Meßraten zwischen 1 und 75 1/s bildet die Zentraleinheit (CPU) einen Mittelwert, um eine Auflösung bis zu 20 Bit zu erreichen. Zur Meßwerterfassung kann der Meßwertspeicher 40000 Meßwerte zwischenspeichern. Die gespeicherten Daten und alle Geräteparameter sind gegen Netzausfall gesichert.

Die Zentraleinheit (CP03) verwaltet intern die einzelnen Verstärker, speichert Meßwerte und führt die Mittelwertbildung und Kalibrierrechnungen, das Formatieren der Meßwerte, das Steuern des Meßablaufs und die Meßwertausgabe durch. Extern wird mit der Zentraleinheit über serielle und parallele Schnittstellen die Kommunikation mit dem Rechner aufgebaut. Sie basiert auf einem Mikroprozessor (68000). Er ist mit einer Frequenz von 12,5 MHz getaktet, 256 kByte ROM stehen als Programmspeicher und batteriegepuffert 128 kByte RAM als Datenspeicher zur Verfügung. Davon werden 16 kByte genutzt, um 10000 Meßwerte zwischenzuspeichern. Die restlichen 30000 Meßwerte der Speicherkapazität werden in der Steuereinheit (SY01) gespeichert. Über die seriellen Schnittstellen RS-232-C und RS-422/485 wird die Verbindung zum Rechner hergestellt. Für diese Arbeit wurde die Schnittstelle RS-232-C gewählt.

Die Meßverstärkereinschübe sind eigenständige Komponenten, welche die Meßsignale der Aufnehmer erfassen, digitalisieren und für die Abfrage durch die CP03 bereithalten. Der gewählte Einschub DV55 ist geeignet für das Messen mit Dehnungsmeßstreifen (Halb- und Vollbrückenschaltungen), induktiven Wegaufnehmern, Potentiometern sowie Spannungsquellen.

Computer und Software

Die Software zum Ansteuern des Meßverstärkersystems ist auf einem Apple Macintosh Powerbook 520 C installiert.

Als Meßprogramm wurde BEAM Version 3.2 für Computer ohne Coprozessor der Firma AMS (Gesellschaft für angewandte Meß- und Systemtechnik mbH) verwendet. Die Software wurde für digitale Meßgeräte wie das DMC*plus* entwickelt. Das Programm wird hauptsächlich zum Messen mechanischer Größen wie Kraft, Weg, Beschleunigung und mechanische Spannung eingesetzt. Systemvoraussetzungen sind ein 32-Bit Prozessor (mind. M68020) und das Betriebssystem Mac-OS 7.1 oder höher.

6.3.2 Dehnungsmeßstreifen

Für das Messen der Durchbiegungen der Formschulterhalterungen wurden Dehnungsmeßstreifen (DMS) der Firma Measurements Group, Typ CEA-06-250UW-350 verwendet. Es handelt sich dabei um Folien-DMS mit vergrößerten, kupferplatinierten Anschlußfahnen zum direkten Anlöten der Meßkabel. Der DMS-Meßdraht besteht aus Konstantan und ist zwischen Polyamid-Trägerfolien eingeschweißt. Das Meßgitter hat eine Länge von ungefähr 6,3 mm. Der Nennwiderstand jedes Dehnungsmeßstreifens beträgt (350,00 ± 1,05) Ω, der k-Faktor (bei 24 °C) 2,095 ± 0,010. Zur Definition des k-Faktors siehe Abschnitt 2.4.1. Diese DMS können in einem Temperaturbereich von -75 bis 175 °C eingesetzt werden.

Messungen mit Dehnungsmeßstreifen wurden nur an der Maschine 1 durchgeführt. Die Meßstellen befanden sich auf der unteren Quertraverse der Formschulterhalterung in der Nähe der Aussparung für das Formatrohr, wo die größte zu erwartende Durchbiegung auftritt. Die prinzipielle Anordnung und Schaltung der Dehnugsmeßstreifen wurde bereits in Bild 2.2 dargestellt.

Die in der Meßbrücke diagonal liegenden Widerstände R_1 und R_4 an der Oberseite messen die Stauchung, die Widerstände R_2 und R_3 an der Unterseite die Dehnung der Formschulterhalterung. Die verwendete Vollbrückenschaltung mit vier aktiven Dehnungsmeßstreifen ist, im Vergleich zur Halbbrücken- oder Viertelbrückenschaltung mit zwei oder einem aktiven Dehnungsmeßstreifen, die am besten geeignete Meßwertaufnehmerschaltung. Vollbrückenschaltungen erzeugen ein größeres Meßsignal, sind gegenüber dem Widerstand des Zuleitungskabels am wenigsten empfindlich und kompensieren sowohl Widerstandsänderungen, die durch Temperaturschwankungen während der Messung bedingt sind, als auch Kriecheffekte, die durch das Aufkleben der Dehnungsmeßstreifen auftreten können. Die Brückenspeisespannung betrug während aller Messungen 5,0 V, der Meßbereich 2,5 mV/V.

6.3.3 Induktiver Wegaufnehmer

Für die Meßaufgabe wurde ein berührungsloser, induktiver Wegaufnehmer vom Typ Tr 102-5 der Firma HBM verwendet. Die Trägerfrequenz betrug 5 kHz, die Speisespannung 2,5 V und der Meßbereich 160 mV/V. Beim gewählten Ausgangsluftspalt L_A zwischen Meßobjekt und Sensor von rund 100 µm beträgt der maximale Meßweg etwa ± 20 µm. Die Linearitätsabweichung bei der Ausgangssignalanzeige als Funktion der Ankerverschiebung ΔL ist bei der gewählten Einbauanordnung < 1 %.

Der Wegaufnehmer wurde bei den Schlauchbeutelmaschinen 1 und 3 oberhalb der Formschulterhalterung montiert, so daß sich der zu messende Luftspalt bei Belastung jeweils vergrößerte. Bei der Schlauchbeutelmaschine 2 war es möglich, den Wegaufnehmer unterhalb der Formschulterhalterung zu befestigen. Nach Herstellerangaben ist die Empfindlichkeit des Aufnehmers Tr 102 etwas größer, wenn der Luftspalt während der Messung verkleinert wird [137], doch ließ sich bei den beiden erstgenannten Maschinen ein Anbringen des Wegaufnehmers unterhalb der Formschulterhalterung nicht realisieren. Eine Temperaturkompensation, vergleichbar der Vollbrückenschaltung mit Dehnungsmeßstreifen, ist mit induktiven Wegaufnehmern nicht möglich. Temperaturmessungen während der Versuche haben aber gezeigt, daß sowohl der Wegaufnehmer als auch die Formschulterhalterung gleiche Temperatur besaßen. Die Anordnung des induktiven Wegaufnehmers an der Formschulterhalterung wurde bereits in Bild 2.4 schematisch dargestellt. Der induktive Wegaufnehmer wurde bei allen Verpackungsmaschinen in der Nähe der Öffnung für das Formatrohr auf der Formschulterhalterung angebracht.

6.3.4 Kalibrieren der Weggeber

Das Kalibrieren des Meßsystems erfolgt menügesteuert durch die verwendete Software über eine Zwei-Punkt-Kalibrierung. Die erste Kalibrierung wurde an der unbelasteten Formschulterhalterung, die zweite nach Durchbiegen der Formschulterhalterung durch Anhängen von Gewichten mit einer Gesamtmasse von 10 kg bestimmt. Das Ausgangssignal der Vollbrückenschaltung der Dehnungsmeßstreifen bzw. des induktiven Wegaufnehmers (Einheit: mV/V) wurde in die Gewichtskraft (Einheit: N) umgerechnet. Das Kalibrieren bei statischen Bedingungen mit Gewichten ist möglich, da bei kleinen Durchbiegungen Linearität zwischen Gewichtskraft und Durchbiegung der Schulterhalterung bzw. Spannungsänderung in der Meßbrücke besteht (Hooksches Gesetz im elastischen Bereich).

6.4 Planung der Maschinenversuche

Zum Bestimmen der Abzugskräfte wurden aus dem flächigen Material Schlauchbeutel bei variierten Maschinenausbringungen hergestellt. Tabelle 6.2 gibt eine Übersicht über die durchgeführten Maschinenversuche.

Tabelle 6.2. Übersicht über die durchgeführten Maschinenversuche

Packstoff	Ausbringung in Beutel/min		
	Maschine 1	Maschine 2	Maschine 3
BOPP	30, 40, 60, 80, 100	-(+)	-(+)
$BOPP_{met}$	30, 40, 60, 80, 90	30, 60, 90, 101	30, 45, 60, 75, 90
PET_{met}/PE	30, 40, 60, 80, 90, 100	-(+)	-(+)
PET/Al/PE	30, 60, 90	30, 60, 90, 101	30, 45, 60, 75, 90
Papier/PE/PE	30, 60, 90	30, 50, 70	-(++)

(+) Packstoff stand während der Versuche nicht zur Verfügung
(++) Packstoff konnte nicht verarbeitet werden

Bei jeder Maschineneinstellung wurden mindestens 100 Maschinentakte in 2 Wiederholungsmessungen untersucht. Bei den Beuteln aus den metallisierten Packstoffen wurden Rückstellmuster für die anschließenden Permeationsmessungen aufbewahrt. Es wurden Beutel mit rund 20 cm Länge und einer Breite von etwa 13 cm hergestellt. Die Längssiegelung wurde als Umlegenaht ausgeführt. Verwendet wurden ausschließlich glatte Siegelwerkzeuge.

6.5 Mechanische Prüfverfahren

Die aluminiumbedampften Kunststoffolien wurden durch mechanische Prüfverfahren (Zug-, Reibungs- und Knitterversuche) definiert belastet. Der Einfluß dieser Belastungen auf die Sauerstoffdurchlässigkeit der Packstoffe wurde durch Permeationsmessungen überprüft.

6.5.1 Zugversuche

Die Zugversuche an den aluminiumbedampften Kunststoffolien ($BOPP_{met}$ und PET_{met}/PE) wurden in Anlehnung an die Norm DIN 53 455 durchgeführt [127]. Abweichend von den in dieser Norm beschriebenen Probenabmessungen wurden Proben mit einer Prüffläche von (15 x 25) cm^2 und mit einer Prüfgeschwindigkeit von 10 mm/min (Prüfgeschwindigkeit III der Norm DIN 53 455) definiert gedehnt. Die größere Probenfläche wurde gewählt, um ausreichend große Prüflinge für die anschließende Permeationsmessung zu haben. Die Dehnversuche wurden auf einer Universal-Prüfmaschine der Firma Frank, Typ SMVS 81070 mit einer 2-kN-Kraftmeßdose der Firma HBM, Typ U2A, durchgeführt. Die Auflösung betrug 0,03 N, die Meßunsicherheit 1 % des Meßwertes. Der Stellmotor der Prüfmaschine erlaubt das genaue Positionieren der beweglichen Einspannvorrichtung auf ± 0,01 mm. Die Meßunsicherheit beträgt auch hier 1 %. In die Universal-Prüfmaschine integriert ist ein Personal Computer (Betriebssystem MS-DOS) mit der Steuerungs-Software und einem Prüfprogramm zum Eingeben der Prüfparameter.

Meßprinzip

Zur Bestimmung der Dehnung wurden die 15 cm breiten Proben mit zwei Einspannklemmen an der beweglichen Kraftmeßdose und einer feststehenden Halterung in der Universal-Prüfmaschine befestigt. Die für eine vorgegebene prozentuale Dehnung erforderliche Wegstrecke wurde aus dem Traversenabstand ermittelt und in das Prüfprogramm eingegeben. Anschließend wurde das Prüfprogramm gestartet. Die für die gewünschte Dehnung erforderliche Kraft wurde nach Erreichen der vorgegebenen Meßstrecke abgelesen. Anschließend wurde die bewegliche Einspannklemme in die Ausgangslage zurückgefahren.

10 Proben wurden mit Dehnungen von 2, 4, 6, 8 und 10 % in Längsrichtung des Packstoffs beansprucht. Die Proben wurden im Anschluß an die Dehnversuche auf ihre Sauerstoffdurchlässigkeit untersucht.

6.5.2 Gleitreibungsmessung

Gleitreibungsmessungen wurden in Anlehnung an die Norm DIN 53 375 [125] an der aluminiumbedampften BOPP-Folie durchgeführt (beide Folienseiten gegen Stahl). Abgewichen von der Norm wurde bei den Abmessungen und der Masse des Reibkörpers sowie seiner Gleitgeschwindigkeit, um entweder für die anschließende Permeationsmessung ausreichend große Proben zu haben oder um den in den Maschinen auftretenden Relativgeschwindigkeiten möglichst nahe zu kommen. Die in der Norm vorgegebenen Versuchsparameter sowie die in der eigenen Prüfanordnung gewählten Parameter sind in Tabelle 6.3 zusammengestellt. Die Versuche wurden auf der im Abschnitt 6.5.1 beschriebenen Universalprüfmaschine mit einer Versuchsanordnung zur Bestimmung des Reibungsverhaltens der Firma Frank, Typ 00733, durchgeführt. Diese Versuchsanordnung besteht aus einem Auflagetisch zum Befestigen der Folie, dem Reibkörper und einem Seilzug mit Umlenkeinrichtung zum Messen der Reibkraft. Als Kraftaufnehmer wurde eine 100-N-Meßdose der Firma HBM, Typ U1R, verwendet. Die Auflösung beträgt 2 mN, der Gerätefehler liegt, bezogen auf den jeweiligen Meßwert, bei 1 %.

Tabelle 6.3. Vergleich der in der Norm DIN 53 375 vorgegebenen und für diese Arbeit gewählten Prüfanordnungen für Reibungsmessungen

	DIN 53 375	eigene Prüfanordnung
Abmessungen des Reibkörpers	quadrat. Grundfläche: 40 cm^2 Kantenlänge: 63 mm	quadrat. Grundfläche: 225 cm^2 Kantenlänge: 150 mm
Masse des Reibkörpers	(200 ± 2) g	1500, 2000, 3000 g
Gleitgeschwindigkeit	(100 ± 10) mm/min	100, 500, 1000 mm/min

Meßprinzip

Die zu prüfende Folie wurde auf der Unterseite des Reibkörpers fixiert (siehe Tabelle 6.3). Der Reibkörper mit der Folienprobe wurde auf die stählerne Oberfläche des Auflagetisches aufgesetzt und über den Seilzug mit der Kraftmeßdose der Zugprüfmaschine verbunden. Nach Einstellen der gewünschten Prüfgeschwindigkeit und Starten des Prüfprogramms glitt die Folienprobe über den Auflagetisch. Der in die Prüfmaschine eingebaute Computer zeichnete die dabei auftretende Reibkraft als Funktion des Wegs über etwa 20 cm auf. Die Reibkraft wurde entsprechend der Norm DIN 53 375 als der Mittelwert aus dem während der ersten 60 mm zurückgelegten Wegstrecke aufgezeichneten Kraftverlauf bestimmt. Bei jeder Einstellung wurden 5 Messungen durchgeführt und der arithmetische Mittelwert berechnet.

6.5.3 Knitterversuche

Knitterversuche wurden mit einem Knitterfestigkeitsprüfgerät der Firma Brugger, Typ KFT, an den aluminiumbedampften Kunststoffolien ($BOPP_{met}$ und PET_{met}/PE) durchgeführt. Mit diesem

Meßgerät simuliert man die Knitterbeanspruchung, die flexible Packstoffe bei manchen Abpackprozessen erfahren können. Als Beurteilungskriterium für das Ausmaß der Knitterbeanspruchung durch Packstoffstauchung bei gleichzeitiger Rotation um eine Mittelachse dient die Kontrolle auf eine Zunahme der Gas- oder Wasserdampfdurchlässigkeit. Das Meßverfahren wird in der Norm ASTM F 392 beschrieben [117, 135].

Meßprinzip

Das Meßgerät besitzt einen feststehenden und einen beweglichen Zylinder mit Durchmessern von 90 mm, auf welche die zu prüfende Folie (Format: DIN A 4) aufgespannt wird. Zwischen beiden Zylindern befindet sich ein Spalt von 180 mm. Während der Prüfung wird der bewegliche Zylinder auf einer genuteten Welle gegen den feststehenden Zylinder bewegt. Der bewegliche Zylinder führt gleichzeitig zu diesem horizontalen Hub eine Drehbewegung durch. Ein Knitterzyklus setzt sich aus einem Vor- und Rückwertshub zusammen.

Während der Messungen war ein Drehwinkel von 400° bei einem horizontalen Hub von 39 mm vorgewählt. Jeweils 10 Proben wurden 1, 3, 5, 10, 20 bzw. 50 Knitterzyklen ausgesetzt. Die belasteten Folien wurden anschließend auf ihre Sauerstoffdurchlässigkeit untersucht.

6.6 Permeationsmessungen

Die in den Maschinenversuchen belasteten Kunststoffolien wurden auf ihre Sauerstoff- und Wasserdampfdurchlässigkeit untersucht. Bei den in den Laborversuchen belasteten Folien beschränkte sich die Untersuchung auf die veränderten Sauerstoffdurchlässigkeiten. Die Probenkonditionierung und alle Messungen wurden bei (23,0 ± 0,5) °C durchgeführt. Bei den Sauerstoffdurchlässigkeitsmessungen an den flächigen Packstoffproben entsprach das Partialdruckgefälle dem Atmosphärendruck. Alle Ergebnisse wurden auf eine Partialdruckdifferenz von 1 bar umgerechnet. Sowohl Träger- als auch Prüfgas waren befeuchtet (rund 50 % r. F.). Die Wasserdampfdurchlässigkeit wurde an flächigen Packstoffen bei einem Feuchtegefälle von 100 % bestimmt, was bei 23 °C einem Wasserdampfpartialdruck von 28 mbar entspricht.

Bei den Maschinenversuchen wurden aufgrund der großen Schwankungen jeweils 10 Messungen, bei den Laboruntersuchungen 7 Messungen durchgeführt.

6.6.1 Messen der Sauerstoffdurchlässigkeit – elektrochemisches Verfahren

Das Bestimmen der Sauerstoffdurchlässigkeit erfolgte gemäß der Norm DIN 53 380 Teil 3 (Entwurf) mit Meßgeräten der Firma Modern Controls (Mocon), Typ Oxtran 100 A, Oxtran Twin und Oxtran 2/20 SM [126]. Tabelle 6.4 listet die technischen Daten dieser Meßgeräte auf.

Tabelle 6.4. Technische Daten der Sauerstoff- und Wasserdampfdurchlässigkeits-Meßgeräte

Hersteller Gerätetyp	Mocon Oxtran 100 A	Mocon Oxtran Twin	Mocon Oxtran 2/20 SM	Mocon Permatran W1A
Anzahl der Prüfzellen	1	2	2	1
Probenfläche in cm^2	100	100	50	50
Prüftemperatur in °C	ca. 23 - 50	ca. 23 - 50	5 - 50	5 - 50
Prüfgas (PG)	Sauerstoff(+)	Sauerstoff(+)	Sauerstoff(+)	Luft
Trägergas (TG)	Formiergas (++)	Formiergas (++)	Formiergas (++)	Luft
Relative Feuchte der Gase in %	PG: ca. 50 TG: ca. 50	PG: ca. 50 TG: ca. 50	PG: 0 TG: 0	PG: 100 TG: 0
Meßbereich(+++) in $ml/(m^2 \cdot d \cdot bar)$ in $g/(m^2 \cdot d)$	0,05 - 200	0,05 - 200	0,05 - 200	0,01 - 10000
Auflösung in $ml/(m^2 \cdot d \cdot bar)$ in $g/(m^2 \cdot d)$	0,01	0,05	0,01	0,01
Ausgabe des Meß-signals in	mV	$ml/(m^2 \cdot d \cdot bar)$	mV	$g/(m^2 \cdot d)$
Ausgabe des Meß-signals über	Schreiber und Voltmeter	Datalogger	Schreiber und Voltmeter	Schreiber und interne Anzeige

(+) Reinheit: 99,5 %

(++) Formiergas 98/2: 98 % Stickstoff, 2 % Wasserstoff

(+++) Bei Überschreiten der oberen Bereichsgrenze kann mit verkleinerter Probenfläche gemessen werden.

Meßprinzip

Beim Bestimmen der Sauerstoffdurchlässigkeit von Kunststoffolien wird die flächige Probe in eine Meßzelle eingespannt. Die Folie trennt die Meßzelle in zwei Kammern. Durch die untere Kammer strömt sauerstofffreies Formiergas (98 % N_2, 2 % H_2), durch die obere Kammer Sauerstoff als Prüfgas. Sauerstoffmoleküle, welche aus der oberen Kammer durch die Folie permeieren, werden von dem Trägergasstrom erfaßt und zu einem elektrochemischen Sensor transportiert. Dieser Sensor spricht, abgesehen von freiem Chlor, nur auf Sauerstoff an. Bild 6.5 stellt den schematischen Aufbau des Mocon Oxtran 100 A mit den Fließwegen von Prüf- und Trägergas schematisch dar.

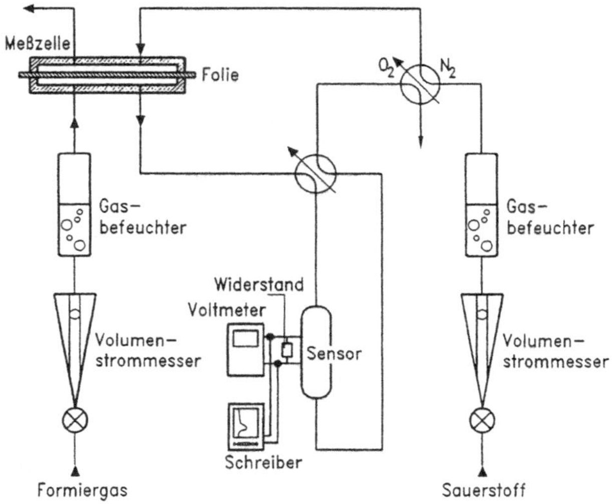

Bild 6.5. Schematische Darstellung des Meßgerätes Mocon Oxtran 100 A zum Bestimmen der Sauerstoffdurchlässigkeit von Kunststoffolien.

Die Elektroden des Sensors bestehen aus Nickel, Cadmium und mit Kalilauge getränktem Graphit. Beim Einströmen in die elektrochemische Zelle reagiert jedes Sauerstoffmolekül unter Aufnahme von vier Elektronen mit der Oberfläche der Graphitkathode:

$$O_2 + 2H_2O + 4e^- \rightarrow 4OH^- \qquad (6.1)$$

Die gebildeten Hydroxidionen reagieren mit der porösen Cadmiumanode zu Cadmiumhydroxid. Dabei werden vier Elektronen frei:

$$2Cd + 4OH^- \rightarrow 2Cd(OH)_2 + 4e^- \qquad (6.2)$$

Da jedes Sauerstoffmolekül vier Elektronen von der Graphitkathode zur Cadmiumanode transportiert, ergibt sich für 1 Mol O_2 aus dem Faradayschen Gesetz die Ladung von 4 · 96485 C gleich $3{,}86 \cdot 10^5$ A·s. Strömt 1 ml O_2 über einen Zeitraum von 24 Stunden mit konstanter Geschwindigkeit durch den Sensor, ergibt sich ein Gleichstrom von $1{,}99 \cdot 10^{-4}$ A. Dieses Gleichstromsignal wird durch Wahl eines elektrischen Widerstands in ein Gleichspannungssignal umgewandelt (Oxtran 100 A und Oxtran 2/20 SM) oder direkt in der gewünschten Einheit angegeben (Oxtran Twin). Bei der Ausgabe eines Gleichspannungssignals wird dieses durch Multiplikation mit einem Faktor in die gewünschte Einheit umgerechnet.

Alle Meßgeräte erlauben das Messen der Sauerstoffdurchlässigkeit an flächigen Packstoffen, ausgedrückt in ml/(m^2·d·bar), und auch an ganzen Verpackungen, ausgedrückt in ml/(d·bar).

6.6.2 Messen der Sauerstoffdurchlässigkeit – Zirkoniumdioxid-Verfahren

Einige Sauerstoffdurchlässigkeitsmessungen wurden mit einem am Lehrstuhl entwickelten Meßverfahren mit einem Zirkoniumdioxid-Analysator durchgeführt. Abweichend von den sonst üblichen kreisrunden Meßzellen, bei vergleichbarer Prüffläche von 50 cm^2, wurde mit einer länglichen Meßzelle (siehe Bild 6.6) gearbeitet. Als Prüfgas wurde trockener Sauerstoff 2.5, als Trägergas trockener Stickstoff 5.0 verwendet. Mit der länglichen Meßzelle sollten im Anschluß an das maschinelle Verarbeiten Unterschiede in der Sauerstoffdurchlässigkeit über die Breite der Packstoffbahn nachgewiesen werden.

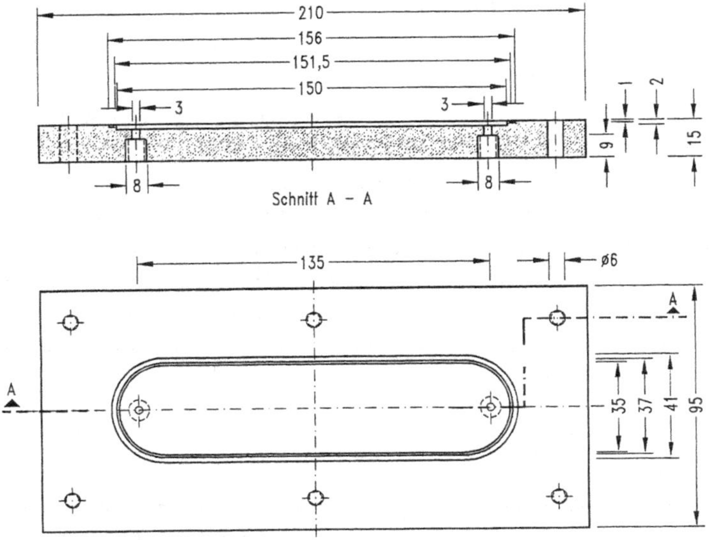

Bild 6.6. Als Langloch ausgeführte Meßzelle zum Bestimmen der Gasdurchlässigkeit von Kunststoffolien (obere Meßkammerhälfte)

Bild 6.7 zeigt den Versuchsaufbau. Zum Entfernen von Restsauerstoff aus dem Trägergas wurde der Trägergasstrom vor Eintritt in die Meßzelle durch eine Gasreinigungskartusche (Messer Griesheim, OxySorb) geführt. Der Trägergas-Massenstrom wurde vor Eintritt in die untere Meßkammerhälfte gemessen (Bronkhorst F-111C). Dieser Durchflußmesser bestimmt den Volumenstrom über die Wärmeleitfähigkeit des durchströmenden Gases. Die Meßunsicherheit beträgt 1 %, die Reproduzierbarkeit 0,2 %. Das Meßsignal wird als elektrische Spannung von 0 bis 5 V ausgegeben und über die Meßkarte in den angeschlossenen Computer eingelesen. In der Meßzelle werden die aus der oberen in die untere Meßkammer permeierten Sauerstoffmoleküle vom Trägergasstom erfaßt und in den Zirkoniumdioxid-Analysator ZR 893 der Firma Systech Instruments geführt.

Die Zirkoniumzelle befindet sich in einem kleinen Ofen, dessen Temperatur konstant auf 650 °C gehalten wird. Das Gasvolumen in der Sensorzelle beträgt 0,5 cm^3. Der Meßbereich reicht von 0,5 ppb bis 100 % Sauerstoff (Volumenverhältnis), die Meßunsicherheit beträgt ± 2 % des angezeigten Wertes. Die Trägergastemperatur sollte beim Eintritt in den Sensor nicht niedriger als -10 °C und nicht höher als 40 °C liegen. Zum Kalibrieren verwendet der Sensor den Sauerstoffgehalt der Umgebungsluft (21,0 %). Der Sensor verfügt über Analogausgänge (Spannung: 0-100 mV, 0-10 V und Strom: 0-20 mA, 4-20 mA). Nach Durchströmen des Sensors wird das Trägergas entweder in die Atmosphäre oder in die obere Meßkammer zum Bestimmen von Blindwerten geleitet. Der im Sauerstoffstrom befindliche Volumenstrommesser dient nur zur Kontrolle, hat aber für die Auswertung keine Bedeutung. Der N_2-Volumenstrom betrug 50 ml/min, der O_2-Volumenstrom 20 ml/min.

Bei dem verwendeten Sensor ist es möglich, die untere und obere Meßgrenze frei zu wählen, um eine hohe Auflösung des Meßsignals zu erhalten. Im Sensor eingebaut ist eine 10-bit-Karte zum Umwandeln des digitalen in ein analoges Signal. Der im Sensor erfaßte Sauerstoffwert wird über einen Analogausgang als Spannungssignal ausgegeben. Dieses analoge Signal wird über eine Meßkarte T31 (Strawberry Tree, Inc.) in ein digitales Signal umgewandelt. Zum Verarbeiten der über die Analogausgänge ausgegebenen Werte des Zirkoniumdioxid-Analysators und des Durchflußmessers wurde die Software Workbench 2.0 (Strawberry Tree, Inc.) verwendet. Das Programm ist auf einem 486 DX Personal Computer der Marke Lion mit DOS-Betriebssystem installiert.

Meßprinzip

Zirkoniumdioxid (ZrO_2) gehört zur Gruppe der sogenannten festen Elektrolyte, die elektrischen Strom mit Hilfe ihrer Ionen leiten. Die Ionenleitung in festen Elektrolyten erreicht den Maximalwert, wenn das Teilgitter einer festen Verbindung bei hoher Temperatur in den quasistationären Zustand übergeht. Die Ionenleitung ist dann so groß wie in geschmolzenen Salzen. Die Ionenleitung wird durch Fehlordnungen im Kristallgitter, beispielsweise durch unbesetzte Gitterplätze (Leerstellen) oder Zwischengitteratome und -ionen, ermöglicht. Wichtige Feststoffelektrolyte mit Sauerstoffionenleitung sind dotiertes Zirkonium(IV)Oxid (ZrO_2) und Thoriumdioxid. Zirkoniumdioxid kann zwischen 600 und 1600 °C benutzt werden. Die Fehlordnungszentren sind geladene Sauerstoffionenleerstellen, die durch das Lösen von CaO, MgO oder Y_2O_3 in Zirkoniumdioxid entstehen [76].

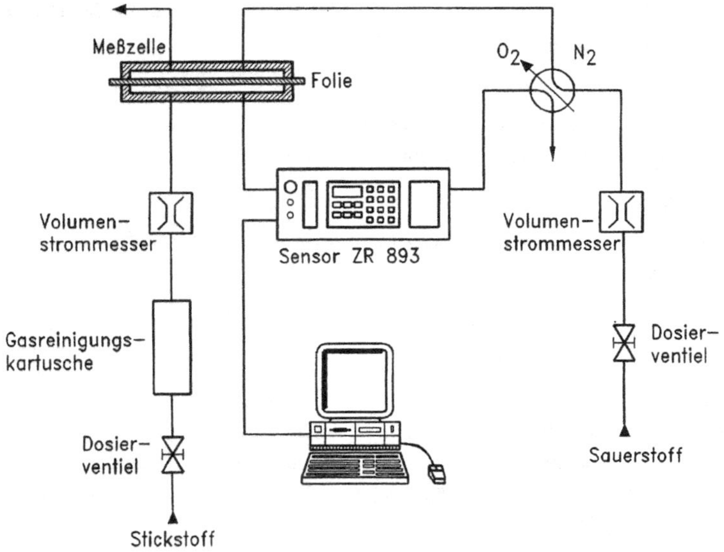

Bild 6.7. Schematische Darstellung des Versuchsaufbaus zum Bestimmen der Sauerstoffdurchlässigkeit mit einem Zirkoniumdioxid-Analysator

Feste Elektrolyte ermöglichen, genauso wie flüssige, den Bau von galvanischen Ketten. Sie bestehen aus dotiertem Zirkoniumdioxid als festem Elektrolyten mit praktisch reiner Ionenleitung für Sauerstoffionen. Es wird normalerweise eine Röhre aus Zirkoniumdioxid, mit geeigneten Elektroden, in der Regel Platin, auf beiden Seiten der Keramik benutzt, die innen und außen von gasförmigem Sauerstoff mit verschiedenen Partialdrücken umgeben ist. Wenn die beiden Seiten der Zirkoniumkeramik verschiedenen Sauerstoffpartialdrücken ausgesetzt werden, wird Sauerstoff vom dem einen in den anderen der beiden Elektrodenräume transportiert. Pro Mol O_2 fließt bei einem Ladungsdurchgang von 4 Farad ein elektrischer Strom zwischen den Elektroden. Es findet die folgende elektrochemische Reaktion statt:

$$O_2(Gas) + 4e^-(Elektrode) \rightarrow 2O^{2-}(Elektrolyt) \qquad (6.3)$$

Die galvanische Kette kann also als Stromquelle dienen, wenn auf den beiden Seiten unterschiedliche Sauerstoffpartialdrücke aufrechterhalten werden. Sie kann aber auch als Sauerstoffpumpe benutzt werden, wenn man durch eine äußere Stromquelle einen elektrischen Strom durch die Kette erzwingt. Die elektrische Arbeit, die von der galvanischen Kette für einen Durchgang von 4 Farad geleistet werden kann, beträgt 4 $U \cdot F$, wobei U die elektromotorische

Kraft (EMK) der galvanischen Kette und F die Kapazität in Farad ist. Diese Arbeit ist gleich der negativen Gibbs-Energie ΔG der Zellreaktion. Die EMK ist als die Differenz des elektrischen Potentials zwischen beiden Elektroden definiert. Es gilt:

$$\Delta G = -4\,U \cdot F \quad . \tag{6.4}$$

ΔG kann durch das chemische Potential μ_{O_2} des Sauerstoffs ausgedrückt werden. Dann erhält man für Gleichung 6.4 die Differenz der chemischen Potentiale zwischen beiden Elektroden

$$\mu_{O_2} - \mu_{O_2,ref} = -4\,U \cdot F \quad . \tag{6.5}$$

Das chemische Potential μ_{O_2} hängt mit dem Partialdruck p_{O_2} des Sauerstoffs nach folgender Gleichung zusammen:

$$\mu_{O_2} = \mu_{O_2,1000\,hPa} + R \cdot T \ln \frac{p_{O_2}}{p_{O_2,1000\,hPa}} \quad . \tag{6.6}$$

Hierin bedeutet $\mu_{O_2,1000\,hPa}$ den Standardwert des chemischen Potentials des Sauerstoffs entsprechend einem Partialdruck p_{O_2} von 1000 hPa. R ist die allgemeine Gaskonstante und T die absolute Temperatur. Mit Gleichung 6.6 ergibt sich durch Einsetzen in Gleichung 6.5 ein Zusammenhang zwischen der erzeugten Spannung U und dem Verhältnis der Sauerstoffpartialdrücke an beiden Elektroden:

$$U = \frac{R \cdot T}{4 \cdot F} \ln \frac{p_{O_2 ref}}{p_{O_2}} \quad . \tag{6.7}$$

Galvanische Ketten mit festen Elektrolyten können damit zum schnellen und direkten Messen von Partialdrücken von Gasen herangezogen werden. Bei üblichen Meßzellentemperaturen zwischen 600 und 1000 °C wird Zirkoniumdioxid erst bei einem Partialdruck des Sauerstoffs von etwa 10^{-11} Pa merklich elektronenleitend, d. h. bis zu derart kleinen Werten kann der Sauerstoffpartialdruck gemessen werden. Bei den Messungen verwendet man auf einer Seite des Zirkoniumdioxids eine Vergleichsatmosphäre, z. B. Luft, so daß der Sauerstoffpartialdruck an der Referenzelektrode festgelegt ist. Der Sauerstoffpartialdruck an der anderen Elektrode wird dann über die EMK entsprechend Gleichung 6.7 gemessen.

Im verwendeten Meßgerät wurde der Zirkoniumdioxid-Analysator als sogenannte *Spannungssonde* ausgeführt. Die Zelle arbeitet als elektrochemische Konzentrationskette (Bild 6.8) und erzeugt eine Gleichspannung U, die von der absoluten Temperatur T und dem natürlichen Logarithmus des O_2-Konzentrationsverhältnisses bzw. des O_2-Partialdruckverhältnisses p_1 und p_2 an der Innen- und Außenelektrode abhängt.

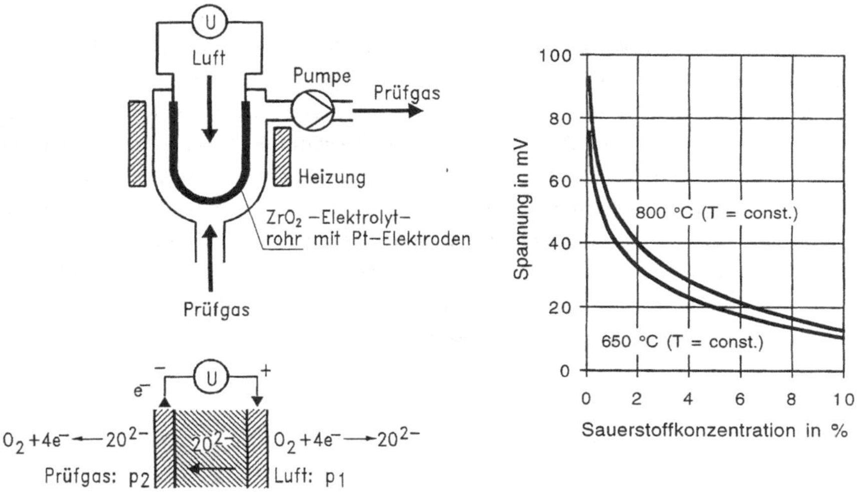

Bild 6.8. Prinzip der Spannungssonde

Führt man der Außenelektrode das Prüfgas mit der unbekannten O_2-Konzentration und der Innenelektrode ein Referenzgas bekannter O_2-Konzentration zu, ergibt sich bei konstantgehaltener Temperatur T der in Bild 6.8 ebenfalls dargestellte logarithmische Zusammenhang zwischen der Sondenspannung U und der Sauerstoffkonzentration des Prüfgases. Der Kennlinienverlauf für zwei unterschiedliche Temperaturen T_1 und T_2 zeigt deutlich, daß bei Anwenden der Spannungssonde die Temperatur im aktiven Teil der Zelle genau gemessen oder konstant gehalten werden muß. Die Kennlinien zeigen außerdem, daß die Spannungssonde vorzugsweise für das Messen kleiner Sauerstoffkonzentrationen geeignet ist, da wegen des logarithmischen Kurvenverlaufs mit sinkender O_2-Konzentration die Meßempfindlichkeit zu- bzw. die Meßunsicherheit abnimmt.

6.6.3 Messen der Wasserdampfdurchlässigkeit – Infrarot-Verfahren

Das Bestimmen der Wasserdampfdurchlässigkeit erfolgte an flächigen Packstoffen mit einem Meßgerät Mocon Permatran W1A. Das Meßverfahren wird in der Norm ASTM F 1249 beschrieben [118]. Tabelle 6.4 listet die technischen Daten dieses Meßgeräts auf. Die Messungen wurden bei 23 °C und einem Feuchtegefälle von 100 % durchgeführt.

Meßprinzip

Die zu untersuchende Folie trennt die Meßzelle in zwei Kammern (siehe Bild 6.9). In der unteren Kammer kann das gewünschte Prüfklima (relative Luftfeuchte, Temperatur) mit Hilfe gesättigter Salzlösungen oder destilliertem Wasser und mit einem Thermostaten eingestellt werden. Durch die obere Kammer strömt Luft, die im Meßgerät im geschlossenen Kreislauf geführt wird. Die Luft wird im Meßgerät vor Eintritt in die Meßkammer beim Durchströmen einer Trokkensäule getrocknet. In der Meßzelle nimmt sie den durch die Folie permeierten Wasserdampf auf und transportiert ihn durch den Sensor. Dieser besteht aus einer Infrarotquelle und einem Infrarotdetektor. Die von der Infrarotquelle emittierte Strahlung wird zum Teil durch Wasserdampfmoleküle im Trägergas absorbiert. Über das vom Detektor erfaßte, abgeschwächte Meßsignal kann auf die Beladung des Trägergases mit Wasserdampf und damit auf die Wasserdampfdurchlässigkeit der untersuchten Kunststoffolie geschlossen werden.

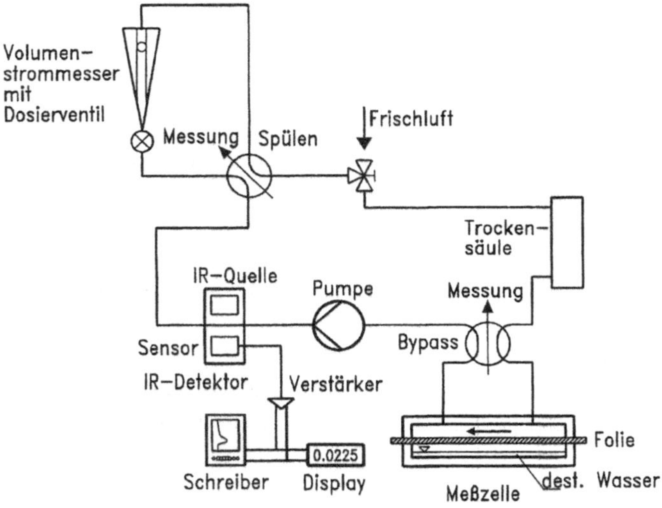

Bild 6.9. Schematische Darstellung des Meßgerätes Mocon Permatran W1A zum Bestimmen der Wasserdampfdurchlässigkeit von Kunststoffolien

Diese indirekte Meßmethode erfordert die Kalibrierung des Meßgerätes im Zweipunkt-Verfahren. Der Nullpunkt wird ermittelt, indem man trockene Luft durch den Sensor strömen läßt (Testzelle im Bypass), den zweiten Meßpunkt, indem man das Meßgerät mit einer Referenzfolie bekannter Durchlässigkeit kalibriert. Durch Variation der Strömungsgeschwindigkeit des Trägergases (Luft) im Meßgerät ist es möglich, die Wasserdampfdurchlässigkeit an Barrierefolien und auch an durchlässigen Folien zu messen.

6.7 Messen der Strahlungsdurchlässigkeit

Ergänzend zu den Permeationsmessungen wurde die Strahlungsdurchlässigkeit der aluminiumbedampften BOPP-Folien im Wellenlängenbereich von 200 bis 900 nm aufgenommen. Verwendet wurde ein UV-Vis-Spektralphotometer Fabrikat Kontron, Typ Uvikon 930. Das Gerät besitzt eine Deuterium-Lampe (190-370 nm) und eine Wolfram-Halogen-Lampe (290-900 nm). Die Umschaltung der Lampen erfolgt automatisch bei 340 nm. Als Monochromator wird ein holographisches Konkavgitter (1500 Linien/mm, Brennweite f = 200 mm, F 8,0), als Detektor ein Photomultiplier R446 verwendet. Die Wellenlängenrichtigkeit wird mit 0,5 nm, die Wellenlängengenauigkeit mit 0,1 nm, die photometrische Richtigkeit mit 4 mAbs/Abs sowie die photometrische Genauigkeit mit 2 mAbs/Abs angegeben.

Meßprinzip

Die zu untersuchenden Proben wurden mit Klebeband im Probenstrahlengang befestigt. Der Referenzstrahlengang blieb frei (Messung gegen Luft). Die durchstrahlte Probenfläche betrug etwa 1 cm^2. Das Transmissionsspektrum (200 nm $\leq \lambda \leq$ 900 nm) der Probe wurde mit einer Scan-Geschwindigkeit von 200 nm/min aufgezeichnet.

7 Ergebnisse

In diesem Abschnitt werden zunächst die Ergebnisse der mit den Dehnungsmeßstreifen und induktiven Wegaufnehmern durchgeführten Vergleichsmessungen zum Bestimmen der Abzugskräfte vorgestellt. Es folgen die Ergebnisse der Abzugskraftmessungen, die unter Praxisbedingungen mit unterschiedlichen Packstoffen an drei vertikalen Schlauchbeutelmaschinen ermittelt wurden. Die in den Maschinenversuchen aus den aluminiumbedampften Kunststoffolien hergestellten Schlauchbeutel werden anschließend auf veränderte Barriereeigenschaften (Sauerstoff-, Wasserdampf- und Lichtdurchlässigkeit) untersucht. Um die Ursachen der veränderten Barriereeigenschaften beurteilen und bestimmten Maschinenfunktionen zuordnen zu können, wurden die metallisierten Packstoffe in Laborversuchen unterschiedlichen mechanischen Belastungen ausgesetzt, welche die Maschinenbedingungen möglichst praxisnah simulieren. Dies sind Zugversuche, Reibungsmessungen und Untersuchungen zur Knitterfestigkeit.

7.1 Vergleich der Meßsysteme

Für das Messen von Abzugskräften unter Praxisbedingungen scheinen induktive Wegaufnehmer besonders gut geeignet zu sein. Die Vorteile gegenüber Dehnungsmeßstreifen wurden bereits beschrieben. Um die Ergebnisse der Abzugskraftmessungen, welche mit einem induktiven Wegaufnehmer ermittelt wurden, mit den in der Fachliteratur beschriebenen und mit DMS durchgeführten Messungen vergleichen zu können, wurden an der Formschulterhalterung der Maschine 1 beide Weggeber installiert. Die Dehnungsmeßstreifen wurden zu einer Vollbrückenschaltung verlötet (s. Abschnitt 6.3.2) und an den Meßverstärker angeschlossen. Der induktive Wegaufnehmer wurde in unmittelbarer Nähe zu den Dehnungsmeßstreifen angebracht. Dazu wurde eine Klemme verwendet, die über einen Gewindestab fest mit der oberen Traverse der Formschulterhalterung verschraubt war. Die obere Traverse der Halterung ist wiederum fest mit dem Maschinengehäuse verbunden. Aus Platzgründen mußte der induktive Wegaufnehmer auf der Oberseite der Formschulterhalterung angebracht werden, so daß sich der Luftspalt zwischen Sensor und Halterung beim Abziehen der Packstoffbahn vergrößerte. Der Ausgangsluftspalt wurde auf rund 100 µm eingestellt. Der induktive Wegaufnehmer wurde ebenfalls an den Verstärkerbaustein angeschlossen.

Bild 7.1 zeigt den zeitlichen Verlauf der Abzugskraft, der mit beiden Signalquellen aufgezeichnet wurde (Ausschnitt eines Meßprotokolls über 10 Maschinenzyklen). Die Ausbringung der Verpackungsmaschine betrug 60 Beutel/min. Der verwendete Packstoff war die aluminiumbedampfte biaxial gereckte Polypropylenfolie. Zu Beginn der Aufzeichnung befand sich die Verpackungsmaschine in Bereitschaft, ohne daß die Abzugsriemen gegen das Formatrohr gepreßt waren. Der erste Arbeitstakt, der nach etwa 0,5 s registriert wurde, beginnt mit dem Pressen der Abzugsriemen gegen das Formatrohr. Er unterscheidet sich in seinem Verlauf deutlich von den nächsten neun Arbeitstakten der Maschine. Das Abziehen des Packstoffschlauchs und der damit verbundene Anstieg der Abzugskraft wird durch mehrere Peaks beschrieben. Die Anzahl der aufgezeichneten Peaks nimmt mit steigender Ausbringung zu. Es folgt ein Bereich, in dem negative Abzugskräfte aufgezeichnet werden. Erst anschließend werden wieder relativ kleine Kräfte aufgezeichnet, die um 0 N schwanken.

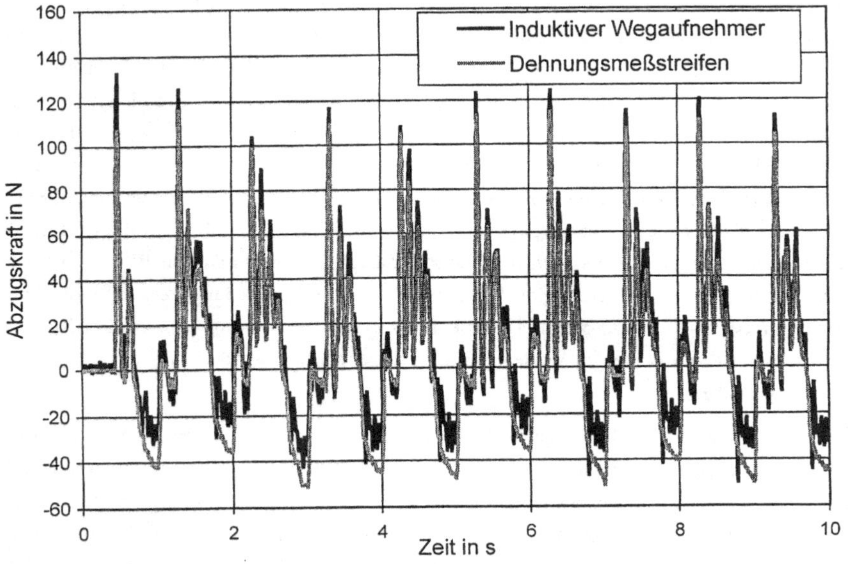

Bild 7.1. Zeitlicher Verlauf der Abzugskräfte, gemessen mit Dehnungsmeßstreifen und einem induktiven Wegaufnehmer an einer vertikalen Schlauchbeutelmaschine mit Riemenabzug. Packstoff: $BOPP_{met}$, Ausbringung: 60 Beutel/min

Dem zeitlichen Verlauf der Abzugskraft können mehrere Maschinenoperationen zugeordnet werden. Dabei soll der durch den Packstoffabzug bedingte erste Peak (maximale Abzugskraft) den Beginn eines Maschinenzyklus kennzeichnen. Für den Packstoffabzug werden die Riemen beschleunigt und nach Erreichen der eingestellten Beutellänge wieder verzögert. Für das Auftreten mehrerer Peaks gibt es unterschiedliche Erklärungen. Zum einen läßt sich vermuten, daß es sich dabei um Resonanzschwingungen der Formschulterhalterungen handelt. Diese Vermutung wird dadurch bestätigt, daß beim Induzieren einer Schwingung durch Schlagbeanspruchung die Schwingungsfrequenz der Formschulterhalterung identisch mit der hier aufgezeichneten ist. Zum anderen lassen sich die Peaks auch mit der Funktion des Tänzerrollensystems erklären, welches beim Beginn der Riemenbewegung durch eine Aufwärtsbewegung des freien Tänzerrollenarms (siehe Bild 3.2) Packstoff abgibt, bevor die Massenträgheit der Vorratsrolle überwunden und Packstoff von der Vorratsrolle abgewickelt wird. Der freie Tänzerrollenarm verändert im Verlauf eines Abzugsvorganges mehrmals seine Position.

Die negativen Abzugskräfte treten während des Verschließens der Schlauchbeutel auf. Während der Dauer der Längs- und Quersiegelung scheint sich die Packstoffbahn in Richtung der Vorratsrolle zu bewegen. Dieses Verhalten ist besonders deutlich bei dünnen, wenig biegesteifen Kunststoffolien, wie der hier verwendeten aluminiumbedampften BOPP-Folie, ausgeprägt. Die negativen Abzugskräfte werden durch die Abwärtsbewegung des freien Tänzerrollenarms bedingt. Denkbar ist auch, daß sich beim Längssiegeln das Formatrohr durch den Druck des Längssiegelwerkzeugs verwindet. Diese Verwindung wird auf die obere Traverse der Formschulterhalterung übertragen, an der das Formatrohr befestigt ist. Da aber zwischen dem Formatrohr und der unteren Traverse der Formschulterhalterung, auf der die Dehnungsmeßstreifen aufgeklebt sind, keine Verbindung besteht, scheint der Einfluß des Tänzerrollensystems zu überwiegen. Allerdings ließen sich die unterschiedlichen Kurvenverläufe in Bild 7.1 bei der Abzugskraftmessung mit Dehnungsmeßstreifen und induktivem Wegaufnehmer mit ihrer Befestigung an der unteren bzw. oberen Traverse der Formschulterhalterung erklären. Der Kraftanstieg von negativen Werten zu Werten, die um null schwanken, kennzeichnet das Öffnen der Quersiegelbacken.

Bild 7.1 zeigt unterschiedliche Kraftverläufe zwischen den mit Dehnungsmeßstreifen und dem induktiven Wegaufnehmer aufgezeichneten Maschinentakten. Dabei wird deutlich, daß die mit dem induktivem Wegaufnehmer aufgezeichneten Abzugskräfte größer sind als die mit Dehnungsmeßstreifen bestimmten. Dieses Verhalten wurde auch bei anderen Packstoffen beobachtet. Die maximale Abweichung beim Bestimmen der maximalen Abzugskraft mit beiden Signalquellen betrug 8,4 %. In den meisten Fällen war sie mit zwischen 3 und 5 % jedoch deutlich kleiner. Größer waren die prozentualen Abweichungen, wenn sich die Maschine in Bereitschaft befand und wenn negative Kräfte auftraten. Der unruhige Kurvenverlauf der mit dem induktiven Wegaufnehmer aufgezeichneten Kurve ist sicher ein Nachteil dieses Meßverfahrens. Er ist in erster Linie auf Maschinenschwingungen zurückzuführen, wodurch sich der Spalt zwischen Sensor und Formschulteroberfläche ständig verändert. Grundsätzlich hat sich aber gezeigt, daß beim Verwenden der maximalen Abzugskraft als maßgebender Kenngröße die Unterschiede zwischen dem üblichen Meßverfahren mit Dehnungsmeßstreifen und dem Meßverfahren mit induktiven Wegaufnehmern ausreichend genau ist.

7.2 Messen der Abzugskräfte

Die Messungen der Abzugskräfte wurden an den drei zur Verfügung stehenden Schlauchbeutelmaschinen gemäß der in Tabelle 6.2 vorgestellten Versuchsplanung durchgeführt. Für die Darstellung der Ergebnisse wird in den folgenden Abschnitten nur die während eines Maschinenzyklus gemessene maximale, und nicht die gemittelte, Abzugskraft angegeben.

7.2.1 Messungen bei Riemenabzug ohne Vakuumunterstützung

In diesem Abschnitt werden die Versuchsergebnisse aller Messungen mit der Maschine 1 zusammengefaßt. Ein typisches Versuchsprotokoll wurde bereits im vorangegangenen Abschnitt dargestellt. Weitere Versuchsprotokolle, die mit dem gleichen Packstoff, aber unterschiedlicher Maschinenausbringung aufgezeichnet wurden, befinden sich im Anhang dieser Arbeit (Bilder A.1 und A.2). Die in diesem Abschnitt angegebenen Kräfte wurden mit dem induktiven Wegaufnehmer bestimmt.

Die Ergebnisse aller mit den unterschiedlichen Packstoffen durchgeführten Maschinenversuche sind in Bild 7.2 zusammengestellt. Die konkreten Zahlenwerte können der Tabelle A.1 im Anhang entnommen werden. Deutlich ist der Anstieg der Abzugskräfte mit zunehmender Maschinenausbringung zu beobachten. Bei einer Maschinenausbringung von 90 Beutel/min sind die Abzugskräfte bei der untersuchten BOPP-Monofolie mit (95 ± 13) N und den aluminiumbedampften Kunststoffolien ($BOPP_{met}$: (148 ± 21) N) und PET_{met}/PE: (179 ± 15) N) rund dreimal so groß wie bei einer Ausbringung von 30 Beutel/min. Bei den untersuchten Papier/PE/PE- und PET/Al/PE-Verbunden ist der Anstieg der Abzugskraft etwas geringer. Die bei einer Ausbringung von 90 Beutel/min gemessene Abzugskraft liegt nur geringfügig über der des PET_{met}/PE-Verbundes. Bei keinem der verwendeten Packstoffe besteht ein linearer Zusammenhang zwischen Abzugskraft und Maschinenausbringung mit dem zu erwartenden Schnittpunkt im Ursprung. Die Abzugskräfte der traditionellen Kunststoffolien stimmen gut mit den Ergebnissen anderer Autoren, die im Abschnitt 3 beschrieben wurden, überein.

Für aluminiumbedampfte Kunststoffolien lagen keine vergleichbaren Messungen vor. Auffallend ist, daß die Abzugskräfte bei der hier untersuchten aluminiumbedampften BOPP-Folie bei gleichen Verarbeitungsbedingungen wesentlich über denen der unbedampften BOPP-Folie liegen. Beide Folien stammen vom selben Hersteller und unterscheiden sich nur durch die Foliendicke und die aufgedampfte Barriereschicht. Zu erwarten wäre gewesen, daß die rund 50 nm dicke Aluminiumschicht keinen Einfluß auf die Abzugskraft hat. Die gemessenen Abzugskräfte liegen aber deutlich über den in der Literatur beschriebenen Werten für Kunststoffmono- und -verbundfolien ohne Vakuumbedampfung. Dies gilt auch für die beim Verarbeiten des verwendeten PET_{met}/PE-Verbund gemessenen Abzugskräfte im Vergleich zu den im Abschnitt 3 beschriebenen Abzugskräften der PET/PE-Verbunde. Die größeren Vertrauensbereiche für den Mittelwert bei größeren Maschinenausbringungen und den dickeren, biegesteiferen Packstoffen sind eine Folge der sich zyklisch in Abhängigkeit der Position des freien Tänzerrollenarms verändernden Abzugskräfte.

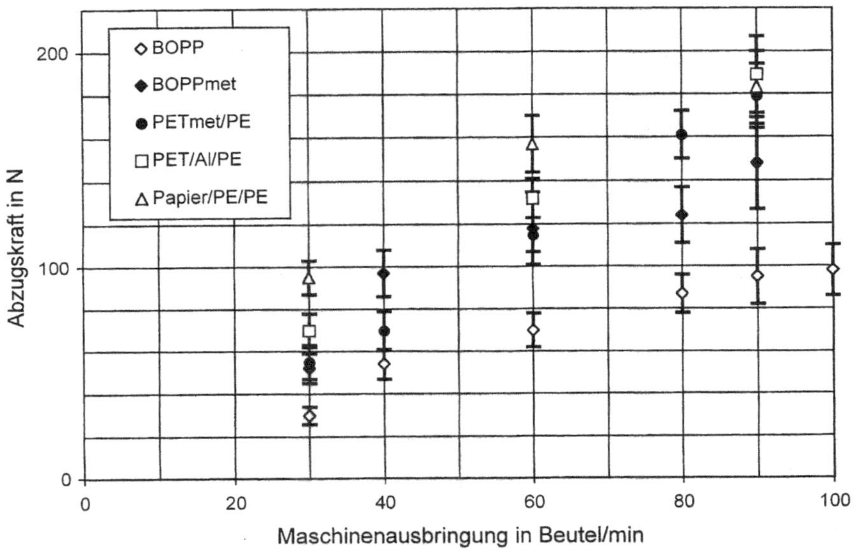

Bild 7.2. Abzugskraft als Funktion der Maschinenausbringung bei einer vertikalen Schlauchbeutelmaschine mit Riemenabzug ohne Vakuumunterstützung (Mittelwert und Vertrauensbereich für $\alpha = 0{,}05$)

7.2.2 Messungen bei vakuumunterstütztem Riemenabzug

Die Abzugskräfte wurden bei diesem Maschinentyp nur mit dem induktiven Wegaufnehmer als Signalquelle bestimmt. Die Einstellungen des Meßsystems wurden gegenüber den Messungen in Maschine 1 beibehalten. Der Wegaufnehmer befand sich diesmal unterhalb der Formschulterhalterung (Verkleinerung des Luftspalts während der Messung) und war mit einem Gewindestab fest mit dem Gehäuse der Verpackungsmaschine verbunden. Gemessen wurden die Abzugskräfte bei Ausbringungen zwischen 30 und 101 Beutel/min mit drei unterschiedlichen Packstoffen: der aluminiumbedampften BOPP-Folie, dem PET/Al/PE-Verbund und dem Papier/PE/PE-Verbund.

Bei der verwendeten Maschine 2 sind sowohl die Formschulter als auch das Formatrohr auf einer Halterungsplatte befestigt. Für die Untersuchungen wurde diese Platte derart in zwei Teile getrennt, daß die Formschulter und das Formatrohr jeweils auf einer der beiden Hälften befestigt war. Zwischen beiden Halterungen befand sich ein Luftspalt, der ein Berühren der beiden Platten während der Messungen verhinderte. Diese vorbereitende Maßnahme war erforderlich, um eine Beeinflussung der Meßergebnisse bei einer möglichen Verwindung des Formatrohres, beispielsweise während des Längssiegelns, zu verhindern. Unter Praxisbedingungen wäre die Durchführung dieser Maßnahme nicht möglich. Sie schuf aber Versuchsbedingungen, die mit denen für die zuerst beschriebene Schlauchbeutelmaschine mit Riemenabzug vergleichbar sind.

Bild 7.3 zeigt den Ausschnitt eines typischen Meßprotokolls, das bei einer Maschinenausbringung von 30 Beutel/min und einer Riemengeschwindigkeit von 0,5 m/s aufgezeichnet wurde. Beim verwendeten Packstoff handelt es sich um die aluminiumbedampfte BOPP-Folie. Anhand dieses Protokolls sollen zunächst die Maschinenfunktionen erläutert werden. Ein Arbeitstakt beginnt mit dem Packstoffabzug. Bei einer Beutellänge von 20 cm und einer Riemengeschwindigkeit von 0,5 m/s werden für das Abziehen theoretisch 400 ms benötigt. Wegen der notwendigen Beschleunigung der Packstoffbahn war dieser Wert während der Messung auf 435 ms eingestellt. Anschließend bleiben die Siegelbacken für 1340 ms geöffnet. Für das Schließen und Öffnen der Siegelbacken sowie das Siegeln der Quersiegelnähte unmittelbar vor dem erneuten Packstofftransport waren 225 ms vorgegeben.

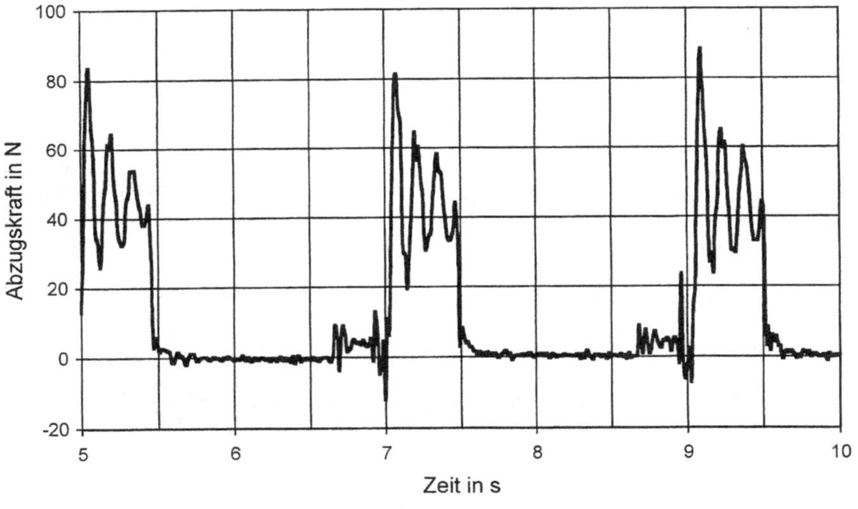

Bild 7.3. Zeitlicher Verlauf der Abzugskraft bei einer vertikalen Schlauchbeutelmaschine mit vakuumunterstütztem Riemenabzug (Packstoff: $BOPP_{met}$, Ausbringung: 30 Beutel/min, Riemengeschwindigkeit: 0,5 m/s)

Der Siegelvorgang wird durch einen kleinen Kraftanstieg angezeigt. Während des Abziehens werden, vergleichbar der oben beschriebenen Schlauchbeutelmaschine ohne Vakuumunterstützung, vier Kraftspitzen aufgezeichnet. Die möglichen Ursachen hierfür wurden bereits erläutert. Bild 7.4 zeigt, zusammen mit Bild 7.3, den Einfluß der Riemengeschwindigkeit auf die Abzugskräfte. Durch Erhöhen der Geschwindigkeit der sich ständig drehenden Riemen von 0,5 auf 1,0 m/s wird die zum Packstoffabzug benötigte Zeit halbiert. Alle anderen Maschineneinstellungen (beispielsweise die Siegeldauer) sind unverändert. Es zeigt sich, daß sich die Abzugskraft mit steigender Riemengeschwindigkeit deutlich erhöht, während sich die Anzahl der aufgezeichneten Kraftspitzen auf zwei verringert.

In dieser Versuchsreihe wurden bei allen verwendeten Packstoffen in Abhängigkeit von der Maschinenausbringung zusätzlich die Riemengeschwindigkeit variiert. Bei einer Ausbringung von mehr als 60 Beutel/min ist eine Riemengeschwindigkeit von 0,5 m/s für das Herstellen der gewählten Beutellänge von 20 cm nicht ausreichend. Die Schlauchbeutel wurden daher bei großen Ausbringungen mit einer Riemengeschwindigkeit von 0,75 und 1,0 m/s beim Papier/-PE/PE-Verbund bzw. 1,0 m/s bei der aluminiumbedampften BOPP-Folie und dem PET/Al/PE-Verbund hergestellt. Weitere Meßprotokollausschnitte bei größeren Maschinenausbringungen und anderen Packstoffen, die über einen Zeitraum von 30 s aufgezeichnet wurden, befinden sich im Anhang zu dieser Arbeit (Bild A.3 bis Bild A.8).

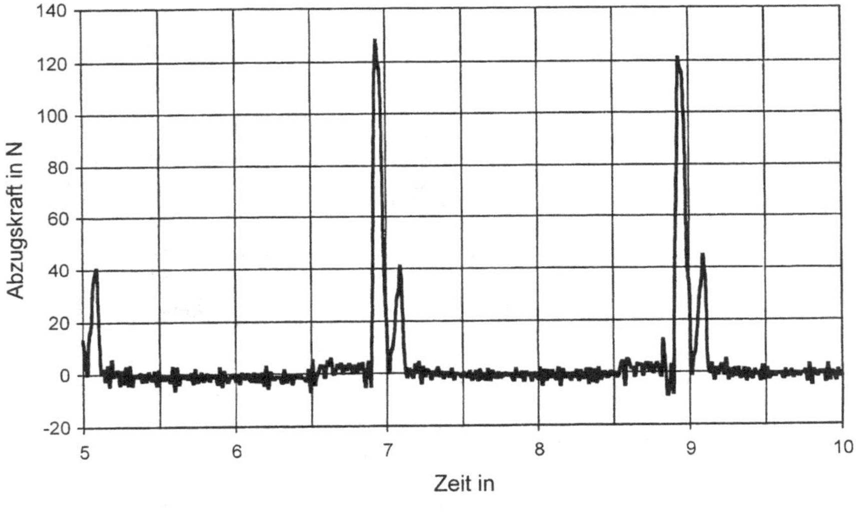

Bild 7.4. Zeitlicher Verlauf der Abzugskraft bei einer vertikalen Schlauchbeutelmaschine mit vakuumunterstütztem Riemenabzug (Packstoff: $BOPP_{met}$, Ausbringung: 30 Beutel/min, Riemengeschwindigkeit: 1,0 m/s)

Die im Anhang gezeigten Meßprotokolle zeigen einen zyklischen An- und Abstieg der Abzugskräfte über mehrere Arbeitstakte. Dies ist auf das Schwingen des beweglichen Tänzerrollenarms zurückzuführen. Beim Berechnen des Mittelwertes der maximalen Abzugskraft wurden 100 Maschinentakte ausgewertet. Die großen Streuungen der Meßergebnisse sind größtenteils die Folge der zyklischen Änderung der Abzugskraft.

In Bild 7.5 ist der Zusammenhang zwischen der Abzugskraft und der Maschinenausbringung für verschiedene Packstoffe und bei unterschiedlichen Geschwindigkeiten der Abzugsriemen dargestellt. Die niedrigsten Abzugskräfte wurden bei gleicher Ausbringung mit der aluminiumbedampften BOPP-Folie, die größten beim Papier/PE/PE-Verbund gefunden. Mit steigender Riemengeschwindigkeit steigt die Abzugskraft an. Der Einfluß der Riemengeschwindigkeit auf die Abzugskraft ist so groß, daß bei ungünstigen Produktionsbedingungen (mit großen Riemengeschwindigkeiten) die Abzugskräfte von dicken, biegesteifen Packstoffen niedriger sein können als bei dünnen, weniger biegesteifen Packstoffen. Fast gleich große Abzugskräfte wurden beispielsweise bei einer Ausbringung von 30 Beutel/min für die $BOPP_{met}$-Folie (v = 1,0 m/s) und den PET/Al/PE-Verbund (v = 0,5 m/s) gefunden. Bei einer Ausbringung von 60 Beutel/min sind bei unveränderten Riemengeschwindigkeiten die Abzugskräfte der aluminiumkaschierten Verbundfolie deutlich größer als die der aluminiumbedampften BOPP-Folie.

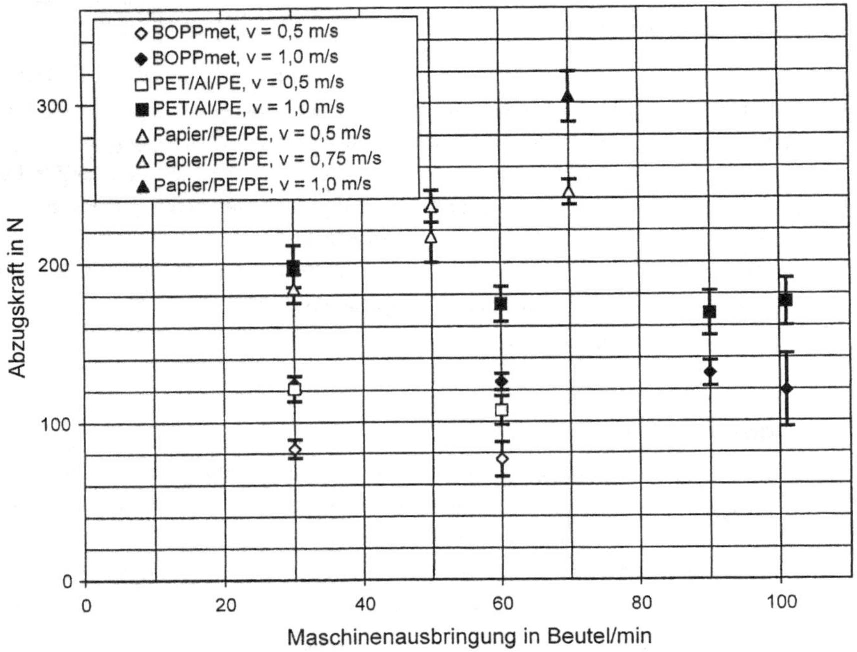

Bild 7.5. Abzugskraft als Funktion der Maschinenausbringung bei einer vertikalen Schlauchbeutelmaschine mit vakuumunterstütztem Riemenabzug (Mittelwert und Vertrauensbereich für $\alpha = 0{,}05$)

Überraschend ist, daß eine Steigerung der Maschinenausbringung nicht unbedingt zu größeren Abzugskräften führt. Vielmehr konnte bei konstanter Riemengeschwindigkeit eine Abnahme der Abzugskräfte sowohl beim PET/Al/PE-Verbund als auch bei der $BOPP_{met}$-Folie festgestellt werden. Bei der aluminiumkaschierten Verbundfolie sank die Abzugskraft beim Steigern der Maschinenausbringung von 30 auf 90 Beutel/min (v = 1,0 m/s) von (198 ± 13) auf (168 ± 14) N. Erst bei einer Ausbringung von 101 Beutel/min war ein Anstieg der Abzugskräfte zu beobachten.

Bei der $BOPP_{met}$-Folie ist tendentiell ebenfalls eine geringe Abnahme der Abzugskräfte zu beobachten. Die Abnahme ist hier bei einer Riemengeschwindigkeit von 0,5 m/s deutlicher ausgeprägt als bei einer Riemengeschwindigkeit von 1,0 m/s. Die Ursachen für dieses unerwartete Verhalten sind nicht zu klären. Vermutlich beeinflußt die Zeitdauer zwischen Packstoffabzug und Siegelung die Abzugskräfte. Diese Zeitdauer wird bei größer werdender Maschinenausbringung und gleichbleibender Siegeldauer immer kürzer.

Die Zahlenwerte des in Bild 7.5 dargestellten Zusammenhangs sind tabellarisch im Anhang zusammengefaßt (Tabelle A.2).

Vergleicht man die mit den unterschiedlichen Riemenabzugssystemen ausgestatteten Schlauchbeutelmaschinen hinsichtlich der während des Packstofftransportes auftretenden Abzugskräfte, so wurden bei gleicher Ausbringung bei der mit vakuumunterstütztem Riemen bis auf wenige Ausnahmen die größeren Kräfte gemessen. Besonders ausgeprägt sind die Unterschiede bei kleinen Ausbringungen. Beispielsweise betrug die Abzugskraft bei der $BOPP_{met}$-Folie, gemessen mit einer Ausbringung von 30 Beutel/min, in der Maschine 1 (52 ± 7) N und in der Maschine 2 (83 ± 6) N (v = 0,5 m/s) bzw. (124 ± 5) N (v = 1,0 m/s). Bei einer Ausbringung von 90 Beutel/min wurde für die Maschine 1 eine Abzugskraft von (148 ± 21) N, für die Maschine 2 von (130 ± 8) N (v = 1,0 m/s) festgestellt.

7.2.3 Messungen bei Zangenabzug

Für die Messungen der Abzugskräfte mit Maschine 3 wurde als Signalquelle ausschließlich der induktive Wegaufnehmer verwendet. Die Einstellungen des Meßsystems wurden gegenüber den bisherigen Messungen unverändert beibehalten. Als Packstoffe wurden für die Versuche der aluminiumkaschierte PET/PE-Verbund und die aluminiumbedampfte BOPP-Folie eingesetzt. Die Maschinenausbringung variierte zwischen 30 und 90 Beutel/min.

Der induktive Wegaufnehmer wurde für die Messungen an der Oberseite der Formschulterhalterung in unmittelbarer Nähe des Formatrohres ausgerichtet. Während der Messungen vergrößerte sich somit der Luftspalt zwischen Aufnehmer und Halterung. Als Stativ für den Wegaufnehmer diente ein Gewindestab, der am Maschinengehäuse direkt über der Formschulter angeschraubt wurde.

Bild 7.6 zeigt den Ausschnitt eines Meßprotokolls, das für den Packstoff $BOPP_{met}$ bei einer Maschinenausbringung von 30 Beutel/min aufgezeichnet wurde. Ein Arbeitstakt beginnt mit dem Schließen der Quersiegelbacken und dem Folienabzug durch die Abwärtsbewegung dieser Siegelbacken. Dieser Vorgang dauert rund 1 s. Danach werden die Quersiegelbacken geöffnet und in ihre Ausgangsposition zurückgefahren. Nach 200 ms beginnt die Längssiegelung. Diese dauert 630 ms und wird durch negative Abzugskräfte angezeigt. Die negativen Kräfte entstehen durch das Drücken der Längssiegelbacken gegen das Formatrohr, wobei dieses sich verwindet. 170 ms nach Anfertigung der Längssiegelnaht beginnt der nächste Arbeitstakt. Weitere Ausschnitte aus Meßprotokollen sind im Anhang zu dieser Arbeit dargestellt (Bild A.9 bis A.13).

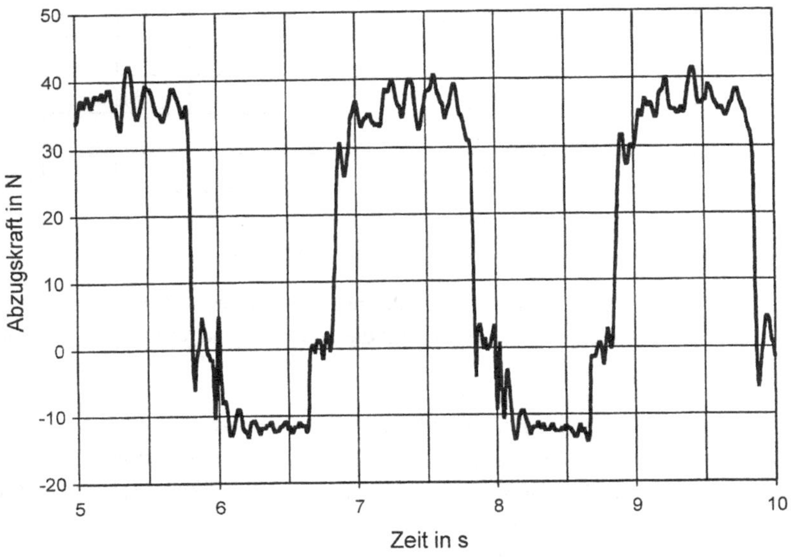

Bild 7.6. Zeitlicher Verlauf der Abzugskraft bei einer vertikalen Schlauchbeutelmaschine mit Zangenabzug (Packstoff: $BOPP_{met}$, Ausbringung: 30 Beutel/min)

Die bei den unterschiedlichen Maschinenausbringungen zum Herstellen von Schlauchbeuteln aus der $BOPP_{met}$-Folie und der PET/Al/PE-Verbundfolie gemessenen Abzugskräfte sind in Bild 7.7 zusammengefaßt. Die Ergebnisse zeigen, daß die Abzugskräfte bei dieser Schlauchbeutelmaschine kaum von den verwendeten Packstoffen abhängen. Die Dicke und Biegesteifigkeit der Packstoffe scheint von untergeordneter Bedeutung zu sein. Deutlich zu erkennen ist die Zunahme der Vertrauensbereiche für die Mittelwerte bei steigender Maschinenausbringung. Die Zahlenwerte sind in Tabelle A.3 im Anhang zusammengefaßt.

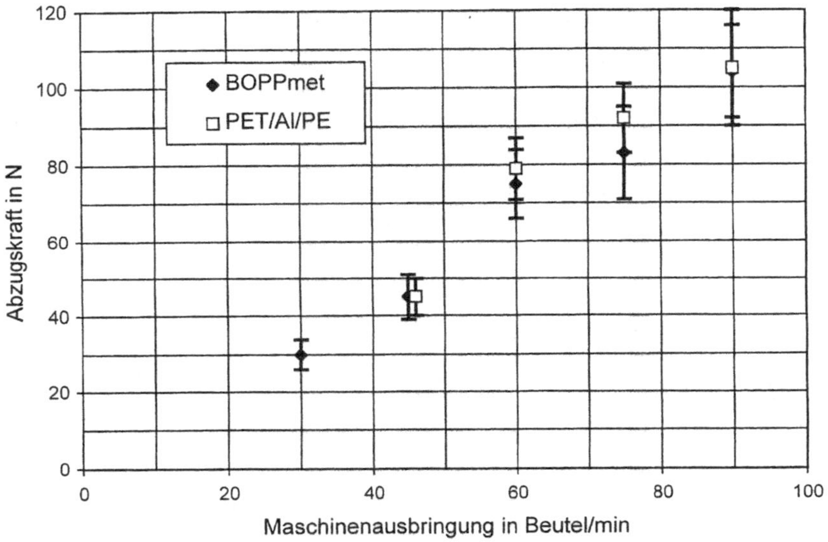

Bild 7.7. Abzugskraft als Funktion der Maschinenausbringung bei einer vertikalen Schlauchbeutelmaschine mit Zangenabzug (Mittelwert und Vertrauensbereich für $\alpha = 0{,}05$)

Die Abzugskräfte, die bei dieser Schlauchbeutelmaschine mit Zangenabzug gefunden wurden, sind bei gleicher Maschinenausbringung stets kleiner als die bei den zwei mit Riemenabzug ausgestatteten Maschinen. Bei der aluminiumbedampften BOPP-Folie wurde beispielsweise bei einer Ausbringung von 30 Beutel/min eine Abzugskraft von (30 ± 4) N, bei 90 Beutel/min von (104 ± 12) N gefunden. Bei vergleichbaren Produktionsbedingungen betrugen die Abzugskräfte in der Maschine 1 (52 ± 7) N bzw. (148 ± 21) N. In der Maschine 2 betrugen die Abzugskräfte bei einer Ausbringung von 30 Beutel/min (83 ± 6) N für v = 0,5 m/s bzw. (124 ± 5) N für v = 1,0 m/s und (130 ± 8) N bei 90 Beutel/min.

7.3 Barriereeigenschaften vakuumbedampfter Packstoffe

Die aluminiumbedampften Kunststoffolien wurden vor und nach der Verarbeitung zu Schlauchbeuteln auf ihre Sauerstoff- und Wasserdampfdurchlässigkeit untersucht. Ebenfalls bestimmt wurde die Veränderung der Strahlungsdurchlässigkeit durch die beim maschinellen Verarbeiten auftretenden Belastungen.

7.3.1 Sauerstoffdurchlässigkeit

Die Sauerstoffdurchlässigkeit wurde an flächigen Proben bestimmt, die aus den während der Maschinenversuche hergestellten Schlauchbeuteln geschnitten wurden. Die Messungen erfolgten mit sauerstoffspezifischen Sensoren (elektrochemische bzw. Zirkoniumoxid-Analysatoren) bei 23 °C. Die relative Feuchte der Prüf- und Trägergase betrug, bedingt durch den Einsatz unterschiedlicher Meßgeräte, entweder 0 % (Zirkoniumoxid-Analysator und Mocon Oxtran 2/20) oder 50 % (Mocon Oxtran 100 A und Twin). Bei den verwendeten Kunststoffolien ist der Einfluß der relativen Feuchte auf die Gasdurchlässigkeit vernachlässigbar klein. Die O_2-Partialdruckdifferenz entsprach dem Luftdruck. Die Meßergebnisse werden, für eine bessere Vergleichbarkeit, auf eine O_2-Partialdruckdifferenz von 1 bar bezogen.

Sauerstoffdurchlässigkeit einer aluminiumbedampften BOPP-Folie

Die aluminiumbedampfte BOPP-Folie wurde auf allen zur Verfügung stehenden Schlauchbeutelmaschinen zu Beuteln verarbeitet. Diese Folie besaß vor dem Verarbeiten eine Sauerstoffdurchlässigkeit von (110 ± 20) ml/(m²·d·bar). Bild 7.8 stellt die Sauerstoffdurchlässigkeit der aluminiumbedampften BOPP-Folie als Funktion der Maschinenausbringung dar. Die Zahlenwerte sind in tabellarischer Form im Anhang (Tabelle A.4) zusammengestellt. Die in der Legende verwendeten Geschwindigkeiten bei der Maschine 2 beziehen sich auf die Geschwindigkeit der ständig umlaufenden Riemen.

Bereits bei sehr kleinen Maschinenausbringungen von 30 Beutel/min ist ein deutlicher Verlust der Barriereeigenschaften der aluminiumbedampften BOPP-Folie festzustellen. Die Zunahme der Durchlässigkeit hängt dabei ganz deutlich von der verwendeten Schlauchbeutelmaschine ab. Die geringste Zunahme bei dieser Ausbringung wurde in der Maschine 1 (Faktor 4,4), die größte Zunahme in der Maschine 2 (Faktor 14,5) festgestellt. Ebenfalls deutlich wird der Einfluß der Riemengeschwindigkeit bei dieser Maschine.

Nach dem zunächst deutlichen Verlust der Barriereeigenschaften führt eine weitere Erhöhung der Ausbringung zu maschinentypischen Veränderungen bei der Sauerstoffdurchlässigkeit. Bei Maschine 1 läßt sich eine weitere Verschlechterung der Barriereeigenschaften der $BOPP_{met}$-Folie beobachten. Die Sauerstoffdurchlässigkeit erhöht sich bei einer Ausbringung von 90 Beutel/min auf (845 ± 190) ml/(m²·d·bar). Dies entspricht einem Anstieg um das 7,7fache im Vergleich zu der unverarbeiteten Folie. Bei Maschine 3 ist der Einfluß der Maschinenausbringung auf die Sauerstoffdurchlässigkeit gering. Diese steigt von (1000 ± 40) ml/(m²·d·bar) bei einer Ausbringung von 30 Beutel/min auf (1135 ± 40) ml/(m²·d·bar) bei 90 Beutel/min. Im Vergleich zur unverarbeiteten Folie entspricht dies einer Zunahme der Sauerstoffdurchlässigkeit um den Faktor 9,1 beziehungsweise 10,3.

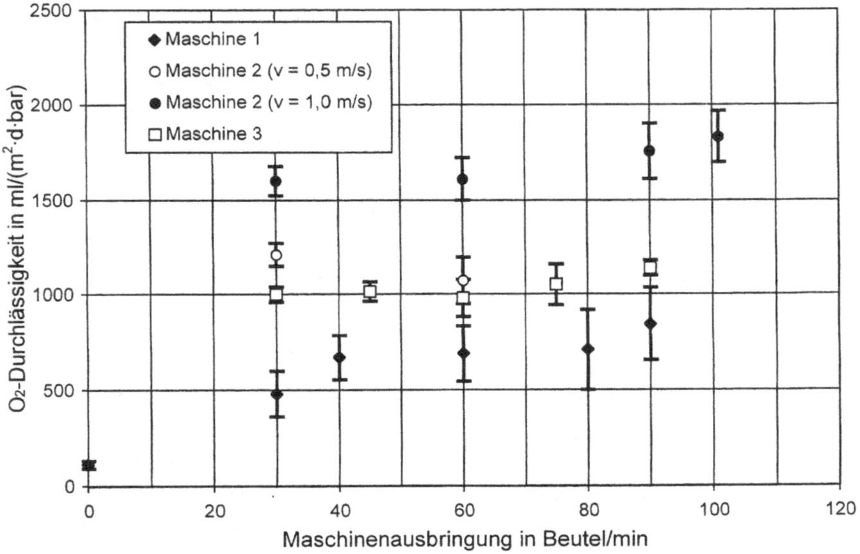

Bild 7.8. Sauerstoffdurchlässigkeit einer aluminiumbedampften BOPP-Folie als Funktion der Maschinenausbringung bei vertikalen Schlauchbeutelmaschinen (Mittelwert und Vertrauensbereich für $\alpha = 0{,}05$)

Interessant ist, daß die Sauerstoffdurchlässigkeit bei der Maschine 2 bei einer Erhöhung der Maschinenausbringung von 30 Beutel/min auf 60 Beutel/min abnimmt (Riemengeschwindigkeit: 0,5 m/s). Die Sauerstoffdurchlässigkeit beträgt (1205 ± 60) ml/($m^2 \cdot d \cdot bar$) bei 30 Beutel/min und (1070 ± 120) ml/($m^2 \cdot d \cdot bar$) bei 60 Beutel/min, wobei sich die Vertrauensbereiche überschneiden. Bei der höheren Riemengeschwindigkeit von 1 m/s ist hingegen eine weitere Zunahme der Sauerstoffdurchlässigkeit mit steigender Maschinenausbringung festzustellen. Deutlich verschlechtern sich die Barriereeigenschaften dabei bei großen Maschinenausbringungen. Mit (1830 ± 135) ml/($m^2 \cdot d \cdot bar$) wurden bei einer Ausbringung von 101 Beutel/min die größten Sauerstoffdurchlässigkeiten aller durchgeführten Maschinenversuche gefunden.

Würde man für die in den Maschinenversuchen gefundene Abhängigkeit der Sauerstoffdurchlässigkeit von der Maschinenausbringung eine lineare Regressionsanalyse durchführen und mit den ermittelten Parametern auf eine Maschinenausbringung von 0 Beutel/min extrapolieren, ergäben sich deutliche Abweichungen von der an der unbelasteten Folie gemessenen Sauerstoffdurchlässigkeit.

In Bild 7.9 wurde die Sauerstoffdurchlässigkeit als Funktion der Abzugskraft für die Schlauchbeutelmaschinen mit Riemenabzug (Maschinen 1und 2) aufgetragen. Die bei den unterschiedlichen Ausbringungen bestimmten Abzugskräfte als Funktion der Sauerstoffdurchlässigkeit wurden, getrennt nach Maschine, einer linearen Regressionsanalyse unterzogen. Die Ausgleichsgeraden sind als durchgezogene Linien dargestellt. Die gestrichelt eingezeichneten Linien zeigen, daß sich diese Ausgleichsgerade sehr gut auf die für die unbelastete Folie gefundene Sauerstoffdurchlässigkeit extrapolieren lassen. Bei der Maschine 1 beträgt $r^2 = 0{,}9309$, bei der Maschine 2 $r^2 = 0{,}8728$.

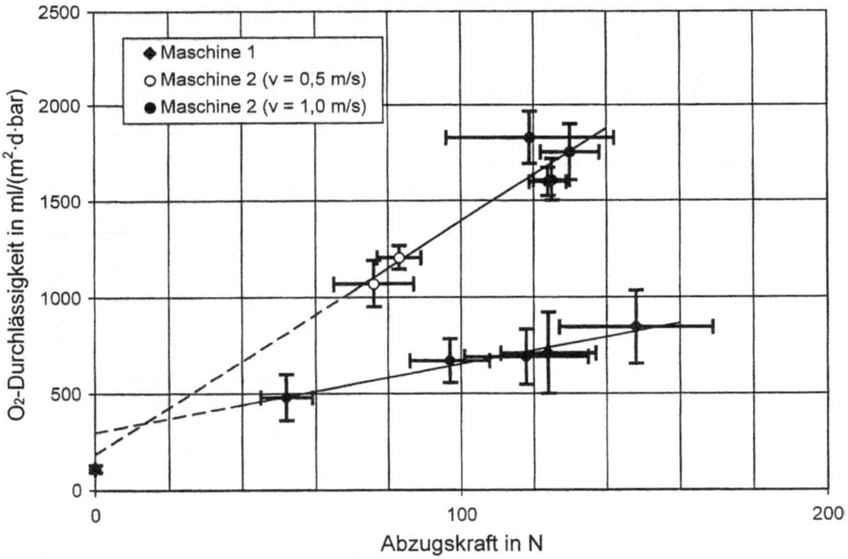

Bild 7.9. Sauerstoffdurchlässigkeit einer aluminiumbedampften BOPP-Folie als Funktion der Abzugskraft bei vertikalen Schlauchbeutelmaschinen mit Riemenabzug (Mittelwert und Vertrauensbereich für $\alpha = 0{,}05$)

Bild 7.9 zeigt deutlich, daß gleiche Abzugskräfte bei verschiedenen Schlauchbeutelmaschinen deutlich unterschiedliche Veränderungen der Barriereeigenschaften bedingen. Bei den zur Verfügung stehenden Maschinen werden diese Veränderungen um so deutlicher, je größer die Maschinenausbringung wird. Damit wird deutlich, wie schwierig es sein wird, durch Untersuchungen im Labormaßstab Aussagen über das Verhalten eines Packstoffs unter Produktionsbedingungen zu machen.

Im Gegensatz zur Auftragung der Sauerstoffdurchlässigkeit als Funktion der Maschinenausbringung wird die Sauerstoffdurchlässigkeit grundsätzlich mit der Steigerung der Abzugskraft größer. Die bei der Maschine 2 gemachte Beobachtung, daß die Sauerstoffdurchlässigkeit mit zunehmender Maschinenausbringung abnimmt, deckt sich mit den Abzugskraftmessungen, wo mit (76 ± 11) N bei der größeren Ausbringung von 60 Beutel/min eine kleinere Kraft gemessen wurde als mit (83 ± 6) N bei 30 Beutel/min. Die Auftragung in Bild 7.9 macht deutlich, daß die Sauerstoffdurchlässigkeit der aluminiumbedampften BOPP-Folie bei dieser Maschine viel stärker durch die Riemengeschwindigkeit der umlaufenden Abzugsriemen als durch die Ausbringung beeinflußt wird.

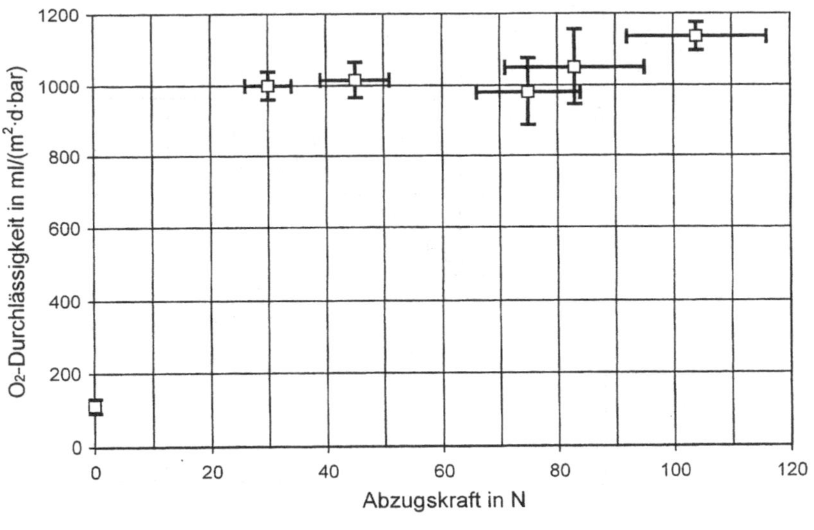

Bild 7.10. Sauerstoffdurchlässigkeit einer aluminiumbedampften BOPP-Folie als Funktion der Abzugskraft in einer vertikalen Schlauchbeutelmaschinen mit Zangenabzug (Mittelwert und Vertrauensbereich für $\alpha = 0{,}05$)

In Bild 7.10 wurde die Abhängigkeit der Sauerstoffdurchlässigkeit von der Abzugskraft bei der Maschine 3 aufgetragen. Es zeigt sich, daß die Abzugskraft keinen merklichen Einfluß auf die Veränderung der Sauerstoffdurchlässigkeit hat. Bei gleicher Ausbringung wurde bei Maschine 3 im Vergleich zu den Maschinen 1 und 2 immer die niedrigste Abzugskraft gemessen. Anscheinend sind die sehr niedrigen Abzugskräfte zum Zerstören der Aluminiumschicht ausreichend. Der Anstieg der Abzugskräfte mit steigender Maschinenausbringung ist auf die Verkürzung des für den Packstofftransport zur Verfügung stehenden Zeitraums zurückzuführen.

Sauerstoffdurchlässigkeit einer BOPP-Folie

Für die Untersuchungen stand eine BOPP-Folie zur Verfügung, die sich von der zuvor beschriebenen aluminiumbedampften BOPP-Folie nur durch die fehlende Aluminiumschicht und die Foliendicke unterschied. Auch aus dieser Folie wurden Schlauchbeutel hergestellt. Die Ergebnisse dieser Untersuchungen sind in der Tabelle A.6 im Anhang zusammengefaßt. Ein Einfluß der Maschinenausbringung auf die Sauerstoffdurchlässigkeit ist nicht feststellbar. Zwar steigen die Mittelwerte der Sauerstoffdurchlässigkeit mit zunehmender Maschinenausbringung an, doch sind die Vertrauensbereiche der Mittelwerte so groß, daß mit statistischen Methoden kein Unterschied zwischen den Mittelwerten festgestellt werden kann.

Für die unbelastete 20 µm dicke BOPP-Folie wurde bei 23 °C eine Sauerstoffdurchlässigkeit von (1850 ± 355) $ml/(m^2 \cdot d \cdot bar)$ ermittelt. Bei einer Foliendicke von 15 µm würde die Sauerstoffdurchlässigkeit somit rund 2500 $ml/(m^2 \cdot d \cdot bar)$ betragen. Zum Vergleich wurden bei der größten Belastung der aluminiumbedampften BOPP-Folie bereits eine Sauerstoffdurchlässigkeit von (1830 ± 135) $ml/(m^2 \cdot d \cdot bar)$ gemessen. Die aufgedampfte Aluminiumschicht weist nach dem maschinellen Verarbeiten Kratzer auf. Trotzdem wirkt die Aluminiumschicht nahezu intakt. Durchlässigkeitswerte bei der aluminiumbedampften BOPP-Folie, die in der gleichen Größenordnung wie die der unbedampften Trägerfolie liegen, waren nicht zu erwarten.

Sauerstoffdurchlässigkeit eines PET_{met}/PE-Verbundes

Vergleichbare Untersuchungen wurden mit dem PET_{met}/PE-Verbund in der Maschine 1 durchgeführt. Die Ergebnisse sind in den Bildern 7.11 und 7.12 dargestellt (siehe auch Tabelle A.7 im Anhang). Auf die ebenfalls aufgetragene Wasserdampfdurchlässigkeit wird später eingegangen. Auch bei dieser Verbundfolie mit wesentlich besseren Barriereeigenschaften ist eine Erhöhung der Sauerstoffdurchlässigkeit mit steigender Maschinenausbringung feststellbar. Die Sauerstoffdurchlässigkeit der unbelasteten Folie beträgt (0,45 ± 0,05) $ml/(m^2 \cdot d \cdot bar)$. Bei einer Maschinenausbringung von 90 Beutel/min wurde ein Anstieg der Sauerstoffdurchlässigkeit auf (0,72 ± 0,08) $ml/(m^2 \cdot d \cdot bar)$ festgestellt. Gründe für den wesentlich niedrigeren Anstieg sind im verbesserten Schutz der Aluminiumschicht durch die 75 µm dicke PE-Schicht und in der größeren Gesamtdicke der Verbundfolie zu sehen. Bei der zuvor beschriebenen $BOPP_{met}$-Folie wird die Aluminiumschicht nur durch eine wenige Mikrometer dicke Siegellackschicht geschützt.

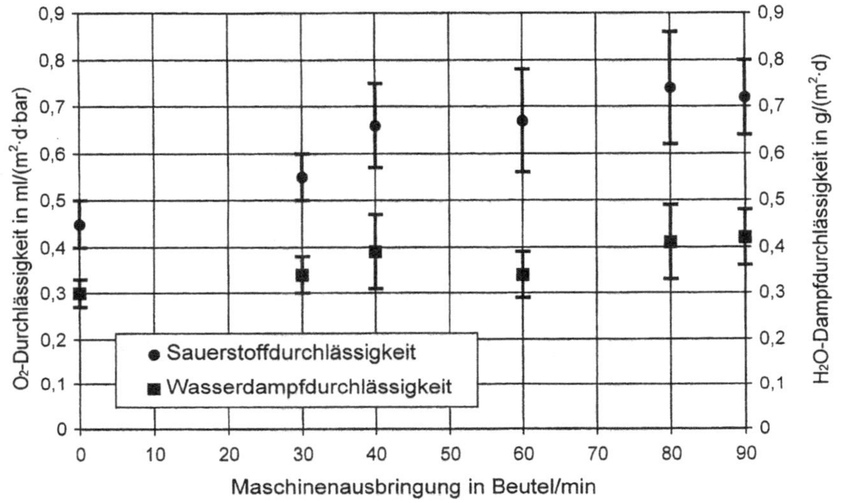

Bild 7.11. Sauerstoff- und Wasserdampfdurchlässigkeit eines PET_{met}/PE-Verbundes als Funktion der Ausbringung bei einer vertikalen Schlauchbeutelmaschine mit Riemenabzug (Mittelwert und Vertrauensbereich für $\alpha = 0{,}05$)

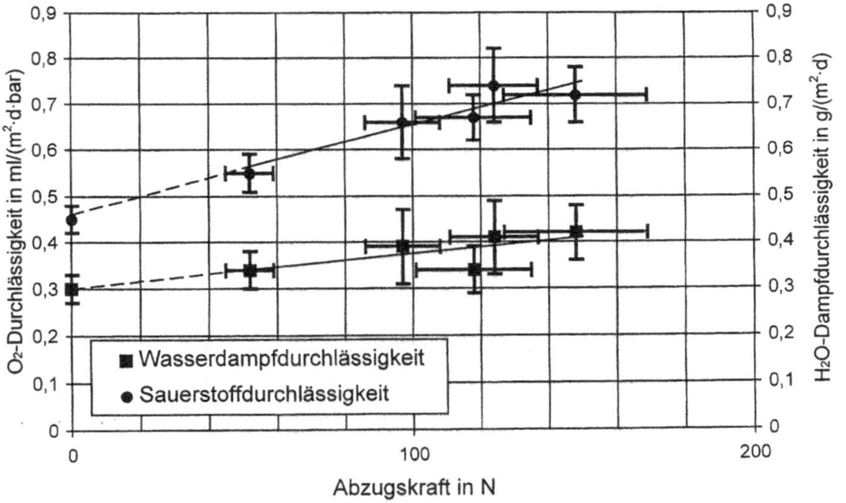

Bild 7.12. Sauerstoff- und Wasserdampfdurchlässigkeit eines PET_{met}/PE-Verbundes als Funktion der Abzugskräfte bei einer vertikalen Schlauchbeutelmaschine mit Riemenabzug (Mittelwert und Vertrauensbereich für $\alpha = 0{,}05$)

Auch bei dieser Verbundfolie läßt sich beim Auftragen der Sauerstoffdurchlässigkeit als Funktion der Abzugskraft eine Ausgleichsgerade ($r^2 = 0{,}8721$) berechnen, die sich sehr gut auf die Durchlässigkeit der unbelasteten Probe extrapolieren läßt.

7.3.2 Ortsabhängigkeit der Sauerstoffdurchlässigkeit

Die im vorhergegangenen Abschnitt beschriebenen Ergebnisse zeigen, daß die Sauerstoffdurchlässigkeit aluminiumbedampfter Kunststoffolien mit steigender Maschinenausbringung größer wird. Der Anstieg ist ausschließlich auf Beschädigungen in der Aluminiumschicht zurückzuführen. Um festzustellen, in welchen Bereichen der Schlauchbeutel Beschädigungen besonders häufig vorkommen, wurden jeweils fünf Schlauchbeutel, die bei Maschinenausbringungen von 30, 60 und 90 Beutel/min aus der aluminiumbedampften BOPP-Folie hergestellt wurden, in fünf gleichbreite Streifen zerschnitten. Abweichend von den im vorherigen Abschnitt beschriebenen Versuchen, wurde in dieser Versuchsreihe ein Zirkonium-Analysator mit einer Meßzelle in Form eines Langloches (Probenfläche 50 cm^2) verwendet. Die für die Prüfung der Sauerstoffdurchlässigkeit zur Verfügung stehende Breite der Meßzelle beträgt 3,5 cm.

Der Beutel wurde an der Längsnaht aufgeschnitten und dann in Längsstreifen zerteilt. Dabei stoßen Streifen A und E an der nicht mitgemessenen Längssiegelnaht aneinander, Streifen B und D enthalten die Bereiche des Beutelrands. Streifen C deckt den der Längssiegelnaht gegenüberliegenden Bereich der Schlauchbeutel ab (Packstoffbahnmitte). Dieser Streifen weist bei allen Proben deutliche Knitterspuren auf, die beim Ziehen über die Formschulter der Maschine entstehen.

Die Ergebnisse der Sauerstoffdurchlässigkeitsmessungen sind in Bild 7.13 dargestellt. Die Sauerstoffdurchlässigkeit der untersuchten $BOPP_{met}$-Folie steigt in allen Bereichen der Verpackung mit zunehmender Maschinenausbringung gleichförmig an. Die erhöhte Ausbringung führt dabei nicht zu einem überproportional großen Anstieg der Sauerstoffdurchlässigkeit in bestimmten Bereichen der Schlauchbeutel. Besonders große Belastungen der Kunststoffolien und damit Veränderungen in den Barriereeigenschaften sind im Bereich der Seitenfalten (Streifen B und D) und des Streifens C zu erwarten. Bei den Seitenfalten kann die Knickbeanspruchung der Kunststoffolie zu erhöhten Sauerstoffdurchlässigkeiten führen. In der Mitte des Streifens C besitzt die Umformhöhe der Formschulter ihren maximalen Wert. Während des Packstofftransportes über die Formschulter bildet sich eine Spannungsverteilung über die Packstoffbahn aus. Die größte Spannung ergibt sich dabei in der Bahnmitte [45].

Die größten Sauerstoffdurchlässigkeiten wurden bei Maschinenausbringungen von 30 bzw. 60 Beutel/min im Streifen B mit (580 ± 78) und (926 ± 94) $ml/(m^2 \cdot d \cdot bar)$, bei 90 Beutel/min mit (1015 ± 97) $ml/(m^2 \cdot d \cdot bar)$ im Streifen C ermittelt. Die Vertrauensbereiche sind dabei so groß, daß mit statistischen Mitteln kein Unterschied zwischen den Mittelwerten der Sauerstoffdurchlässigkeit in diesen Streifen festgestellt werden kann. Gute Übereinstimmung bei der Sauerstoffdurchlässigkeit konnte bei den an die Längssiegelnaht anschließenden Streifen A und E festgestellt werden. In diesen Bereichen beträgt die Sauerstoffdurchlässigkeit rund 90 % der maximal ermittelten Sauerstoffdurchlässigkeit. Die kleinste Sauerstoffdurchlässigkeit wurde jeweils im Streifen D gemessen. Worauf die Unterschiede in der Sauerstoffdurchlässigkeit zwischen den Streifen B und D zurückzuführen sind, ist nicht klar. Aus Symmetriegründen wäre auch hier eine Übereinstimmung der Meßergebnisse zu erwarten gewesen.

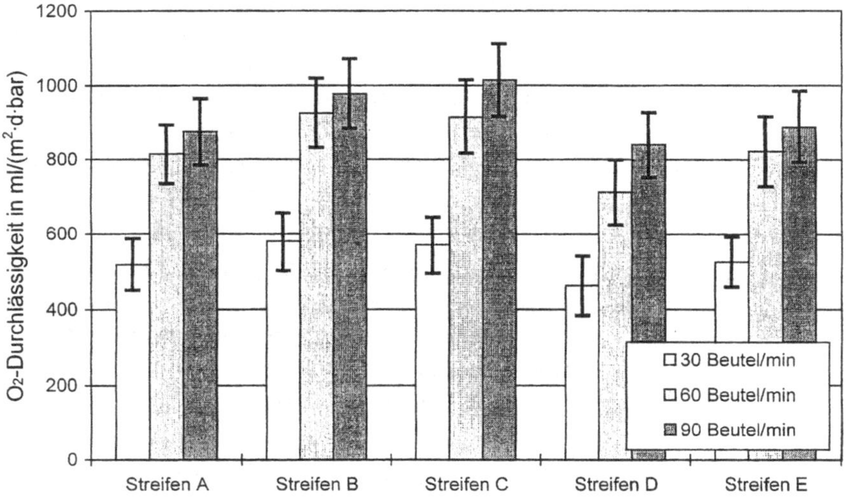

Bild 7.13. Zonen unterschiedlicher Belastung bei Schlauchbeuteln aus einer aluminiumbedampften BOPP-Folie (Mittelwert und Vertrauensbereich für $\alpha = 0{,}05$)

Grundsätzlich zeigt sich, daß die Veränderungen in der Sauerstoffdurchlässigkeit vakuumbedampfter Kunststoffolien durch das Formen von Schlauchbeuteln mit der Formschulter beeinflußt werden. Die Sauerstoffdurchlässigkeit ist ortsabhängig. Zwischen der maximalen und der minimalen Sauerstoffdurchlässigkeit eines Schlauchbeutels ergibt sich, unabhängig von der Maschinenausbringung, eine Differenz von rund 20 %. Diese Differenz ist aber im Vergleich zum Einfluß der Maschinenausbringung oder der Abzugskraft auf die O_2-Durchlässigkeit klein. Für die Veränderung der Barriereeigenschaften spielt die Packmittelformung im Vergleich zum Packstofftransport eine untergeordnete Rolle. Ansonsten hätte die Differenz zwischen maximaler und minimaler O_2-Durchlässigkeit mit steigender Ausbringung größer werden müssen.

Alle Meßergebnisse dieser Untersuchungen sind als Zahlenwerte in Tabelle A.8 des Anhangs zusammengefaßt.

7.3.3 Wasserdampfdurchlässigkeit

Die Wasserdampfdurchlässigkeit wurde an flächigen, kreisrunden Packstoffproben mit einer Probenfläche von 50 cm^2 bestimmt, die aus den während der Maschinenversuche hergestellten Schlauchbeuteln geschnitten wurden. Die Messungen erfolgten mit einem wasserdampfspezifischen Infrarot-Sensor bei 23 °C und bei einem Feuchtegefälle von 100 %. Bild 7.14 zeigt die Wasserdampfdurchlässigkeit als Funktion der Maschinenausbringung bei drei unterschiedlichen Schlauchbeutelmaschinen.

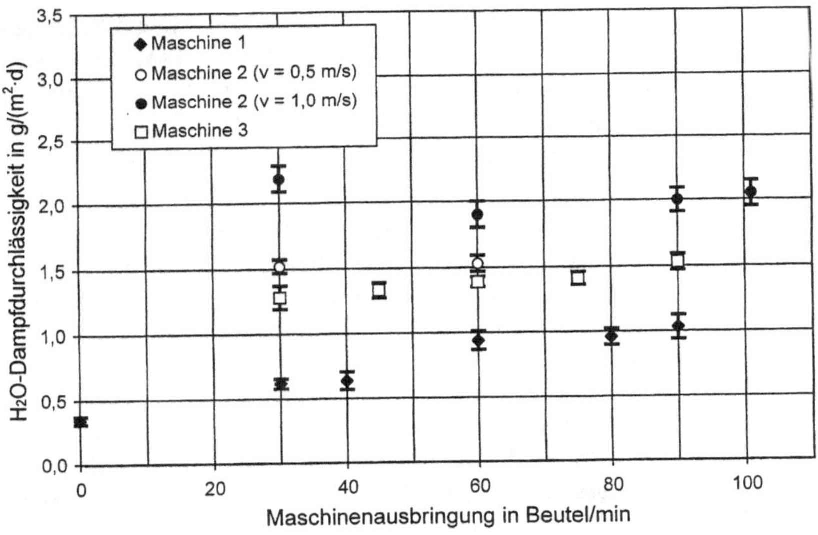

Bild 7.14. Wasserdampfdurchlässigkeit einer aluminiumbedampften BOPP-Folie als Funktion der Ausbringung bei vertikalen Schlauchbeutelmaschinen (Mittelwert und Vertrauensbereich für $\alpha = 0,05$)

Die Wasserdampfdurchlässigkeit der unbelasteten aluminiumbedampften BOPP-Folie betrug (0,34 ± 0,03) g/(m^2·d). Bereits bei sehr kleinen Maschinenausbringungen von 30 Beutel/min stieg die Wasserdampfdurchlässigkeit deutlich an. Die niedrigsten Durchlässigkeitswerte bei gleicher Ausbringung, aber unterschiedlichen Maschinen, wurde jeweils bei Maschine 1 festgestellt. Die bei einer Ausbringung von 90 Beutel/min gemessene maximale Wasserdampfdurchlässigkeit betrug bei dieser Maschine (1,03 ± 0,09) g/(m^2·d) und war somit 3mal so groß wie die der unbelasteten Folie. Im Vergleich dazu betrug die Zunahme der Sauerstoffdurchlässigkeit bei gleicher Ausbringung das 7,7fache des Ausgangswertes.

Auch bei den Maschinen 2 und 3 stieg die Wasserdampfdurchlässigkeit als Funktion der Ausbringung langsamer an als die Sauerstoffdurchlässigkeit (siehe Bild 7.8). Bei der Maschine 2 wurde die größte Wasserdampfdurchlässigkeit bei einer Ausbringung von 101 Beutel/min und einer Riemengeschwindigkeit von 1 m/s ermittelt. Sie betrug (2,05 ± 0,10) g/(m^2·d), was einer Zunahme um das 6fache des Ausgangswertes entspricht. Die in der Maschine 3 bei einer Ausbringung von 90 Beutel/min gemessene Wasserdampfdurchlässigkeit betrug (1,53 ± 0,06) g/(m^2·d). Sie war 4,5mal größer als bei der unbelasteten Folie. Im Vergleich dazu betrug die Zunahme der Sauerstoffdurchlässigkeit das 17- bzw. 10fache. Alle Ergebnisse der Wasserdampfdurchlässigkeitsmessungen sind ebenfalls in Tabelle A.5 des Anhangs zusammengefaßt.

Die im Vergleich zur Sauerstoffdurchlässigkeit bei größer werdenden Ausbringungen grundsätzlich niedriger ausfallende Zunahme der Wasserdampfdurchlässigkeit läßt sich mit dem hydrophoben Charakter der Trägerfolie (BOPP) und den schlechten Barriereeigenschaften gegenüber Gasen erklären. Die Barrierewirkung der aufgedampften Aluminiumschicht wird somit ganz deutlich von den Barriereeigenschaften der verwendeten Trägerfolie bestimmt.

Die Abhängigkeit der Wasserdampfdurchlässigkeit eines aluminiumbedampften PET/PE-Verbundes als Funktion der Ausbringung in Maschine 1 wurde bereits in Bild 7.11 dargestellt. Die Wasserdampfdurchlässigkeit des unbelasteten Folienverbundes betrug (0,30 ± 0,03) g/(m^2·d) und stieg bei einer Maschinenausbringung von 90 Beutel/min auf (0,42 ± 0,06) g/(m^2·d), was einer Zunahme um das 1,4fache entspricht. Bei der Sauerstoffdurchlässigkeit betrug die Zunahme bei vergleichbaren Bedingungen das 1,6fache. Auch hier wird deutlich, daß die Trägerfolie die Veränderung der Barriereeigenschaften während des maschinellen Verarbeitens beeinflußt. Im Gegensatz zu der BOPP-Folie wurden bei diesem Folienverbund Kunststoffe mit unterschiedlichen Barriereeigenschaften kombiniert. Für die niedrige Sauerstoffdurchlässigkeit verantwortlich ist die aluminiumbedampfte PET-Schicht, für die niedrige Wasserdampfdurchlässigkeit die PE-Lage.

In Bild 7.15 wurde wiederum die Abhängigkeit der Wasserdampfdurchlässigkeit der aluminiumbedampften BOPP-Folie von der gemessenen Abzugskraft aufgetragen. Wie bei der Sauerstoffdurchlässigkeit läßt sich bei den untersuchten Schlauchbeutelmaschinen mit Riemenabzug ein linearer Zusammenhang feststellen. Die Korrelation ist sowohl mit $r^2 = 0,8353$ bei der Maschine 2 als auch mit $r^2 = 0,8658$ bei der Maschine 1 schlechter als bei der Sauerstoffdurchlässigkeit. Auch hier wird deutlich, daß gleich große Abzugskräfte bei unterschiedlichen Maschinen zu sehr unterschiedlichen Wasserdampfdurchlässigkeiten führen. Für den aluminiumbedampften PET/PE-Verbund wurde die Abhängigkeit der Wasserdampfdurchlässigkeit von der Abzugskraft in Bild 7.12 dargestellt ($r^2 = 0,7234$).

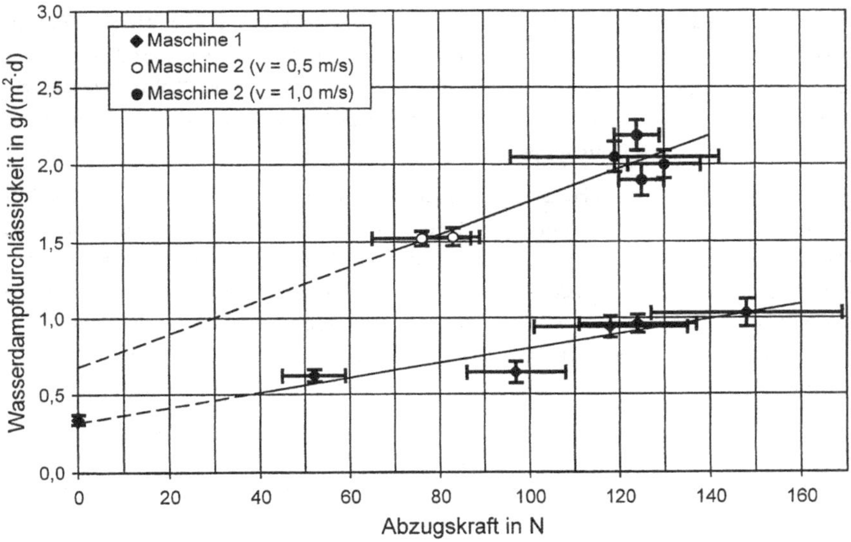

Bild 7.15. Wasserdampfdurchlässigkeit einer aluminiumbedampften BOPP-Folie als Funktion der Abzugskraft bei unterschiedlichen vertikalen Schlauchbeutelmaschinen (Mittelwert und Vertrauensbereich für $\alpha = 0{,}05$)

7.3.4 Strahlungsdurchlässigkeit

Die Strahlungsdurchlässigkeit wird verwendet, um bei vakuumbedampften Kunststoffolien sowohl die Schichtdicke des aufgedampften Aluminiums als auch ihre Barriereeigenschaften zu beurteilen. Es wurde daher geprüft, ob die Strahlungsdurchlässigkeit mit ausreichender Genauigkeit die Verschlechterung der Gas- und Wasserdampfbarriere während des maschinellen Verarbeitens beschreibt. Von Vorteil bei der Verwendung der Transmission als Prüfgröße ist die schnelle Durchführbarkeit der Messungen bei, im Vergleich zu den Permeationsmessungen, geringen Kosten.

Die Strahlungsdurchlässigkeit von Folienproben, die zunächst auf ihre Sauerstoffdurchlässigkeit untersucht worden waren, wurde mit einem Spektralphotometer im Wellenlängenbereich von 200 bis 900 nm bestimmt. Bild 7.16 zeigt beispielhaft Transmissionsspektren einer aluminiumbedampften BOPP-Folie nach deren Verarbeitung zu Beuteln in Maschine 1 (Ausbringung 80 Beutel/min). Die Sauerstoffdurchlässigkeit betrug (124 ± 13) ml/(m^2·d·bar). Die drei untersuchten Proben wurden aus demselben Bereich eines Schlauchbeutels entnommen. Es fällt auf, daß die Strahlungsdurchlässigkeit trotz der räumlichen Nähe bei der Probenahme, sehr stark schwankt. Der Kurvenverlauf der Transmissionsspektren verändert sich ebenfalls. Bei größeren Wellenlängen variiert die Transmission stärker als im kurzwelligeren Bereich. Proben mit einer kleineren Transmission besitzen im gemessenen Spektrum die maximale Transmission bei 242 nm. Ein zweites lokales Maximum, das besonders bei niedrigen Transmissionen hervortritt, befindet sich bei 213 nm. Bei Proben mit großen Transmissionswerten wird die maximale Transmission bei 850 nm festgestellt.

Bei der Wellenlänge 214 nm beträgt die Strahlungsdurchlässigkeit $(1{,}39 \pm 0{,}28)\ \%$. Der Variationskoeffizient ($s / \bar{x} \cdot 100\,\%$) nimmt in diesem lokalen Maximum seinen kleinsten Wert an. Dieser ist mit rund 20 % wesentlich größer als der für die Sauerstoffdurchlässigkeit (10 %). Eine Korrelation beider Prüfgrößen ist daher nicht sinnvoll. Bedingt werden die großen Streuungen durch die sehr kleine Probenfläche bei Transmissionsmessungen von etwa 1 cm^2. Bei den Messungen der Sauerstoff- und Wasserdampfdurchlässigkeit beträgt diese 100 oder 50 cm^2.

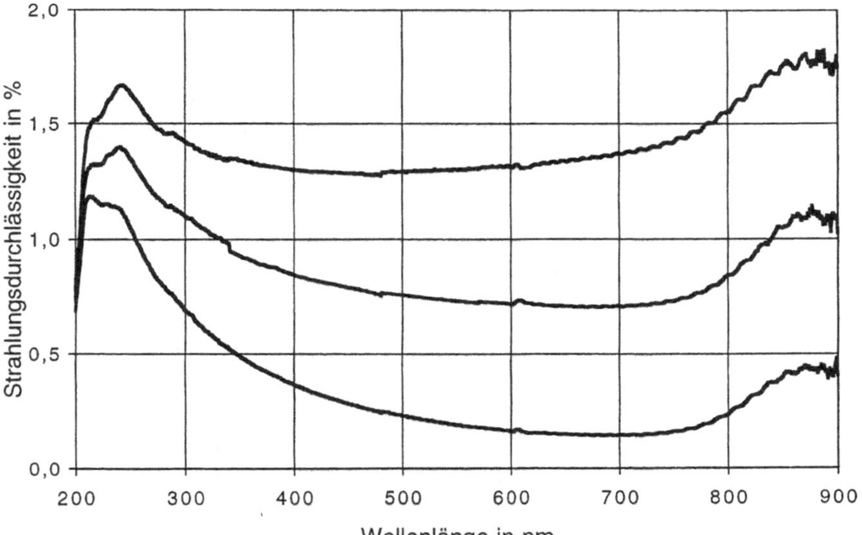

Bild 7.16. Schwankung der Transmissionspektren einer aluminiumbedampften BOPP-Folie (Schlauchbeutelmaschine mit Riemenabzug, Ausbringung: 80 Beutel/min)

Grundsätzlich deutet eine größere Transmission bei gleicher Wellenlänge auf eine größere Verletzung der aufgedampften Aluminiumschicht hin. Der geringere Anstieg der Transmission bei kurzwelliger Strahlung kann durch Wechselwirkungen zwischen dem Kunststoffpolymer und der auf den Packstoff auftreffenden Strahlung erklärt werden. Die Wechselwirkungen führen im UV-B- und UV-C-Bereich zu einer vollständigen Absorption der Strahlung durch den Kunststoff. Der Einfluß des aufgedampften Aluminiums auf die Strahlungsdurchlässigkeit ließe sich durch das Einspannen einer mit der Trägerfolie identischen, nicht aluminiumbedampften Probe in den Referenzstrahlengang des Spektralphotometers kompensieren. Da die identische Folie nicht zur Verfügung stand, wurde Luft als Referenz verwendet.

Transmissionsspektren von vakuumbedampften Kunststofffen besitzen den in den Bildern 5.6 und 7.16 dargestellten typischen Kurvenverlauf. Sie unterscheiden sich bei unterschiedlichen Trägerfolien nur unwesentlich. Auch eine Unterscheidung von verschiedenen Verpackungsmaschinen, welche die aluminiumbedampften Folien unterschiedlich stark belasten, ist nicht möglich. Um dies zu verdeutlichen, wurden die Transmissionsspektren der aluminiumbedampften BOPP-Folie bei gleicher Maschinenausbringung, aber unterschiedlichen Schlauchbeutelmaschinen, in Bild A14 dargestellt. Zur besseren Darstellung wurden dabei Proben ausgewählt, deren Spektren sich nicht überschnitten. Die Kurvenverläufe sind mit den bereits oben beschriebenen identisch.

Die Untersuchungen zur Strahlungsdurchlässigkeit zeigen, daß diese nur qualitativ geeignet sind, eine Schädigung der Metallschicht während des maschinellen Verarbeitens nachzuweisen. Eine Korrelation der Transmission bei einer bestimmten Wellenlänge bzw. der über einen Wellenlängenbereich gemittelten Strahlungsdurchlässigkeit mit der Sauerstoff- oder Wasserdampfdurchlässigkeit ist nicht sinnvoll.

7.4 Simulation der mechanischen Belastung

Zusätzlich zu den Maschinenversuchen wurden die zur Verfügung stehenden aluminiumbedampften Kunststoffolien drei verschiedenen mechanischen Prüfverfahren ausgesetzt. Ziel dieser Untersuchungen war es, bestehende Prüfverfahren auf ihre Eignung zur Vorhersage der Maschinengängigkeit aluminiumbedampfter Kunststoffolien zu untersuchen. Zwei dieser Prüfverfahren untersuchen dabei Packstoffeigenschaften, denen eine große Bedeutung für die Maschinengängigkeit zugerechnet wird. Diese Eigenschaften sind das Dehnverhalten und die Reibung. Als dritte Prüfgröße wurde die Knitterfestigkeit von Packstoffen gewählt. Die Knitterfestigkeit von Kunststoffen besitzt für deren Maschinengängigkeit auf Schlauchbeutelmaschinen keine Bedeutung, wird aber häufig als geeignete Meßmethode zum Nachweis veränderter Barriereeigenschaften beschrieben. Über Untersuchungen zur Dehnbarkeit und Knitterfestigkeit wurde im Abschnitt 4 berichtet.

7.4.1 Zugversuche

Während des maschinellen Verarbeitens von Kunststoffolien mit Schlauchbeutelmaschinen werden diese auf Zug beansprucht. Diese Zugbeanspruchung läßt sich in Anlehnung an die Norm DIN 53 455 durch definiertes Dehnen der Folie in einer Zugprüfmaschine durchführen. Nach der Relaxation der Folie wurde diese auf Sauerstoffdurchlässigkeit untersucht.

Aluminiumbedampfte BOPP-Folie

In Bild 7.17 ist die Sauerstoffdurchlässigkeit einer aluminiumbedampften BOPP-Folie bei unterschiedlicher Dehnung dargestellt. Im elastischen Bereich der Dehnung bis rund 3 % bleibt die Sauerstoffdurchlässigkeit praktisch unverändert. Eine deutliche Zunahme der Sauerstoffdurchlässigkeit ist ab einer Dehnung von etwa 3 bis rund 5 % zu erkennen. Danach steigt die Sauerstoffdurchlässigkeit langsamer an. Bei den Dehnungen von 5 und 6 % fällt auf, daß die Konfidenzintervalle im Vergleich zu denen der anderen Dehnungsstufen besonders groß sind.

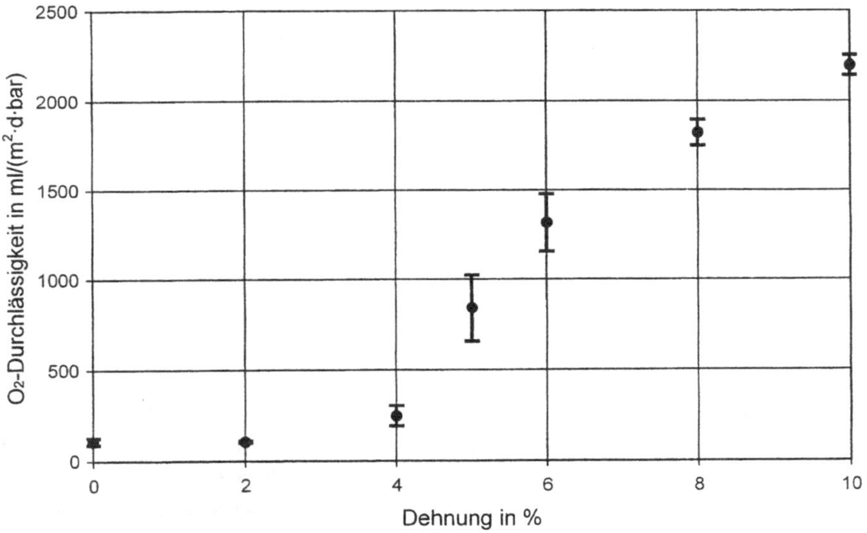

Bild 7.17. Sauerstoffdurchlässigkeit als Funktion der Packstoffdehnung bei einer aluminiumbedampften BOPP-Folie (Mittelwert und Vertrauensbereich für $\alpha = 0{,}05$)

Ein Vergleich der hier dargestellten Zunahme der Sauerstoffdurchlässigkeit mit dem in Bild 4.6 dargestellten Zusammenhang von Sauerstoffdurchlässigkeit und Dehnung einer aluminiumbedampften BOPP-Folie läßt auf folgendes Ergebnis schließen: Die Sauerstoffdurchlässigkeiten der ungedehnten Folien sind trotz unterschiedlicher Dicken der Trägerfolie vergleichbar. Die in der Literatur beschriebene aluminiumbedampfte Folie besaß bei einer Foliendicke von 20 µm eine Sauerstoffdurchlässigkeit von 96 ml/($m^2 \cdot d \cdot bar$), während für die hier untersuchte Folie eine Sauerstoffdurchlässigkeit von (110 ± 20) ml/($m^2 \cdot d \cdot bar$) gemessen wurde. Dies bestätigt, daß die Barrierewirkung, trotz der beschriebenen Bedeutung der Trägerfolie, überwiegend von der Sperrschicht, kaum aber von der Foliendicke beeinflußt wird.

Es fällt auf, daß der in der Literatur beschriebene Zusammenhang bereits bei etwa 1,5 % Dehnung eine deutliche Zunahme der Sauerstoffdurchlässigkeit aufweist (siehe Bild 4.6). Danach steigt die Sauerstoffdurchlässigkeit linear mit steigender Dehnung an. Die Untersuchungen wurden offenbar bei 4 % Dehnung abgebrochen [102]. Bei den hier durchgeführten Messungen steigt die Sauerstoffdurchlässigkeit bis zu 4 % kaum an. Die größte Zunahme findet zwischen 4 und 5 % Dehnung statt. Danach flacht der Kurvenverlauf wieder ab. Bei 10 % Dehnung wird in etwa die für die unbedampfte Packstoffprobe berechnete Sauerstoffdurchlässigkeit erreicht.

Die unterschiedlichen Meßergebnisse können teilweise mit den unterschiedlichen Prüfverfahren erklärt werden. Während hier für jede Dehnstufe neue Proben verwendet wurden, erfolgten die in der Literatur beschriebenen Untersuchungen zur Sauerstoffdurchlässigkeit nach stufenweiser Dehnung mit einer Zugprüfmaschine immer an den gleichen Proben. Die Proben waren dadurch mit Zunahme der Dehnung bereits mehrfach beansprucht. Dies könnte den Anstieg der Sauerstoffdurchlässigkeit bereits bei kleineren Dehnungen erklären. Informationen über die das Verhalten der Folien bei Dehnungen von mehr als 4 % fehlten.

PET_{met}/PE-Verbund

In Bild 7.18 ist die Sauerstoffdurchlässigkeit einer PET_{met}/PE-Verbundfolie in Abhängigkeit von der Dehnung aufgetragen. Ab einer Dehnung zwischen 3 und 4 % ist ein Anstieg der Sauerstoffdurchlässigkeit zu erkennen. Die größte Zunahme der Sauerstoffdurchlässigkeit ist bei einer Dehnung von etwa 8 bis 9 % zu beobachten, während im Anschluß die Zunahme der Sauerstoffdurchlässigkeit kleiner wird. Der Kurvenverlauf stimmt grundsätzlich mit dem der aluminiumbedampften BOPP-Folie überein. Wie bei der aluminiumbedampften BOPP-Folie, liegen auch hier vergleichbare Ergebnisse einer Studie vor [102].

Die Sauerstoffdurchlässigkeit der in den Versuchen verwendeten, ungedehnten PET_{met}/PE-Verbundfolien betrug bei Foliendicken von 84 µm bzw. 87 µm etwa 0,4 ml/($m^2 \cdot d \cdot bar$). Der Anstieg der Sauerstoffdurchlässigkeit durch Dehnbeanspruchung beginnt bei beiden Verbundfolien ab 3 % Dehnung. Der Unterschied im Anstieg der Sauerstoffdurchlässigkeit ist sehr unterschiedlich. Bei einer Dehnung von 4 % werden in der Studie Sauerstoffdurchlässigkeiten zwischen 3,4 und 32 ml/($m^2 \cdot d \cdot bar$) erzielt. In den eigenen Untersuchungen wurde bei 4 % Dehnung eine Sauerstoffdurchlässigkeit von (1,30 ± 0,39) ml/($m^2 \cdot d \cdot bar$) und bei 10 % Dehnung eine von (13,56 ± 2,31) ml/(m^2·d·bar) gemessen. Auch dieser grundsätzlich unterschiedliche Verlauf beruht möglicherweise auf den bereits erwähnten unterschiedlichen Dehnbeanspruchungen.

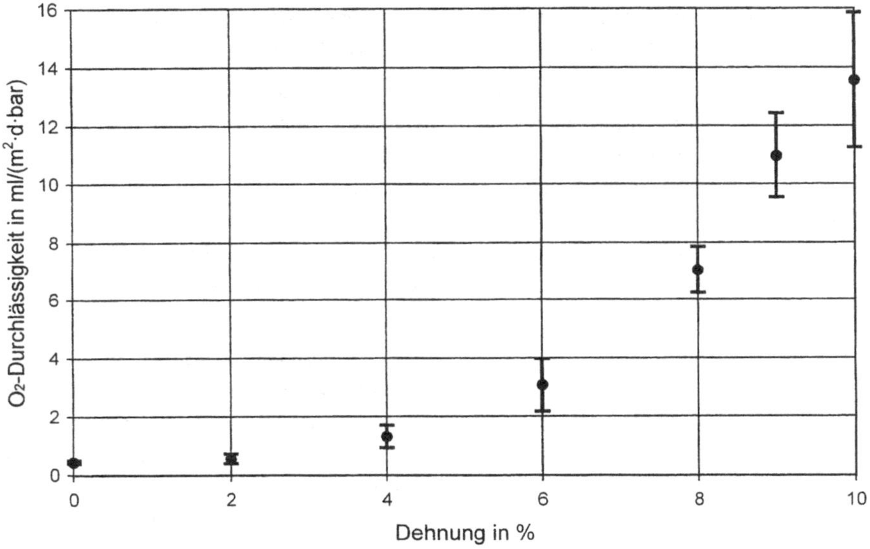

Bild 7.18. O_2-Durchlässigkeit als Funktion der Packstoffdehnung bei einem PET_{met}/PE-Verbund (Mittelwert und Vertrauensbereich für $\alpha = 0,05$)

Beim Vergleich der Bilder 7.17 und 7.18 zeigen sich im qualitativen Kurvenverlauf deutliche Übereinstimmungen bei der BOPP-Folie und der PET_{met}/PE-Verbundfolie. Bei geringer Dehnung bleibt die Sauerstoffdurchlässigkeit nahezu konstant (elastische Verformung). Danach steigt sie bei beiden Kurven überproportional an, um nach Erreichen eines Wendepunktes mit abnehmender Steigung weiter zuzunehmen (plastische Verformung). Bei der BOPP-Folie sind diese drei Bereiche sehr deutlich zu erkennen, während bei der PET_{met}/PE-Verbundfolie die Übergänge fließend sind. Quantitativ liegen die Übergänge zwischen den Bereichen für beide Folien bei verschiedenen Dehnungsstufen. Ob für die Verschiebung der einzelnen Übergänge die unterschiedlichen Trägerfolien oder die unterschiedlichen Materialdicken verantwortlich sind, ist aus den vorliegenden Untersuchungen nicht abzuleiten.

Die bei den Dehnungsmessungen gefundenen Sauerstoffdurchlässigkeiten erreichen bzw. überschreiten die bei den Maschinenversuchen gefundenen Meßwerte. Damit ermöglichen diese Untersuchungen zumindest Prognosen hinsichtlich der Maschinengängigkeit vakuumbedampfter Kunststoffolien. Beim Dehnen der aluminiumbedampften BOPP-Folie um 10 % werden mit (2200 ± 55) ml/(m^2·d·bar) die Durchlässigkeitswerte der unbedampften BOPP-Folie (rund 2500 ml/(m^2·d·bar)) nahezu erreicht, obwohl die Aluminiumschicht intakt erscheint.

7.4.2 Reibungsmessung

Der Einfluß der Reibung auf die Maschinengängigkeit von Kunststoffolien wurde sowohl im Abschnitt 2 (Maschinengängigkeit flächiger Packstoffe) als auch im Abschnitt 3 (Vertikale Schlauchbeutelmaschinen) ausführlich dargestellt.

Auf die Schwierigkeiten beim Bestimmen der Reibungskoeffizienten unter praxisrelevanten Bedingungen wurde hingewiesen. Für die Reibungsmessungen wurden sowohl die Masse des Reibklotzes als auch die Prüfgeschwindigkeit variiert. Die Reibungsmessungen wurden mit den Reibpartnern Heißsiegellack (Folieninnenseite) sowie BOPP (Folienaußenseite) und Stahl durchgeführt. Die Auflagefläche der Folie wurde, abweichend von bestehenden Prüfvorschriften, auf (150 x 140) mm^2 vergrößert, um die für die Permeationsmessungen benötigte Probenfläche zu erhalten. Die Untersuchungen wurden auf die aluminiumbedampfte BOPP-Folie beschränkt, da diese Folie während der Maschinenversuche die größte Empfindlichkeit gegenüber auftretenden Belastungen gezeigt hat. Bei dieser Folie war kein Unterschied zwischen Haft- und Gleitreibung festzustellen.

Der Einfluß von Reibklotzgeschwindigkeit und -masse auf die Gleitreibungszahl (Folieninnenseite gegen Stahl) ist in Bild 7.19 dargestellt. Für die Reibpartner Stahl und Folienaußenseite (BOPP) ist dieser Zusammenhang in Bild A.15 des Anhangs dargestellt. Bei gleichbleibender Reibungskraft nimmt die Gleitreibungszahl mit steigender Reibklotzmasse ab. Mit steigender Reibklotzgeschwindigkeit kann eine Zunahme der Gleitreibungszahl beobachtet werden. Geschwindigkeiten, wie sie auf Verpackungsmaschinen auftreten, können durch Reibungsmessungen mit Zugprüfmaschinen nicht nachgestellt werden.

Im Anschluß an die Reibungsmessungen wurden die Folienproben auf veränderte Barriereeigenschaften untersucht. Bild 7.20 zeigt den Einfluß der Reibungskraft auf die Sauerstoffdurchlässigkeit der aluminiumbedampften BOPP-Folie. Die Reibpartner waren Folieninnenseite und Stahl. Die Sauerstoffdurchlässigkeit steigt, im Vergleich zur unbelasteten Probe, leicht an. Dieser Anstieg ist aber unabhängig von der Reibungskraft und damit unabhängig von der Gleitreibungszahl. Auch der Einfluß der Reibklotzgeschwindigkeit ist vernachlässigbar. Die Heißsiegellackschicht (Schichtdicke etwa 2-3 µm) schützt das aufgedampfte Aluminium vor Verletzungen. Noch geringer war der Einfluß der Reibungskraft auf die Sauerstoffdurchlässigkeit, wenn die BOPP-Lage (Folienaußenseite) über Stahl gezogen wurde (siehe Bild A.16). In diesem Fall ist praktisch keine Veränderung der Sauerstoffdurchlässigkeit durch Reibung feststellbar.

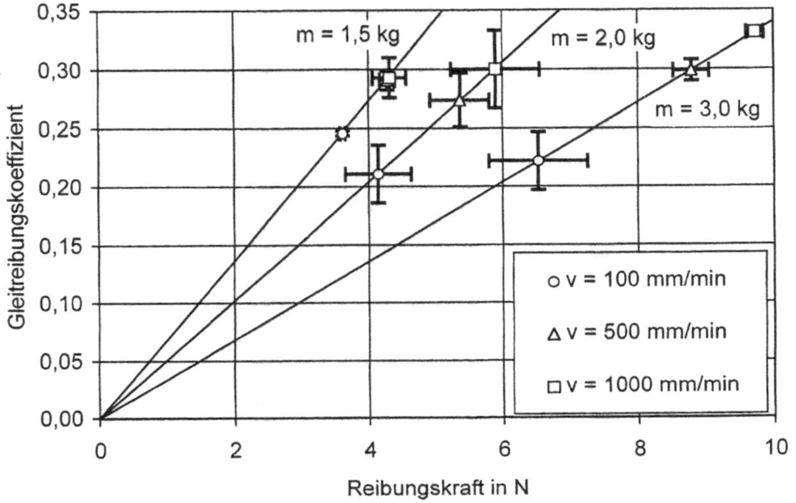

Bild 7.19. Einfluß von Reibklotzgeschwindigkeit und -masse auf den Gleitreibungskoeffizient (Heißsiegellack gegen Stahl) einer aluminiumbedampften BOPP-Folie (Mittelwert und Vertrauensbereich für $\alpha = 0{,}05$)

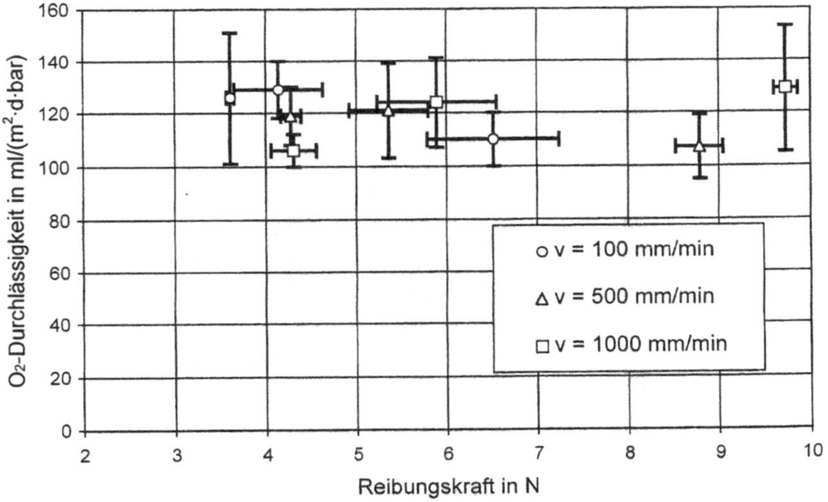

Bild 7.20. Einfluß der Reibungskraft auf die Sauerstoffdurchlässigkeit einer aluminiumbedampften BOPP-Folie. Reibpartner: Heißsiegellack, Stahl (Mittelwert und Vertrauensbereich für $\alpha = 0{,}05$)

Die Reibungsmessung unter Laborbedingungen führt zu Veränderungen in den Barriereeigenschaften, die deutlich niedriger sind, als die während der Maschinenversuche gefundene Zunahme der Sauerstoffdurchlässigkeit. Dies läßt vermuten, daß Reibungskräfte, wie sie auf Schlauchbeutelmaschinen auftreten, keinen bzw. einen nur untergeordneten Einfluß auf das funktionelle Versagen der vakuumbedampften Kunststoffolien haben. Wegen der Schwierigkeiten, im Labor die beim maschinellen Abpacken herrschenden Reibungsverhältnisse darzustellen, erscheint es nicht sinnvoll, Reibungsmessung, sei es durch Bestimmen der Reibungskraft oder Gleitreibungszahlen, als Kriterium der Maschinengängigkeit vakuumbeschichteter Kunststoffe heranzuziehen.

7.4.3 Knitterfestigkeit

Die Knitterfestigkeit als Möglichkeit zur Beurteilung der Maschinengängigkeit von Kunststoffolien wurde bereits im Abschnitt 4.6.3 beschrieben. In den hier durchgeführten Untersuchungen wurden sowohl die aluminiumbedampfte BOPP-Folie als auch der PET_{met}/PE-Verbund verwendet. Die Proben wurden bis zu 50 Belastungszyklen ausgesetzt und anschließend auf die veränderte Sauerstoffdurchlässigkeit untersucht.

In Bild 7.21 ist die Abhängigkeit der Sauerstoffdurchlässigkeit von der Anzahl der Knitterzyklen für eine aluminiumbedampfte BOPP-Folie dargestellt. Die Sauerstoffdurchlässigkeit steigt von (110 ± 20) ml//(m^2·d·bar) bei der unbelasteten Folie bis auf (773 ± 326) ml/(m^2·d·bar) bei 20 Zyklen kontinuierlich an. Zwischen 20 und 50 Zyklen ist die Zunahme wesentlich kleiner. Die Vertrauensbereiche für den Mittelwert sind bis 10 Zyklen verhältnismäßig klein, bei größeren Zyklenzahlen jedoch sehr groß. Bei 20 Zyklen beträgt der Variationskoeffizient 46 %, bei 50 Zyklen 48 %.

Die Zunahme der Sauerstoffdurchlässigkeit mit steigender Zyklenzahl eines PET_{met}/PE-Verbundes ist in Bild 7.22 aufgetragen. Die Sauerstoffdurchlässigkeit steigt von (0,45 ± 0,05) ml/(m^2·d·bar) bis auf (0,70 ± 0,09) ml/(m^2·d·bar) bei 10 Zyklen deutlich an. Eine weitere Zunahme der Zyklenzahl führt zu nur noch unwesentlich höheren Sauerstoffdurchlässigkeiten. Die Vertrauensbereiche sind bei allen Meßpunkten verhältnismäßig groß. Mit zunehmender Zyklenzahl werden die Intervalle größer.

Beim Prüfen der Knitterfestigkeit wird die Aluminiumschicht der vakuumbedampften Kunststoffolien immer in den gleichen Folienabschnitten belastet. Dies führt zu einer vollständigen Zerstörung der Aluminiumschicht, die bei unterschiedlichen Folien nach verschiedener Anzahl von Knitterzyklen eintritt. Bis zu dieser Zerstörung steigt die Sauerstoffdurchlässigkeit mit steigender Zyklenzahl schnell an, danach wird keine bzw. nur eine geringe Zunahme der Sauerstoffdurchlässigkeit beobachtet. Bei der aluminiumbedampften Folie ist dies nach rund 20 Zyklen, bei dem PET_{met}/PE-Verbund nach rund 10 Zyklen der Fall. Die Meßergebnisse sind in der Tabelle A.9 im Anhang zusammengestellt.

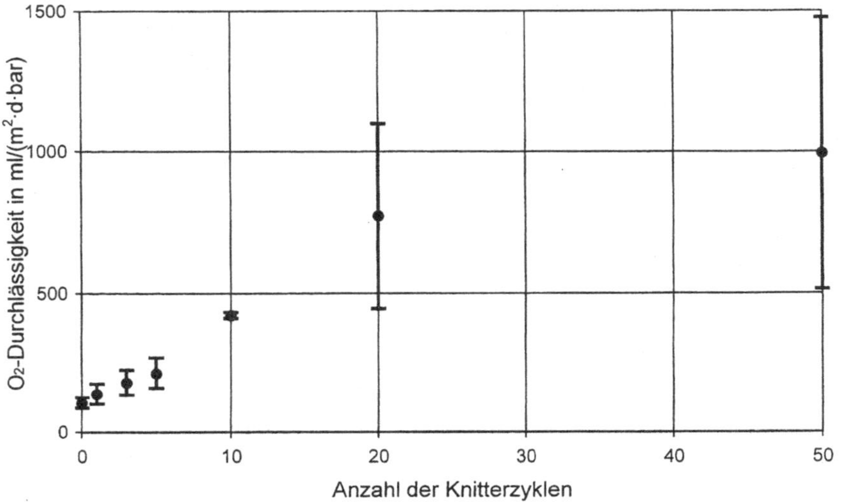

Bild 7.21. Sauerstoffdurchlässigkeit einer aluminiumbedampften BOPP-Folie als Funktion der Anzahl der Knitterzyklen (Mittelwert und Vertrauensbereich für $\alpha = 0,05$)

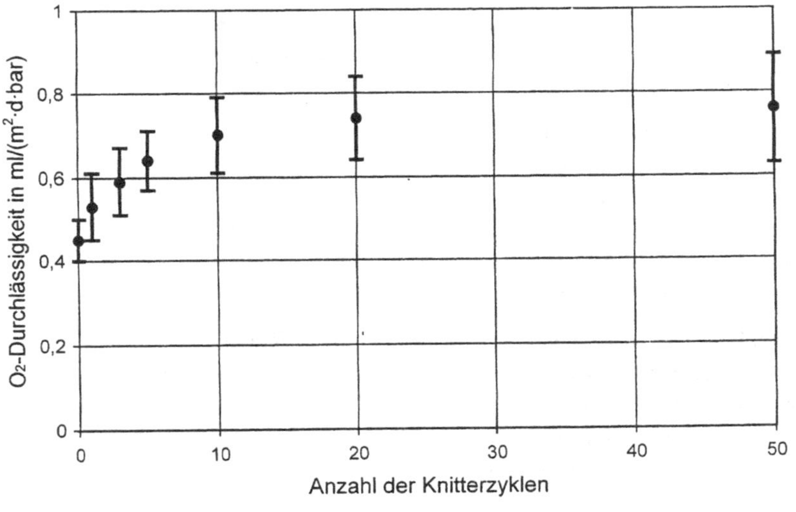

Bild 7.22. Sauerstoffdurchlässigkeit eines PET_{met}/PE-Verbundes als Funktion der Anzahl der Knitterzyklen (Mittelwert und Vertrauensbereich für $\alpha = 0,05$)

Die Prüfung auf Knitterfestigkeit ist für Folien, die auf vertikalen Schlauchbeutelmaschinen verarbeitet werden, ungebräuchlich, da diese Beanspruchung nicht auftritt. Trotzdem erscheint die Prüfmethode interessant, weil sie eine mechanische Beanspruchung des Packstoffs mit Durchlässigkeitsmessungen kombiniert, um eventuelle Packstoffschädigungen nachzuweisen. Die nach der Knitterbeanspruchung gemessenen Sauerstoffdurchlässigkeiten sind vergleichsweise groß und liegen teilweise im Bereich der im Anschluß an die Maschinenversuche ermittelten Sauerstoffdurchlässigkeiten. Der nach dem maschinellen Verarbeiten in Maschine 2 gemessene Maximalwert für die Sauerstoffdurchlässigkeit wird nicht erreicht.

Nach 50 Zyklen wurde die Sauerstoffdurchlässigkeit der aluminiumbedampften BOPP-Folie mit (995 ± 480) ml/(m^2·d·bar) und beim PET_{met}/PE-Verbund mit (0,76 ± 0,13) ml/(m^2·d·bar) bestimmt. Für der Maschine 1 wurde bei einer Ausbringung von 90 Beutel/min eine Sauerstoffdurchlässigkeit von (845 ± 190) ml/(m^2·d·bar) bei der aluminiumbedampften BOPP-Folie und (0,72 ± 0,08) ml/(m^2·d·bar) bei dem PET_{met}/PE-Verbund gemessen. Somit könnten durch die aufgenommene Kurve alle Maschineneinstellungen dieser Maschine durch Knitterfestigkeitsprüfungen simuliert werden. Allerdings lagen bei den beiden anderen untersuchten Schlauchbeutelmaschinen die Sauerstoffdurchlässigkeiten bei kleinen Maschinenausbringungen von 30 Beutel/min höher als bei den Messungen in Verbindung mit der Knitterfestigkeitsprüfung.

8 Diskussion der Ergebnisse

8.1 Eignung der verwendeten Meßketten

Die Messungen der Abzugskräfte in Maschine 1 sowohl mit Dehnungsmeßstreifen als auch mit einem induktiven Wegaufnehmer, haben gezeigt, daß beide Systeme geeignet sind, um den zeitlichen Verlauf der Abzugskräfte aufzuzeichnen. Die Kurvenverläufe sind aber nicht deckungsgleich. Die mit dem induktiven Wegaufnehmer aufgezeichneten Kräfteverläufe liegen oberhalb der mit den Dehnungsmeßstreifen aufgezeichneten Kurven. Die pro Maschinenzyklus bestimmte maximale Abzugskraft ist, unabhängig vom Packstoff, bei Verwenden des induktiven Wegaufnehmers zwischen 3 bis 5 % größer als bei Verwenden der Dehnungsmeßstreifen.

Deutlichen Einfluß auf den Kurvenverlauf hat die unterschiedliche Befestigung der Sensoren. Während die Dehnungsmeßstreifen fest mit der Formschulterhalterung verbunden sind, wird der induktive Wegaufnehmer über ein Stativ, bestehend aus Klemme und Gewindestab, unmittelbar über der Formschulterhalterung befestigt. Der Gewindestab ist in die obere Traverse der Formschulterhalterung eingedreht, die fest mit dem Maschinengehäuse verbunden ist. Über den Gewindestab werden ungedämpfte Schwingungen, die beim Betrieb der Maschine auftreten, auf den induktiven Wegaufnehmer übertragen. Der Abstand zwischen der Formschulterhalterung und dem Wegaufnehmer ändert sich mit der Schwingungsfrequenz. Die gemessenen Abzugskräfte folgen der Abstandsänderung. Dies kann beispielsweise in Bild 7.1 während der ersten 500 ms, in denen sich die Maschine in Bereitschaft befindet, beobachtet werden.

Negative Abzugskräfte, wie sie während aller Maschinenversuche aufgezeichnet wurden, können zwei unterschiedliche Ursachen haben. Zum einem kann durch das Drücken des Längssiegelwerkzeugs gegen das Formatrohr Torsion auftreten, zum anderen kann die Packstoffbahn durch das Tänzerrollensystem in Richtung Packstoffvorratsrolle gezogen werden. Bei der gewählten Schaltung der Dehnungsmeßstreifen, von denen zwei auf Dehnung und zwei auf Kontraktion belastet werden, läßt sich Torsion nicht quantitativ erfassen. Dazu hätten die Dehnungsmeßstreifen in den Hauptspannungsrichtungen um 45° gegen die Kraftrichtung aufgeklebt werden müssen [29]. Die negativen Kräfte sind in erster Linie durch das Tänzerrollensystem bedingt. Nur die Differenz zwischen den mit beiden Systemen gemessenen negativen Abzugskräften läßt sich mit der unterschiedlichen Befestigung der Sensoren erklären.

Die maximale Abzugskraft tritt zu Beginn des Packstofftransports peakförmig auf. Diesem ersten Peak folgen mehrere niedrigere Peaks. Mit steigender Maschinenausbringung steigt die Anzahl der aufgezeichneten Schwingungen. Die Frequenz, mit der die gedämpften Schwingungen auftreten, unterscheidet sich deutlich von der oben beschriebenen. Es kann sich bei den aufgezeichneten Schwingungen sowohl um Resonanzschwingungen der Formschulterhalterung als auch um vom Tänzerrollensystem durch die Massenträgheit der Packstoffvorratsrolle bedingte Schwingungen handeln. Ob es sich bei den aufgezeichneten Peaks um Resonanzschwingungen handelt, läßt sich durch Anregen der Formschulterhalterung durch Schlagbeanspruchung und Aufzeichnung der Antwortkurve nachweisen.

In dieser Arbeit wurde als Maß für die Beschreibung der Maschinengängigkeit die pro Maschinenzyklus gemessene Maximalkraft gewählt. Nach heutigem Kenntnisstand ist aber nicht geklärt, ob diese maximale Abzugskraft oder die über einen Maschinenzyklus gemittelte Abzugskraft als Maß für die Maschinengängigkeit besser geeignet ist. Doch sprechen verschiedene Argumente für ein Beschränken auf die Kraftspitzenmessung. Der Kraftverlauf über einen Maschinenzyklus ist stark abhängig von der Maschinenausbringung. Die zunehmende Anzahl von Peaks mit zunehmender Maschinenausbringung wurden bereits angesprochen. Negative Kräfte, die beispielsweise bei Torsion des Formatrohrs während der Längssiegelung gemessen werden und keine Abzugskräfte sind, führen beim Mitteln zu kleineren Abzugskräften. Die Ergebnisse aller Maschinenversuche haben zudem gezeigt, daß die Kraftspitzen der Arbeitszyklen sehr gut mit den veränderten Barriereeigenschaften korrelieren.

Das Verwenden eines induktiven Wegaufnehmers anstelle von Dehnungsmeßstreifen hat sich unter Praxisbedingungen bewährt. Die oben erwähnte Abweichung zwischen den mit Dehnugsmeßstreifen und mit dem induktiven Wegaufnehmer ermittelten Abzugskräften sind vernachlässigbar. Nach Abschluß der Vorversuche, bei denen beide Meßsysteme in der Maschine 1 befestigt waren, wurden daher die Abzugskräfte in den Maschinen 2 und 3 ausschließlich mit dem induktiven Wegaufnehmer bestimmt.

Wichtig für das Messen von Abzugskräften unter Produktionsbedingungen ist, daß ein Meßsystem ohne größeren Zeitaufwand und ohne bleibende Veränderungen an Maschinenteilen, wie sie durch das Vorbehandeln der Formschulterhalterung mit Säure und Lauge sowie das Aufkleben von Dehnungsmeßstreifen zwangsläufig auftreten, installiert werden kann. Während beim Messen mit Dehnungsmeßstreifen eine Vorbereitungszeit von mindestens zwei Tagen erforderlich ist, verringert sich beim Verwenden des induktiven Wegaufnehmers die erforderliche Zeitspanne auf rund eine Stunde. Die Zeit wird dabei in erster Linie für das Definieren einer geeigneten Befestigung für den Wegaufnehmer benötigt. Der bei allen Versuchen als Stativ verwendete Gewindestab hat sich bewährt. An allen untersuchten Maschinen konnte er in eine am Maschinengehäuse vorhandene Bohrung mit Innengewinde eingeschraubt werden. Als ungeeignet für die Aufnahme des Sensors erwiesen sich Stative, die nicht fest mit dem Gehäuse der Verpackungsmaschine verbunden sind. Erschütterungen der Maschine führen zu Abstandsänderungen zwischen dem induktiven Wegaufnehmer und der Formschulterhalterung. Diese Abstandsänderungen sind größer, als die sich aufgrund des Durchbiegens der Formschulterhalterung ergebenden Änderungen des Meßsignals.

8.2 Maschinengängigkeit und funktionelles Versagen

Die Maschinengängigkeit von aluminiumbedampften Kunststoffolien wird in erster Linie nicht durch ihr mechanisches, sondern durch ihr funktionelles Versagen eingeschränkt. Dementsprechend spielen die in der Literatur genannten mechanischen Einflußgrößen auf die Maschinengängigkeit von Kunststoffmono- und -verbundfolien in vertikalen Schlauchbeutelmaschinen nur eine mittelbare Rolle. Diese mechanischen Einflußgrößen sind die Biegesteifigkeit und Packstoffdicke, Haft- und Gleitreibung sowie Reißdehnung.

8.2.1 Funktionelles Versagen

Wichtiger für das Verarbeiten aluminiumbedampfter Kunststoffolien ist ihr funktionelles Versagen. Der Packstoff entspricht nach dem Verarbeiten nicht mehr den erwarteten chemischen und physikalischen Anforderungen. Aus lebensmitteltechnologischer Sicht ist die Abnahme der Barriereeigenschaften für Sauerstoff und Wasserdampf sowie eine erhöhte Strahlungsdurchlässigkeit bedeutsam. Für die Abnahme der Barriereeigenschaften sind Fehlstellen (Poren und Risse) in der aufgedampften Aluminiumschicht verantwortlich. Beim maschinellen Verarbeiten werden die aluminiumbedampften Kunststoffolien mehrmals gedehnt und über Maschinenteile geführt. Wichtig für geringe Veränderungen in den Barriereeigenschaften sind ein ausreichender Schutz des Aluminiums. Bei PET_{met}/PE-Verbundfolien bestimmt der Verbundaufbau die Schutzfunktion. Die aluminiumbedampfte Oberfläche der PET-Folie wird gegen eine LDPE-Folie kaschiert. Das Aluminium hat dabei keinen direkten Kontakt zu dem LDPE, sondern zum Kaschierkleber. Auch bei aluminiumbedampften BOPP-Folien muß die Aluminiumschicht vor Beschädigung geschützt werden. Bei der hier verwendeten $BOPP_{met}$-Folie geschah dies durch die Siegellackschicht.

Durch den Verbundaufbau und die Dicke der einzelnen Packstofflagen werden auch die Barriereeigenschaften des aluminiumbedampften Packstoffs festgelegt. Besondere Bedeutung kommt dabei der Affinität der Trägerfolie gegenüber Gasen und Wasserdampf zu. Aluminiumbedampfte BOPP-Folien bieten einen ausreichenden Schutz nur gegen Wasserdampf und sind daher nur für Lebensmittel geeignet, bei denen die Sauerstoffaufnahme nicht zu unzulässigen Qualitätsveränderungen führt. Die PET_{met}/PE-Verbunde verfügen über eine gute Sauerstoff- und Wasserdampfbarriere.

Neben dem Verbundaufbau ist das Dehnverhalten der Trägerfolie wichtig für die Verarbeitbarkeit aluminiumbedampfter Kunststoffolien. Besitzt die Trägerfolie eine zu große Reißdehnung in Längs- und Querrichtung, führt dies beim maschinellen Verarbeiten zu Dehnungen der Packstoffe bis in den plastischen Bereich. Wie in den Bildern 7.17 und 7.18 gezeigt wurde, verringern sich dadurch die Barriereeigenschaften erheblich.

Als wichtigstes Maß zum Beschreiben der Maschinengängigkeit im Hinblick auf ein mechanisches Versagen von Kunststoffolien in vertikalen Schlauchbeutelmaschinen dient die Abzugskraft. Sie wurde aus diesem Grund auch in der vorliegenden Arbeit zur Beurteilung des funktionellen Versagens von Kunststoffolien verwendet. Die Abzugskräfte wurden für verschiedene Packstoffe bei unterschiedlicher Ausbringung in drei vertikalen Schlauchbeutelmaschinen ermittelt. Die Sauerstoff- und Wasserdampfdurchlässigkeit wurde sowohl als Funktion der Maschinenausbringung als auch der Abzugskräfte dargestellt (Bilder 7.8 bis 7.15). Die Auftragung der Sauerstoff- und Wasserdampfdurchlässigkeit als Funktion der Maschinenausbringung hat gezeigt, daß die Barriereeigenschaften der in den untersuchten Verpackungsmaschinen verarbeiteten Packstoffe mit steigender Ausbringung abnimmt. Die Abnahme der Sauerstoff- und Wasserdampfbarriere ist bei jeder untersuchten Maschine verschieden. Sie ist, über den gesamten Meßbereich beurteilt, nicht linear. Eine Extrapolation durch den Ursprung des Graphen (Abzugskraft: 0 N bei einer Ausbringung von 0 Beutel/min) ist nicht möglich.

Beim Auftragen der Barriereeigenschaften als Funktion der Abzugskraft zeigen die Maschinen 1 und 2 ein anderes Verhalten als Maschine 3. Bei den Maschinen mit Riemenabzug ist es möglich, den Zusammenhang von Sauerstoffdurchlässigkeit und Abzugskraft durch lineare Korrelation darzustellen. Die ermittelte Gerade läßt sich zum Durchlässigkeitswert der unbelasteten Kunststoffolie extrapolieren. Die Geradensteigung ist dabei vom Maschinentyp abhängig. Bei der Maschine 2 zeigt sich (Bilder 7.8 und 7.9), daß die Abzugskraft und damit die erhöhte Sauerstoffdurchlässigkeit durch die Riemengeschwindigkeit und nicht durch die Maschinenausbringung bedingt ist. Bei der Maschine 1 steigt die Abzugskraft und die Sauerstoffdurchlässigkeit mit größer werdender Maschinenausbringung.

Verarbeitungsgrenzwerte oder Verarbeitungsbereiche, wie sie beim mechanischen Versagen der Packstoffe beim Verarbeiten in vertikalen Schlauchbeutelmaschinen angegeben wurden, lassen sich beim funktionellen Versagen nicht definieren. Der tolerierbare Anstieg der Sauerstoff- und Wasserdampfdurchlässigkeit wird durch das abzupackende Lebensmittel bestimmt. Für die Maschinengängigkeit bedeutet dies, daß den veränderten Barriereeigenschaften im Vergleich zur Abzugskraft die größere Bedeutung zukommt. Auch beim Simulieren von mechanischen Belastungen im Labor ist nicht so sehr die maschinentypische Belastung, sondern die Beeinflussung der Barriereeigenschaften durch das jeweilige Prüfverfahren entscheidend.

8.2.2 Einfluß von Maschinenoperationen

Die Untersuchungsergebnisse haben gezeigt, daß der Maschinentyp entscheidenden Einfluß auf das funktionelle Versagen eines Packstoffs hat. Die Abzugskraft spielt dabei nur eine mittelbare Rolle. Eine gleichgroße Abzugskraft in verschiedenen Schlauchbeutelmaschinen führt zu unterschiedlich großen Verlusten der Barriereeigenschaften. Untersuchungen in Vorbereitung dieser Studie haben gezeigt, daß in zwei identischen Verpackungsmaschinen beim Verarbeiten des gleichen Packstoffs der Verlust der Sauerstoffbarriere sehr unterschiedlich war. Analog zu diesen Untersuchungen ist zu erwarten, daß auch beim Wiederholen der Versuchsreihen mit baugleichen Maschinen unterschiedliche Ergebnisse gefunden werden. Allgemeingültige Aussagen, welche Bauform bei vertikalen Schlauchbeutelmaschinen zu einem möglichst kleinen Verlust der Barriereeigenschaften der aluminiumbedampften Folien führt, ist nicht möglich.

Der wesentliche Unterschied bei den verwendeten Schlauchbeutelmaschinen lag im Packstoffabzug. Die geringste Abnahme der Barriereeigenschaften trat bei dem Riemenabzug ohne Vakuumunterstützung (Maschine 1), die größte Abnahme bei der Maschine 2 mit vakuumunterstütztem Riemenabzug auf. Für den großen Verlust beim vakuumunterstütztem Abzug verantwortlich ist die Dehnbeanspruchung der Kunststoffolien beim Ansaugen der Packstoffbahn im Bereich der Ansaugöffnungen der Abzugsriemen. Die Dehnung reicht bis in den plastischen Bereich. Sie hinterläßt deutlich sichtbare Verformungen auf der aluminiumbedampften BOPP-Folie. Bei der verwendeten Schlauchbeutelmaschine wird das Vakuum auch zum Bremsen der Vorratsrolle eingesetzt. Dazu wird die Packstoffbahn zwischen Tänzerrollensystem und Formschulter nach Ende des Abziehens des Folienschlauchs gegen eine Packstoffbremse gesaugt. Auch dieser Bremsvorgang dehnt die Packstoffbahn derart, daß das Profil der Bremse deutlich auf dem Packstoff sichtbar ist.

Für die Veränderung der Barriereeigenschaften am wichtigsten ist das durch die intermittierende Betriebsweise bedingte taktweise Beschleunigen und Abbremsen der Vorratsrolle beim Abwickeln der Packstoffbahn. Die Trägheitskräfte der Vorratsrolle sind so groß, daß die Kunststoffolie bis in den plastischen Bereich gedehnt wird. Verhindern bzw. Verringern läßt sich diese Belastung nur durch einen kontinuierlichen Antrieb der Vorratsrolle, der die beim Abziehen auftretenden Kraftspitzen reduzieren würde. Der Packstoffabzug kann, unabhängig vom Antrieb der Vorratsrolle, kontinuierlich oder intermittierend erfolgen.

Das Tänzerrollensystem führt zu keinen bzw. nur geringen Beanspruchungen der Packstoffbahn. Die Belastungen, die die Packstoffbahn beim Transport im Tänzerrollensystem durch die Umlenkungen erfährt, ist vergleichbar der Belastung, wie sie beim Ziehen metallisierter Kunststoffolien über einen Glasstab auftreten (Abschnitt 4.6.5). Diese Untersuchungen haben gezeigt, daß bei dieser Belastung praktisch keine signifikante Zunahme in der Wasserdampf- und Sauerstoffdurchlässigkeit zu beobachten ist. Das aufgedampfte Aluminium wird durch die Trägerfolie und die Siegelschicht ausreichend geschützt.

Der Einfluß der Packmittelformung auf die Abzugskraft und das mechanische Versagen von Packstoffen wurde in verschiedenen Versuchsreihen untersucht. Dabei wurden das Formschultermaterial, der Einlaufwinkel und der Kantenradius variiert. Zur Vereinfachung der komplexen Verhältnisse beim Ziehen der Packstoffbahn über die Formschulter wurden mehrere Versuche an Modellkeilen durchgeführt (siehe Abschnitt 3.1.2). Als besonders wichtige Kenngrößen zur Beschreibung des mechanischen Versagens wurden die Biegesteifigkeit, die Foliendicke sowie die Gleit- und Haftreibung genannt. In dieser Arbeit wurden an allen Schlauchbeutelmaschinen gleiche Einlaufwinkel gewählt. Bei der Maschine 2 war das Formschultermaterial Gußharz, bei den anderen Schlauchbeutelmaschinen Edelstahl. Die Formschultern konnten während der Versuche nicht ausgetauscht werden. Ein Einfluß der unterschiedlichen Werkstoffe auf die Abzugskraft konnte experimentell nicht nachgewiesen werden. Betrachtet man auch die im Labor durchgeführten Reibungsmessungen und die in der Literatur beschriebenen Untersuchungen über den Einfluß der Umlenkung auf die Barriereeigenschaften aluminiumbedampfter Folien, ist zu erwarten, daß der Einfluß des Formschultermaterials vernachlässigbar klein ist.

Um den Einfluß der Formschulter auf die Barriereeigenschaften zu untersuchen, wurden in der Schlauchbeutelmaschine 1 bei unterschiedlicher Ausbringung Beutel aus der aluminiumbedampften BOPP-Folie hergestellt. Die Schlauchbeutel wurden längs der Laufrichtung in Streifen zerteilt und anschließend auf ihre Sauerstoffdurchlässigkeit untersucht. Die Ergebnisse sind im Abschnitt 7.3.2 dargestellt. Sie zeigen, daß die Sauerstoffdurchlässigkeit über die Packstoffbahn variiert. Die größte Durchlässigkeit wurde im Bereich der Umformhöhe und in einer der beiden Seitenfalten gemessen. Zwischen der maximalen und der minimalen Sauerstoffdurchlässigkeit eines Schlauchbeutels ergibt sich, unabhängig von der Maschinenausbringung, eine Differenz von rund 20 %. Diese Differenz ist aber im Vergleich zum Einfluß der Maschinenausbringung oder der Abzugskraft auf die O_2-Durchlässigkeit klein. Für die Veränderung der Barriereeigenschaften spielt die Packmittelformung daher im Vergleich zum Packstofftransport eine untergeordnete Rolle.

8.2.3 Geeignete Prüfgrößen

Die Prüfgrößen, die das mechanische Versagen von Kunststoffolien beschreiben, sind allein nicht geeignet, um das funktionelle Versagen von aluminiumbedampften Packstoffen beim Verarbeiten in vertikalen Schlauchbeutelmaschinen quantitativ zu erfassen. Auch die Abzugskraft ist, trotz der erkennbaren Korrelation mit den Barriereeigenschaften, nur bedingt geeignet, um die Maschinengängigkeit von aluminiumbedampften Packstoffen völlig zu beschreiben. Eine gleichgroße Abzugskraft führt bei verschiedenen Schlauchbeutelmaschinen zu unterschiedlichen Verlusten der Barriereeigenschaften. Auch beim Simulieren der in Schlauchbeutelmaschinen auftretenden Belastungen bieten Kraftmessungen allenfalls Anhaltspunkte für die veränderten Barriereeigenschaften.

Um das funktionelle Versagen von aluminiumbedampften Folien beurteilen zu können, sind nur Prüfungen von technologischen Eigenschaften (Sauerstoff- und Wasserdampfdurchlässigkeit) geeignet. Die Auswahl des Prüfverfahrens sollte sich an der chemischen Struktur der Trägerfolie bzw. des Folienverbundes orientieren. Kunststoffmakromoleküle, deren funktionelle Gruppen apolar sind (PE, PS, PP), besitzen eine große Sauerstoff- und eine kleine Wasserdampfdurchlässigkeit. Sind die funktionellen Seitengruppen polar, ist die Sauerstoffdurchlässigkeit klein und die Wasserdampfdurchlässigkeit groß.

Die Strahlungsdurchlässigkeit wird für das Bestimmen der aufgedampften Aluminiummenge verwendet. Auch wird versucht, die Sauerstoffdurchlässigkeit mit der Strahlungsdurchlässigkeit zu korrelieren. Die Untersuchungsergebnisse wurden im Abschnitt 4.5 vorgestellt. Eine lineare

Korrelation von Schichtdicke und optischer Dichte ist bis zu einer Dicke von rund 80 nm möglich. Bei größeren Aluminiumdicken steigt die optische Dichte nicht weiter an. Auch die lineare Korrelation von Sauerstoffdurchlässigkeit und optischer Dichte ist nur bis zu einer optischen Dichte von 1,7 möglich. Dies entspricht einer Aluminiumdicke von etwa 30 nm. Über der optischen Dichte von 1,7 bleibt die Sauerstoffdurchlässigkeit unverändert.

Zum Beurteilen der durch das maschinelle Verarbeiten veänderten Barriereeigenschaften ist die Strahlungsdurchlässigkeit ungeeignet. Dies ist zum einem mit der nur eingeschränkt möglichen Korrelation von Strahlungs- und Sauerstoffdurchlässigkeit zu erklären. Zum anderen sind die kleinen Probenflächen von meist wenigen Quadratmillimetern ungeeignet, die über die Packstoffbahn unterschiedlichen Packstoffbeanspruchungen zu erfassen.

8.3 Simulation des funktionellen Versagens

Ein Ziel der vorliegenden Untersuchung war es, die in den Verpackungsmaschinen auftretenden Belastungen im Labor zu simulieren, um auf teure und zeitintensive Maschinenversuche verzichten zu können. Auch sollte es möglich werden, Packstoffproben in einer frühen Entwicklungsphase auf ihre grundsätzliche Maschinengängigkeit zu überprüfen. Zu diesem Zweck wurden aluminiumbedampfte Folien ($BOPP_{met}$ und PET_{met}/PE) durch Dehnung (Abschnitt 7.4.1), Reibung (Abschnitt 7.4.2) und Knittern (Abschnitt 7.4.3) beansprucht. Im Anschluß an die mechanische Belastung wurden die Folien auf eine veränderte Sauerstoffdurchläsigkeit untersucht.

Die größten Sauerstoffdurchlässigkeiten bei diesen drei Beanspruchungen lassen sich durch das Dehnen aluminiumbedampfter Kunststoffolien im plastischen Bereich erzielen. Beim Dehnen der aluminiumbedampften BOPP-Folie um 10 % steigt die Sauerstoffdurchlässigkeit von (110 ± 20) ml/(m^2·d·bar) auf (2200 ± 55) ml/(m^2·d·bar), bei dem PET_{met}/PE-Verbund von (0,45 ± 0,05) ml/(m^2·d·bar) auf (13,56 ± 2,31) ml/(m^2·d·bar) an. Durch die Dehnung der aluminiumbedampften Kunststoffe lassen sich somit alle im Anschluß an die Maschinenversuche gefundenen Sauerstoffdurchlässigkeiten erzielen. Um die Dehnversuche für eine Vorhersage der Maschinengängigkeit nutzen zu können, müssen in den Dehnkurven Bereiche definiert werden, in denen die Zunahme der Sauerstoffdurchlässigkeit vergleichbar der Zunahme während des maschinellen Verarbeitens ist. Diese Bereiche gelten nur für einen bestimmten Maschinentyp und nur für eine geringfügig veränderbare Maschinenausbringung. Bei der Vorgabe einer maximal tolerierbaren Zunahme von Sauerstoff- und Wasserdampfdurchlässigkeit läßt sich durch Dehnung der Folie um in die in Vorversuchen ermittelte Wegstrecke eine grundsätzliche Eignung ableiten.

Die Veränderung der Barriereeigenschaften nach Reibbeanspruchung der aluminiumbedampften BOPP-Folie ist vernachlässigbar klein. Das Bestimmen der Haft- und Gleitreibungskoeffizienten ist ungeeignet, das funktionelle Versagen aluminiumbedampfter Kunststoffolien zu simulieren. Gleichzeitig unterstützen diese Ergebnisse die Aussage, daß die Beanspruchung der aluminiumbedampften Kunststoffolien durch Haft- und Gleitreibung für das funktionelle Versagen ohne Bedeutung ist. Die Reibung beeinflußt die Maschinengängigkeit allenfalls über das mechanische Versagen der Packstoffe. Beim Verarbeiten von vakuumbedampften Kunststoffen sind keine zusätzlichen Anforderungen hinsichtlich der Haft- und Gleitreibung zu postulieren.

Traditionell wird die Knitterbeanspruchung in Verbindung mit Permeationsmessungen eingesetzt, um das funktionelle Versagen von kaschierten Kunststoff/Aluminium-Verbundfolien nachzuweisen. Die Beanspruchung der Packstoffe während der Tests ist untypisch für die in Schlauchbeutelmaschinen auftretenden Belastungen. Die im Meßgerät eingespannten Packstoffe werden nicht über die gesamte Probenfläche, sondern immer in den selben Abschnitten belastet. Bei der untersuchten aluminiumbedampften BOPP-Folie ist ein starker Anstieg der Sauerstoffdurchlässigkeit bis 20 Knitterzyklen zu beobachten. Die Sauerstoffdurchlässigkeit steigt um das 7fache an. Beim Prüfen des PET_{met}/PE-Verbundes beträgt bei gleicher Zyklenzahl der Anstieg nur das 1,6fache. Die unterschiedliche Zunahme der Sauerstoffdurchlässigkeit bei der aluminiumbedampften BOPP-Folie und dem PET_{met}/PE-Verbund entspricht in etwa der Sauerstoffdurchlässigkeit, die bei beiden Packstoffen nach dem Verarbeiten in der Maschine 1 bei einer Ausbringung von 80 Beutel/min gefunden wurde. Die in den zwei anderen Schlauchbeutelmaschinen durchgeführten Maschinenversuche führten zu Sauerstoffdurchlässigkeiten, die auch bei einer Beanspruchung mit 50 Zyklen im Labor nicht erreicht wurden.

Grundsätzlich zeigen die Ergebnisse der Maschinenversuche, daß es kein Prüfverfahren geben kann, das allgemeingültige Aussagen über die Eignung aluminiumbedampfter Kunststoffolien zuläßt. Am besten geeignet zur Auswahl aluminiumbedampfter Kunststoffe für das maschinelle Verarbeiten in Schlauchbeutelmaschinen erscheinen Dehnungsmessungen. Die im Anschluß an die Maschinenversuche bei den verschiedenen Ausbringungen gemessenen Sauerstoffdurchlässigkeiten lassen sich ebenfalls durch unterschiedliche Dehnung erreichen.

8.4 Gasdurchgang bei aluminiumbedampften Kunststoffolien

Der Gasdurchgang findet bei aluminiumbedampften Kunststoffolien durch Fehlstellen (Poren und Risse) im Aluminium statt. Als weitere Mechanismen des Gasdurchgangs werden die Diffusion durch Festkörpergitter, Kapillarkondensation und Oberflächendiffusion durch Poren diskutiert. Letztere Mechanismen spielen beim Durchgang der in der Lebensmittel-Verpackungstechnik relevanten Gase O_2, N_2 und CO_2 durch Aluminiumschichten keine Rolle.

Auf die Theorie zur Gasdurchlässgkeit oberflächenbehandelter Kunststoffolien wurde im Abschnitt 5.1.2 eingegangen. Es wurden verschiedene Modelle diskutiert, die von der Gültigkeit der Fickschen Gesetze und des Henryschen Gesetzes ausgehen. Für die Beschreibung des stationären Gasdurchgangs durch aluminiumbedampfte Kunststoffolien wird das 1. Ficksche Gesetz durch einen Term, der die freie Durchgangsfläche in der Aluminiumschicht beschreibt, ergänzt. Erste Modellansätze gingen von kreisrunden Poren gleichen Durchmessers in der Aluminiumschicht, spätere Modelle von einer Größenverteilung der kreisrunden Poren aus. Ein weiterer Ansatz verwendet für den Gasdurchgang durch aluminiumbedampfte Kunststoffolien den Permeationskoeffizienten einer mehrlagigen Kunststoffverbundfolie. Der Gasdurchgang durch das Aluminium wird mit der Diffusion der Gasmoleküle durch das Festkörpergitter beschrieben. Da diese Annahme bei Sauerstoff und Wasserdampf sicherlich nicht zutrifft, wird letzteres Modell nicht weiter diskutiert.

Bei unbelasteten aluminiumbedampften Kunststoffolien wird diese Annahme durch elektronenmikroskopische Aufnahmen (REM, TEM) bestätigt. Die Porendurchmesser werden dabei sehr unterschiedlich vermessen. Beim Auswerten von TEM-Aufnahmen wurden Porendurchmesser von 1 bis 10 µm gefunden. Am häufigsten wurden bei industriell hergestellten aluminiumbedampften Folien Poren mit einem Durchmesser von 2 (rund 21 %) bis 4 µm (rund 18 %) vermessen. Porendurchmesser < 1 µm ließen sich nicht nachweisen, Porendurchmesser zwischen 25 und 50 µm wurden Staubpartikeln und Antiblockteilchen, die sich während der Vakuumbedampfung auf der Trägerfolienoberfläche befanden, zugeschrieben [51]. In einer weiteren Studie wurde bei größeren Auflösungen bildanalytisch gefunden, daß die meisten Lichtporen Radien von ≤ 0,5 µm besitzen [104]. Nach dem Verarbeiten von aluminiumbedampften Kunststoffolien in Schlauchbeutelmaschinen erkennt man Risse im aufgedampften Aluminium. Die erwähnten Porengrößenverteilungen sind nicht geeignet, die tatsächlichen Foliendefekte zu beschreiben.

Der Verlust der Sauerstoff- und Wasserdampfbarriereeigenschaften als Funktion der Maschinenausbringung und der Abzugskraft wurde für drei verschiedene Schlauchbeutelmaschinen nachgewiesen. Für die verwendete aluminiumbedampfte BOPP-Folie wurde eine Zunahme der Sauerstoffdurchlässigkeit bis zum 17fachen der unbelasteten Folie festgestellt. Da beim Aluminiumbedampfen von BOPP die Verbesserung der Gasbarriere etwa das 20fache beträgt [104], verliert die aluminiumbedampfte BOPP-Folie ihre Barrierewirkung fast vollständig.

Um die Eignung der bestehenden Modelle zu überprüfen, wurde Gleichung 5.36 zunächst mit dem Henryschen Gesetz kombiniert.

$$\dot{V} = P \cdot A \frac{p_1 - p_2}{l} \cdot G \qquad (8.1)$$

mit

$$G = O_r \cdot \left(1 + 1{,}18 \frac{l}{r_0} \right) \qquad (8.2)$$

In den Gleichungen bedeuten P den Permeationskoeffizient der Trägerfolie, A die Permeationsfläche und p_1 und p_2 die Partialdrücke, wobei p_1 der Partialdruck an der Grenzfläche Kunststoff-Aluminium ist. G bezeichnet einen Geometriefaktor, der das Oberflächenverhältnis der Porenfläche zur gesamten Folienfläche O_r beinhaltet. Der Faktor 1,18 ergibt sich aus graphischer Integration für ein Verhältnis der Dicke der Trägerfolie l zum Porenradius r_0 von größer 0,3.

In Tabelle 8.1 sind die Geometriefaktoren zusammengestellt, die sich rechnerisch aus Gleichung 8.1 bei verschiedenen Maschinenausbringungen ergeben. Für $\dot{V}/(A \cdot \Delta p)$ wurde die Sauerstoffdurchlässigkeit gemäß Tabelle A.4, für l die Dicke der Trägerfolie (15 µm) und für P der Permeationskoeffizient der unbedampften BOPP-Folie (P = 370 ml·100 µm/(m^2·d·bar)) eingesetzt. Obwohl neben Poren auch Risse im Aluminium nachweisbar sind, wurde mit Gleichung 8.2 die relative Oberfläche für einen Porenradius r_0 = 1 µm berechnet. Die Ergebnisse sind in Tabelle 8.2 zusammengefaßt. Bei der unbelasteten Kunststoffolie ergäbe sich beim Vorhandensein von Poren mit ausschließlich diesem Radius eine Porenfläche von (0,20 ± 0,04) % der Packstoffoberfläche. Dieser Wert steigt auf (4,0 ± 0,3) % bei der die Folie am stärksten belastende Maschinenausbringung von 101 Beutel/min (Schlauchbeutelmaschine mit vakuumunterstütztem Riemenabzug mit v = 1,0 m/s).

Tabelle 8.1. Geometriefaktor einer aluminiumbedampften BOPP-Folie als Funktion der Ausbringung bei verschiedenen Schlauchbeutelmaschinen (Mittelwert und Vertrauensbereich für $\alpha = 0,05$)

Maschinenausbringung in Beutel/min	Geometriefaktor $G = O_r \cdot (1 + 1{,}18\, l/r_0) \cdot 100$			
	Riemenabzug	vakuumunterstützter Riemenabzug bei Riemengeschwindigkeit 0,5 m/s	vakuumunterstützter Riemenabzug bei Riemengeschwindigkeit 1,0 m/s	Zangenabzug
0	4,5 ± 0,8	4,5 ± 0,8	4,5 ± 0,8	4,5 ± 0,8
30	19,5 ± 4,9	48,9 ± 2,4	64,9 ± 3,0	40,5 ± 1,6
40	27,1 ± 4,7	-	-	-
45	-	-	-	41,1 ± 2,0
60	28,0 ± 5,9	43,3 ± 4,9	65,3 ± 4,5	39,7 ± 3,9
75	-	-	-	42,6 ± 4,3
80	28,8 ± 5,9	-	-	-
90	34,3 ± 7,7	-	71,1 ± 5,9	46,0 ± 1,6
101	-	-	74,2 ± 5,8	-

Bei größeren Porenradien wird die rechnerisch ermittelte Oberfläche ebenfalls größer. Dies wäre besonders bei den sichtbaren Rissen zu erwarten. Die Berechnung der relativen Oberflächen über die Wasserdampfdurchlässigkeit führt zu gleichen Ergebnissen. Auf ihre Darstellung wird daher verzichtet. Grundsätzlich ist das Modell geeignet, die Veränderungen in der Sauerstoff- und Wasserdampfdurchlässigkeit zu beschreiben. Das Definieren eines äquivalenten Durchmessers zur Beschreibung der Fehlstellenoberfläche erscheint sinnvoll, um die Schädigung der bedampften Folien quantifizieren zu können und um Vergleiche zwischen unterschiedlichen aluminiumbedampften Folien zu ermöglichen. Die Festlegung eines äquivalenten Durchmessers erfordert weiterführende Untersuchungen zur Porengrößenverteilung und der Fläche von Rissen.

Tabelle 8.2. Relative Oberfläche O_r bei $r_0 = 1$ µm einer aluminiumbedampften BOPP-Folie als Funktion der Ausbringung bei verschiedenen Schlauchbeutelmaschinen (Mittelwert und Vertrauensbereich für $\alpha = 0{,}05$)

Maschinenausbringung in Beutel/min	Relative Oberfläche in %			
	Riemenabzug	vakuumunterstützter Riemenabzug bei Riemengeschwindigkeit 0,5 m/s	vakuumunterstützter Riemenabzug bei Riemengeschwindigkeit 1,0 m/s	Zangenabzug
0	0,20 ± 0,04	0,20 ± 0,04	0,20 ± 0,04	0,20 ± 0,04
30	1,0 ± 0,3	2,6 ± 0,1	3,5 ± 0,2	2,2 ± 0,1
40	1,4 ± 0,3	-	-	-
45	-	-	-	2,2 ± 0,1
60	1,5 ± 0,3	2,3 ± 0,3	3,5 ± 0,2	2,1 ± 0,2
75	-	-	-	2,3 ± 0,2
80	1,5 ± 0,3	-	-	-
90	1,8 ± 0,4	-	3,8 ± 0,3	2,5 ± 0,1
101	-	-	4,0 ± 0,3	-

9 Zusammenfassung

Im Hochvakuum mit Aluminium bedampfte Kunststoffolien gewinnen in der Lebensmittel-Verpackungstechnik an Bedeutung. Von Vorteil sind die im Vergleich zur unbedampften Folie verbesserten Barriereeigenschaften, eine kleine Strahlungsdurchlässigkeit, gute Wärmereflexionseigenschaften, dekorative Effekte und ein geringer Aluminiumeinsatz. Es ist bekannt, daß aluminiumbedampfte Folien beim maschinellen Verarbeiten ihre Barriereeigenschaften wieder verlieren. Allerdings fehlten hierzu bisher systematische Untersuchungen. In der vorliegenden Arbeit wurden, zusammen mit traditionell aufgebauten Kunststoffolien, eine aluminiumbedampfte BOPP-Folie und ein aluminiumbedampfter PET/PE-Verbund in drei vertikalen Schlauchbeutelmaschinen zu Beuteln verarbeitet.

Im Kapitel *Maschinengängigkeit flächiger Packstoffe* werden die Einflußgrößen, die für das mechanische Versagen von Packstoffen in vertikalen Schlauchbeutelmaschinen relevant sind, beschrieben. Dazu gehören die Reibung zwischen Packstoffen und Maschinenoberflächen, die Biegesteifigkeit und Dicke sowie die Reißfestigkeit der Packstoffe. Beim Verarbeiten von aluminiumbedampften Kunststoffolien wird der Begriff des mechanischen Versagens um den Begriff des funktionellen Versagens ergänzt. Die Packstoffe genügen dann nicht mehr den erwarteten physikalischen und chemischen Anforderungen. Als maßgebende Größe zur Beschreibung der Maschinengängigkeit für vertikale Schlauchbeutelmaschinen wird die Abzugskraft genannt. Sie ist definiert als die Summe der Kräfte, die notwendig ist, um einen Packstoff von der Rolle abzuwickeln und durch eine Verpackungsmaschine zu transportieren. Abzugskräfte lassen sich statisch, z. B. durch das Anhängen von Massestücken, und dynamisch mit Dehnungsmeßstreifen und induktiven Wegaufnehmern bestimmen. In dieser Arbeit wurden die Abzugskräfte dynamisch bestimmt. Die Meßtechnik mit Dehnungsmeßstreifen und induktiven Wegaufnehmern wird erläutert.

Im Kapitel *Vertikale Schlauchbeutelmaschinen* werden zunächst deren Grundfunktionen vorgestellt. Unterschiede beim Packstofftransport (Zangenabzug, Riemenabzug) werden erläutert Über Untersuchungen von unveränderlichen (z. B. Werkstoff der Formschulter) und veränderlichen Maschinenparametern (z. B. Ausbringung) auf die Abzugskraft wird berichtet.

Möglichkeiten, die Gas- und Wasserdampfdurchlässigkeit von Kunststoffolien zu verringern, werden im Kapitel *Oberflächenveredelung von Kunststoffolien* beschrieben. Den Schwerpunkt bildet dabei die Vakuumbedampfung von Kunststoffolien mit Aluminium, aber auch die Plasmakondensation wird erläutert. Durch das Bedampfen von Kunststoffolien mit Aluminium wird die Sauerstoffdurchlässigkeit der Kunststoffolien um den Faktor 20 (bei BOPP) bis 100 (bei PET) verringert. Die Strahlungsdurchlässigkeit beträgt bei handelsüblichen aluminiumbedampften Folien zwischen 0,5 und 3,0 %. Systematische Laboruntersuchungen, bei denen mechanische Beanspruchungen der aluminiumbedampften Folien zu einem teilweisen Verlust der verbesserten Barriereeigenschaften führen, werden vorgestellt. Durchgeführt werden Zugversuche, bei denen die Folien sowohl im gedehnten Zustand als auch nach der Relaxation auf veränderte Barriereeigenschaften untersucht werden. Die Knitterfestigkeit wird in Verbindung mit Permeationsmessungen ebenfalls zum Nachweis von Schädigungen der aufgedampften Aluminiumschicht verwendet. Weitere Belastungsarten sind die biaxiale Packstoffdehnung sowie das Ziehen von aluminiumbedampften Kunststoffolien zwischen mit Gewichten belasteten Glasplatten und über einen Glasstab.

Im Kapitel *Barriereeigenschaften von Kunststoffolien* werden verschiedene Modelle, die den Gas- und Wasserdampfdurchgang durch flächige Kunststoffolien beschreiben, vorgestellt. Ausgehend von den Fickschen Gesetzen und dem Henryschen Gesetz wird die stationäre und instationäre Permeation durch Mono- und Verbundfolien erläutert. Während der Gasdurchgang bei intakten porenfreien Kunststoffolien durch Lösungs- und Diffusionsvorgänge beschrieben werden kann, werden beim Permeieren von Gasen durch aluminiumbedampfte Folien verschiedene Mechanismen diskutiert. Dies sind die Diffusion durch Fehlstellen (Poren, Risse), Diffusion durch Festkörpergitter, Kapillarkondensation und Oberflächendiffusion in Poren. Bedeutung hat dabei nur die Diffusion durch Fehlstellen. Verschiedene, in der Literatur diskutierte Modelle, werden vorgestellt.

Im Kapitel *Material und Methoden* werden die verwendeten Packstoffe und vertikalen Schlauchbeutelmaschinen zusammen mit der Versuchsplanung vorgestellt. Das für die Messungen der Abzugskräfte entwickelte Verfahren zum Bestimmen der Abzugskräfte mit einem induktiven Wegaufnehmer wird erläutert. Die Verfahren zur Durchlässigkeitsmessung (Sauerstoff-, Wasserdampf- und Strahlungsdurchlässigkeit), die teilweise für diese Arbeit modifiziert wurden, sowie die mechanischen Prüfverfahren im Labor werden dargelegt.

Das Kapitel *Ergebnisse* gliedert sich in vier Abschnitte. Zunächst werden die Ergebnisse der mit den Dehnungsmeßstreifen und einem induktiven Wegaufnehmer durchgeführten Vergleichsmessungen zum Bestimmen der Abzugskräfte vorgestellt. Es zeigt sich, daß beide Meßsysteme gleichermaßen geeignet sind, Abzugskräfte in vertikalen Schlauchbeutelmaschinen aufzuzeichnen. Für das Durchführen von Maschinenversuchen unter Produktionsbedingungen erweist sich im direkten Vergleich der induktive Wegaufnehmer als vorteilhaft, da die Meßvorbereitung durch das Anbringen des Sensors erheblich verkürzt wird. Im Vergleich zum Arbeiten mit Dehnungsmeßstreifen entfallen beispielsweise das Reinigen der Maschinenteile und das Verlöten der Dehnungsmeßstreifen zu einer Vollbrückenschaltung.

Im zweiten Abschnitt werden die in den Maschinenversuchen mit unterschiedlichen Kunststoffmono- und -verbundfolien in drei Schlauchbeutelmaschinen ermittelten Abzugskräfte präsentiert. Bei einer konstanten Beutellänge von 20 cm wurde die Maschinenausbringung zwischen 30 und 101 Beutel/min variiert. Die Ergebnisse werden getrennt für die einzelnen Schlauchbeutelmaschinen dargestellt, um den Einfluß bestimmter Maschinenoperationen auf die Abzugskraft feststellen zu können. Der wesentliche Unterschied besteht bei den verwendeten Schlauchbeutelmaschinen in ihrem Packstoffabzugssystem. Eine der Maschinen verfügt über ein Zangenabzugssystem, eine über ein Riemenabzugssystem und die dritte über ein vakuumunterstütztes Riemenabzugsystem. Für jede Maschine wird die sich zeitlich ändernde, über mehrere Maschinentakte aufgezeichnete Abzugskraft dargestellt. Die maximal während eines Arbeitszyklus gemessene Kraft wird für die weitere Auswertung als Abzugskraft definiert. Bis auf wenige Ausnahmen bei der Schlauchbeutelmaschine mit vakuumunterstütztem Riemenabzug stieg die Abzugskraft mit steigender Ausbringung an.

Im Anschluß an die Maschinenversuche wurde bei den aluminiumbedampften Kunststoffolien die Sauerstoff-, Wasserdampf- und Strahlungsdurchlässigkeit ermittelt. Bei der verwendeten aluminiumbedampften BOPP-Folie steigt die Sauerstoffdurchlässigkeit während des maschinellen Verarbeitens bis um das 17fache der ursprünglichen Sauerstoffdurchlässigkeit an. Die Sauerstoff- und Wasserdampfdurchlässigkeit wurde dabei als Funktion der Maschinenausbringung und der Abzugskraft aufgetragen. Die Barriereeigenschaften verschlechtern sich, bis auf wenige Ausnahmen, mit zunehmender Ausbringung und Abzugskraft. Eine geringere Sauerstoff- und Wasserdampfbarriere bei steigender Ausbringung wurde wiederum bei der Schlauchbeutelmaschine mit vakuumunterstütztem Riemenabzug festgestellt. Auffallend ist, daß bei gleicher Abzugskraft unterschiedliche Durchlässigkeiten in den verschiedenen Schlauchbeutelmaschinen gefunden wurden. Die Abzugskraft erscheint daher nur beschränkt geeignet, Aussagen über das funktionelle Versagen von Packstoffen zuzulassen. Für die Beurteilung des funktionellen Versagens sind nur Permeationsmessungen geeignet.

Im letzten Abschnitt werden drei Prüfverfahren auf ihre Eignung zur Vorhersage des funktionellen Versagens von Packstoffen überprüft. Dies sind Zugversuche, Reibungsmessung und Knitterfestigkeit. Einzig durch Dehnen der aluminiumbedampften Folien bis in den plastischen Bereich lassen sich die in den Maschinenversuchen gefundenen Durchlässigkeitswerte erreichen. Die Reibungsmessungen führten praktisch zu keinen Veränderungen in den Barriereeigenschaften. Durch das Knittern der aluminiumbedampften Folien steigt die Durchlässigkeit deutlich an. Sie überschreitet aber auch bei 50 Knitterzyklen nicht das 9fache des ursprünglichen Wertes. Da diese Belastungsart für Schlauchbeutelmaschinen untypisch ist, erscheint letztere Methode nur bedingt geeignet.

Die Ergebnisse der Maschinen- und Laborversuche zeigen, daß der Verlust der Barriereeigenschaften durch Dehnung der Packstoffbahn beim taktweisen Beschleunigen und Verzögern der Vorratsrolle und nicht durch Reibung zwischen Maschinenteilen und dem Packstoff bedingt ist. Hier könnte ein kontinuierliches Abrollen der Packstoffbahn zu deutlich kleineren Barriereverlusten führen.

10 Literatur

10.1 Bücher und Aufsätze

1 Anonym: Machinability of films. *Modern Packaging* **39** (1966), Nr. 8, S. 214

2 Anonym: Die Schlauchbeutel-Form, -Füll- und -Verschließmaschine. *Verpackungs-Rundschau* **37** (1986), Nr. 10, S. 1145-1156

3 Anonym: Nie schief gewickelt – Mechanische und elektronische Funktionselemente zur Perfektionierung des Auf- und Abrollens. *Papier + Kunststoff-Verarbeiter* **25** (1990), Nr. 9, S. 34-42

4 Axelson, L.: Permeability – Loss of high barrier properties during converting, packaging, and handling. Conference Proceedings IAPRI – 7th World Conference on Packaging held in Jaarbeurs Utrecht/Holland, April 14-17, 1991

5 Bach, P.; Hess, H.: Der Einfluß einiger Portionspackungen auf den Wein im Laufe der Lagerung im Vergleich zur Glasflasche und unter Berücksichtigung der Lichteinwirkung. *Neue Verpackung* **39** (1986), Nr. 9, S. 78-82

6 Bader, M. J.: Elektrostatische Aufladungen – Bedeutung, Entstehungsursachen und Abhilfe. *Kunststoffberater* **32** (1987), Nr. 1/2, S. 30-35

7 Barrer, R. M.: Diffusion in and through Solids. Cambridge: University Press, 1951

8 Baumgärtel, K.; Richter, E.-F.: Messung des Reibungskoeffizienten von Metallen und Kunststoffen – Meßverfahren und allgemeine Ergebnisse. *Zeitschrift für Instrumentenkunde* **71** (1963), Nr. 9, S. 243-251

9 Beu, T. A.; Mercea, P.-V.: Gas transport through metallized polymer membranes. *Materials Chemistry and Physics* **26** (1990), S. 309-322

10 Blythe, J. E.: How films act while sliding through wrapping machinery. *Package Engineering* **13** (1968), Nr. 7, S. 68-70

11 Brecht, W.; Räderer, P.; Weitzel, W.: Über die Rollneigung von Papieren. *Das Papier* **13** (1959), Nr. 11/12, S. 237-244

12 Chao, R. R.; Rizvi, S. S. H.: Oxygen and water vapor transport through polymeric film – a review of modeling approaches. In: Hotchkiss, J. H. (Hrsg.): Food and Packaging Interactions – ACS Symposium Series 365. Washington: American Chemical Society, 1988, S. 217-242

13 Comyn, J.: Introduction to polymer permeability and the mathematics of diffusion. In: Comyn, J. (Hrsg.): Polymer Permeability. London: Elsevier, 1985, S. 1-10

14 Crank, J.: The Mathematics of Diffusion. 2. Auflage. Oxford: Clarendon, 1975

15 Crank, J.; Park, G. S.: Methods of measurement. In: Crank, J.; Park, G. S. (Hrsg.): Diffusion in Polymers. London: Academic Press, 1968, S. 1-39

16 Lax, E.; Synowietz, C. (Hrsg.): D'Ans Lax: Taschenbuch für Chemiker und Physiker. Band I: Makroskopische physikalisch-chemische Eigenschaften. 3. Auflage. Berlin: Springer, 1967

17 De Leiris, J. P.: Water activity and permeability. In: Mathlouthi, M. (Hrsg.): Food Packaging and Preservation - Theory and Practice. London: Elsevier, 1986, S. 213-233

18 Dierking, E.; Kleinschmidt, F.: Verpackungsmaschinen in der Süßwarenindustrie. *Kakao + Zucker* **23** (1971), Nr. 7, S. 2-8

19 Dietz, G.; Günther, H.: Zur Problematik der Gestaltung von Formschultern für Schlauchbeutelform, -füll- und -verschließmaschinen. *Wissenschaftliche Zeitschrift der Technischen Universität Dresden* **23** (1974), Nr. 5, S. 1193-1202

20 Dietz, G.; Günther, H.: CAD/CAM von Formschultern für Schlauchbeutel-Form-Füll-Verschließ-Maschinen. *Wissenschaftliche Zeitschrift der Technischen Universität Dresden* **34** (1985), Nr. 5/6, S. 241-246

21 Dietz, G.; Lippmann, R.: Verpackungstechnik. Heidelberg: Hüthig, 1985

22 Domke, K.: Leistungsgrenzen von Verpackungsmaschinen beim Formen, Füllen, Verschließen und Konditionieren von Fertigverpackungen aus flexiblen Kunststoff-Folien. In: VDI-Gesellschaft Kunststofftechnik (Hrsg.): Verpacken mit Kunststoff-Folien. Düsseldorf: VDI-Verlag, 1982, S. 105-133

23 Dorsteen, J. W.; Mot, E.: Some methods of measuring the coefficient of friction of flexible packaging materials. Delft: Institute TNO for Packaging Research, ohne Datum

24 Ernst, U.: Siegelverhalten und Hot Tack-Messung (1. Teil). *TARA* **447** (1986), S. 829-833

25 Ernst, U.: Siegelverhalten und Hot Tack-Messung (2. Teil). *TARA* **448** (1986), S. 880-883

26 Felder, R. M.: Estimation of gas transport coefficients from differential permeation, integral permeation, and sorption rate data. *Journal of Membrane Science* **3** (1978), Nr. 1, S. 15-27

27 Frede, W. E.: Die Zug- und Spannungsmessung an laufenden Bahnen – ein wichtiges Betriebsmeßverfahren in der Papier- und Kunststoffindustrie. *Papier + Kunststoff-Verarbeiter* **13** (1978), Nr. 1, Sonderdruck ohne Seitenangabe

28 Frede, W. E.: Steuerung oder Regelung des Zuges bzw. der Spannung an laufenden Materialbahnen. *Papier + Kunststoff-Verarbeiter* **16** (1981), Nr. 9, Sonderdruck ohne Seitenangaben

29 Gast, Th.: Meßtechnik. In: Beitz, W.: Küttner, K.-H. (Hrsg.): Dubbel – Taschenbuch für den Maschinenbau. 16. Auflage. Berlin: Springer, 1987, S. V1-V30

30 Goddard, R.: Tests prove barrier values of metallised films. *Packaging* **28** (1983), Nr. 11, S. 68-72

31 Granzer, R.: Über die Auswirkungen von Lichtstrahlen auf Orangensaft in Weißglasflaschen industrieller Abfüllung. *Die industrielle Obst- und Gemüseverwertung* **68** (1983), Nr. 7, S. 263-266

32 Hartmann, G.: Metallisierte Folien als Verpackungsmaterial für Lebensmittel. *Lebensmitteltechnik* **13** (1981), Nr. 4, S. 153-157

33 Hartwig, E. K.: High vacuum roll coating. In: Satas, D. (Hrsg.): Web Processing and Converting Technology and Equipment. New York: Van Nostrand Reinhold, 1984, S. 182-212

34 Heiss, R.: Verpackung von Lebensmitteln. Berlin: Springer, 1980

35 Heiss, R.; Eichner, K.: Vergleich des Verpackungseinflusses auf die Qualitätserhaltung wasserdampf- bzw. sauerstoffempfindlicher Lebensmittel. *Verpackungs-Rundschau* **29** (1978), Nr. 1, Techn.-wiss. Beilage, S 1-7

36 Heiss, R.; Radtke, R.: Über den Einfluß von Licht, Sauerstoff und Temperatur auf die Haltbarkeit verpackter Lebensmittel. *Verpackungs-Rundschau* **19** (1968), Nr. 3, Techn.-wiss. Beilage, S. 17-24

37 Hendrickson, L.: Testing films for machinability. *Modern Packaging* **40** (1967), Nr. 9, S. 171-176

38 Hertlein, J.; Singh, R. P.; Weisser, H.: Prediction of oxygen transport parameters of plastic packaging materials from transient state measurements. *Journal of Food Engineering* **24** (1995), Nr. 4, S. 543-560

39 Hertlein, J.: Eigenschaftsprofile von Packstoffen und Verpackungen aus Kunststoff. *Brauwelt* **135** (1995), Nr. 4, S. 140-150

40 Hine, D.: Simple analysis helps solve form-fill-seal variations. *Packaging* **29** (1984), Nr. 3, S. 54-58

41 Hinsken, H.: Einfluß auf die Haltbarkeit von Lebensmitteln in Verpackungen aus Kunststoff-Folien. *Lebensmitteltechnik* **18** (1986), Nr. 11, S. 622-626, 635

42 Hohmann, H. J.: Abschätzen der Maschinengängigkeit von Packstoffen. *Verpackungs-Rundschau* **27** (1976), Nr. 1, S. 30-40

43 Hohmann, H. J.: Bestimmen der elektrostatischen Empfindlichkeit von Packstoffen. *Verpackungs-Rundschau* **31** (1980), Nr. 3, Techn.-wiss. Beilage, S. 13-19

44 Hohmann, H. J.; Woyke, Ch.: Bahnspannungen in vertikalen Schlauchbeutelmaschinen. 1. Mitteilung: Die maßgeblichen mechanischen Packstoffeigenschaften. *Verpakkungs-Rundschau* **31** (1980), Nr. 10, Techn.-wiss. Beilage, S. 67-73

45 Hohmann, H. J.; Münderlein, W.: Bahnspannungen in vertikalen Schlauchbeutelmaschinen. 2. Mitteilung: Einfluß der Geometrie und Oberfläche der Formschulter. *Verpackungs-Rundschau* **31** (1980), Nr. 12, Techn.-wiss. Beilage, S. 85-90

46 Hohmann, H. J.; Woyke Ch.: Bahnspannungen in vertikalen Schlauchbeutelmaschinen. 3. Mitteilung: Die veränderlichen Maschineneinstellgrößen. *Verpackungs-Rundschau* **32** (1981), Nr. 2, Techn.-wiss. Beilage, S. 7-13

47 Hohmann, H. J.: Anforderungen an Packstoffe und Packmittel für Lebensmittel-Verpackungen. *Packaging Production International* **1** (1988), Nr. 1, S. 54-55

48 Hohmann, H. J.; Münderlein, W: Abzugsbedingungen für vertikale Schlauchbeutelmaschinen mit Riemenabzug. *ZFL* **40** (1989), Nr. 3, S. 120-130

49 Hölz, R.: Reibungsmessung an Folien. *Materialprüfung* **12** (1970), Nr. 4, S.109-117

50 Hülsmann, T.; Hohmann H. J.: Messerverschleiß in Querschneideinrichtungen von Verpackungsmaschinen. *Verpackungs-Rundschau* **34** (1983), Nr. 12, Techn.-wiss. Beilage, S. 87-93

51 Jamieson, E. H. H.; Windle, A. H.: Structure and oxygen-barrier properties of metallized polymer film. *Journal of Material Science* **18** (1983), Nr. 1, S. 64-80

52 Jenkins, W. A.; Harrington, J. P.: Packaging Foods with Plastics. Lancaster: Technomic, 1991

53 Krämer, H.: Kriterien zur Beurteilung der Zündgefahren infolge elektrostatisch aufgeladener Flüssigkeiten. *Chemie-Ingenier-Technik* **55** (1983), Nr. 6, S. 419-428

54 Kuchling, H.: Taschenbuch der Physik. 5.-8. Auflage. Thun: Harri Deutsch, 1986

55 Kuzia, A.: Messen der Bahnspannungen auf vertikalen Form-, Füll- und Verschließmaschinen. *Verpackungs-Rundschau* **31** (1981), Nr. 5, Techn.-wiss. Beilage, S. 33-36

56 Langowski, H.-C.; Utz, H.: Dünne anorganische Schichten für Barriereeigenschaften. *ZFL* **43** (1992), Nr. 9, S. 520-526

57 Lützelschwab, L.; Kühni, H.: Einflüsse des Hottacks auf die Verarbeitung heißsiegelbarer Verbundfolien. *Verpackungs-Rundschau* **20** (1970), Nr. 11, S. 1568-1574

58 Madlener, P: Ultraschall-Schweißen von Folien. *Neue Verpackungen* **43** (1990), Nr. 3, S. 60-62

59 Matsuyama, H.; Teramoto, M.; Hirai, K.: Effect of plasma treatment on CO_2 permeability and selectivity of poly(dimethylsiloxane) membrane. *Journal of Membrane Science* **99** (1995), S. 139-147

60 Mercea, P.; Muresan, L.; Mecea, V.: Permeation of gases through metallized polymer membranes. *Journal of Membrane Science* **24** (1985), S. 297-307

61 Mercea, P.; Muresan, L.; Mecea, V.; Silipas, D.; Ursu, I.: Permeation of gases through poly(ethylene terephthalate) membranes metallized with palladium. *Journal of Membrane Science* **35** (1988), S. 291-300

62 Mercea, P.-V.; Bartan, M.: Gas separation through a polymer membrane deposited with SiO_2. *Materials Chemistry and Physics* **30** (1991), Nr. 1, S. 33-37

63 Münderlein, W.; Hohmann, H. J.: Bahnspannungen beim Herstellen von Beuteln aus Papierverbunden auf einer vertikalen Schlauchbeutelmaschine. *Verpackungs-Rundschau* **33** (1982), Nr. 11, Techn.-wiss. Beilage, S. 75-78

64 Nentwig, J.: Neue Entwicklungen in der Folientechnologie. *Die Verpackung* **33** (1992), Nr. 5, S. 197-200

65 Nickel, W. A.; Stevenson, J. F.: The CID Story 2: What causes wharp and what can be done to control it? *Boxboard Containers* **94** (1986), Nr. 11, S. 10-13

66 Parfeev, V. M.; Silis, Yu. Yu.; Skrastin´sh, Ya. P.; Dukat, A. Kh.; Parfeev, S. V.: Experimental investigation of low cycle fatigue of metallized polyethylen terephthalate. *Mechanics of Composite Materials* **28** (1992), Nr. 6, S. 560-567

67 Peppas, N. A.; Khanna, R.: Mathematical Analysis of transport properties of polymer films for food packaging. II. Generalized water vapor models. *Polymer Engineering and Science* **20** (1980), Nr. 17, S. 1147-1156

68 Piringer, O. G.: Verpackungen für Lebensmittel: Eignung, Wechselwirkungen, Sicherheit. Weinheim: VCH, 1993

69 Pohl, W.: Antistatika, ihre Einarbeitung und ihre Wirkungsweise in Thermoplasten. *Verpackungs-Rundschau* **21** (1970), Nr. 2, Techn.-wiss Beilage, S. 1-13

70 Predöhl, W.: Herstellen extrudierter Folien. In: VDI-Gesellschaft Kunststofftechnik (Hrsg.): Verpacken mit Kunststoff-Folien. Düsseldorf: VDI-Verlag, 1982, S. 23-39

71 Prins, W.; Hermans, J. J.: Theory of permeation through metal coated polymer films. *Journal of Physical Chemistry* **63** (1959), Nr. 5, S. 716-719

72 Quakenbos, H. M.: Test for static on PE packages. *Modern Packaging* **41** (1968), Nr. 7, S. 103-107

73 Rapoport, N.; Livanova, N.; Balogh, L.; Kelen, T.: Simulation of the durability and approach to the stabilization of polyolefins undergoing oxidative degradation under mechanical stress. *International Journal of Polymeric Materials* **19** (1993), S. 101-108

74 Renner, E.: Pasteurisierte Milch in unterschiedlichen Verpackungen. *Die Ernährungsindustrie* **o. Jg.** (1986), Nr. 11, S. 12-18

75 Reißmann, H.: Die statische Ladung von Kunststoff-Folien. *Verpackungs-Rundschau* **14** (1963), Nr. 10, S. 932-936

76 Rickert, H.: Feste Ionenleiter – Grundlagen und Anwendungen. *Angewandte Chemie* **90** (1978), Nr. 1, S. 38-48

77 Roder, H.-E.: Möglichkeiten zur Beseitigung elektrostatischer Aufladungen auf Packstoffen bei der maschinellen Verarbeitung. *Verpackungs-Rundschau* **7** (1956), Nr. 1, S. 1-5

78 Roder, H.-E.; Heiss, R. und Schricker, G.: Mechanische Beanspruchung an Papieren und Folien bei der Verarbeitung auf verschiedenen Verpackungsmaschinen. *Verpakkungs-Rundschau* **11** (1960), Nr. 11, S. 81-86

79 Rogers, C. E.: Permeation of gases and vapours in polymers. In: Comyn, J. (Hrsg.): Polymer Permeability. London: Elsevier, 1985, S. 11-73

80 Rogers, C. E.; Fels, M.; Li, N. N.: Separation by permeation through polymeric membranes. In: Li, N. N. (Hrsg.): Recent Developments in Separation Science. Band 2. Cleveland: CRC Press, 1972, S. 107-155

81 Rogers, W. A.; Buritz, R. S.; Alpert, D.: Diffusion coefficient, solubility and permeability for helium in glass. *Journal of Applied Physics* **25** (1954), Nr. 7, S. 686-875

82 Roisum, D. R.: How to measure roll quality. *Tappi Journal* **71** (1988), Nr. 10, S. 91-103

83 Roisum, D. R.: Runnability of paper – part 1: predicting runnability. *Tappi Journal* **73** (1990), Nr. 1, S. 97-101

84 Roisum, D. R.: Runnability of paper – Part 2: troubleshooting web breaks. *Tappi Journal* **73** (1990) Nr. 2, S. 101-106

85 Sandmeier, D; Ziegleder, G.: Beeinträchtigung der Qualität verpackter Lebensmittel durch verringerten Lichtschutz. *Verpackungs-Rundschau* **45** (1994), Nr. 8, Techn.-wiss. Beilage, S. 47-51

86 Sandmeier, D.: Ans Licht gebracht – Veränderungen von Lebensmitteln unter Lichteinfluß. *Lebensmitteltechnik* **28** (1996), Nr. 3, S. 41-45

87 Schönbach, G.: Störungen auf Verpackungsmaschinen infolge elektrostatischer Aufladungen. *Verpackungs-Rundschau* **19** (1968), Nr. 11, S. 75-81

88 Schram, D. C.; Kroesen, G. M. W.; Beulens, J. J.: The physics of plasma polymer deposition. In: Yasuda, H. K. (Hrsg.): Plasma Polymerization and Plasma Interactions with Polymeric Materials. New York: Wiley, 1990, S. 1-16

89 Schricker, G.; Teichmann, W.; Probst, Ch.: Zum Einfluß mechanischer Belastungen auf die Dichtigkeit von metallisierten Kunststoffolien und Aluminiumverbunden mit Kunststoffen. *Verpackungs-Rundschau* **41** (1990), Nr. 7, Techn.-wiss. Beilage, S. 45-48

90 Schröter, W.; Lautenschläger, K.-H.; Bibrack, H.: Taschenbuch der Chemie. 12. Auflage. Thun: Harri Deutsch, 1986

91 Schwartzberg, H. G.: Modelling of gas and vapour transport through hydrophilic films. In: Mathlouthi, M. (Hrsg.): Food Packaging and Preservation - Theory and Practice. London: Elsevier, 1986, S. 115-135

92 Stannett, V.: The transport of gases in synthetic polymeric membranes – a historic perspective. *Journal of Membrane Science* **3** (1978), Nr. 2, S. 97-115

93 Stannett, V.: The permeability of plastic films and coated papers to gases and vapors. *Advancing Converting and Packaging Technologies* **1** (1985), Nr. 1, S. 22-26

94 Stannett, V. T.; Yasuda, H.: The measurement of gas and vapor permeation and diffusion in polymers. In: Schmitz, J. V. (Hrsg.): Testing of Polymers. Band 1. New York: Interscience, 1968, S. 393-418

95 Stollenwerk, M; Zell, H.; Michaeli, W.: Substrate großflächig homogen beschichten: Plasmapolymerisation als vielversprechendes Verfahren. *Papier + Kunststoff-Verarbeiter* **30** (1996), Nr. 4, S. 35-40

96 Storb, U.: Die antistatische Ausrüstung von Kunststoff-Folien. *Allgemeine Papier-Rundschau* **o. Jg.** (1986), Nr. 9, S. 244-248, 250

97 Struik, L. C. E.: Het wikkelen van folies tot rollen. *Missets Pakblad* **4** (1987), Nr. 4, S. 48-51

98 Styles, M. E. K.: Material stresses on web-fed machines. In: Pira International und International Association of Packaging Research Institutes (IAPRI) (Hrsg.): Proceedings of the International Conference on Packaging Technology 1972, London, 27.-29.3.1972. Leatherhead: Pira, 1972, S. 12:1-12:4

99 Szczepanik, Z. R.; Czerniawski, B.: Bestimmung der elastischen Eigenschaften von Packstoffen mit Hilfe der Ultraschallmessung. *Verpackungs-Rundschau* **21** (1970), Nr. 4, S. 27-31

100 Thalmann, W. R.: Optimierungsprobleme beim Heißsiegeln von Verbundfolien und Hot-Tack-Meßprobleme. *Verpackungs-Rundschau* **27** (1976), Nr. 9, S. 71-76

101 Tiepel, R.; Mot, E.: Die theoretische Bauhöhe vertikaler Schlauchbeutel-Form-Füll- und Verschließmaschinen. *Verpackungs-Rundschau* **26** (1975), Nr. 7, Techn.-wiss Beilage, S. 51-54

102 Utz, H.: Barriereeigenschaften von aluminiumbedampften Kunststoffolien, Teil 1: Aufgedampfte Aluminiummenge, Oberflächenwiderstand, optische Dichte und Gasdurchlässigkeit. *Verpackungs-Rundschau* **43** (1992), Nr. 3, Techn.-wiss Beilage, S. 17-24

103 Utz, H.: Barriereeigenschaften von aluminiumbedampften Kunststoffolien, Teil 2: Einfluß mechanischer Belastungen. *Verpackungs-Rundschau* **44** (1993), Nr. 8, Techn.-wiss Beilage, S. 51-58

104 Utz, H.: Barriereeigenschaften aluminiumbedampfter Kunststoffolien. München, Technische Universität, Fakultät für Brauwesen, Lebensmitteltechnologie und Milchwissenschaft, Dissertation, 1996

105 Vieth, W. R. ; Howell, J. M.; Hsieh, J. H.: Dual sorption theory. *Journal of Membrane Science* **1** (1976), Nr. 1, S. 177-200

106 Vogelpohl, H.: Untersuchungen zur Lichtdurchlässigkeit von Flaschengläsern und deren Bedeutung für die Qualitätserhaltung von Bier. München, Technische Universität, Fakultät für Brauwesen, Lebensmitteltechnologie und Milchwissenschaft, 1981, Dissertation

107 Vogelpohl, H.; Hohmann, H. J.: Maschinenanalytische Untersuchungen am Beispiel einer vertikalen Schlauchbeutelmaschine. *Verpackungs-Rundschau* **35** (1984), Nr. 9, Techn.-wiss. Beilage, S. 55-61

108 Voigt, W.: Verfahren zur Bestimmung der Ursachen statischer elektrischer Aufladung von Kunststoff-Folien. *Verpackungs-Rundschau* **8** (1957), Nr. 12, S. 89-92

109 Weiss, J.: Einflußfaktoren auf die Barriereeigenschaften metallisierter Folien. *Verpakkungs-Rundschau* **44** (1993), Nr. 4, Techn.-wiss. Beilage, S. 23-28

110 Weiss, J.; Leppin, Ch.; Mader, W.; Salzberger, U.: Aluminium metallization of polyester and polypropylene films: properties and transmission electron microscopy microstructure investigations. *Thin Solid Films* **174** (1989), S. 155-158

111 Weiss, J.: Parameters that influence the barrier properties of metallized polyester and polypropylene films. *Thin Solid Films* **204** (1991), S. 203-216

112 Weiss, J.: Barriereeigenschaften verschiedener metallisierter Folien und Laminate. *Coating* **24** (1991), Nr. 8, S. 290-292

113 Ziegleder, G.: Ohne Lichtschutz geht es nicht. *ZFL* **46** (1995), Nr. 1/2, S. 38-39

10.2 Normen und Firmenschriften

114 Merkblätter für die Prüfung von Packmitteln – Merkblatt 33: Bestimmung der Festigkeit von Heißsiegelnähten – Quasistationäre Methode. *Verpackungs-Rundschau* **29** (1978), Nr. 9, Techn.-wiss. Beilage, S. 72-73

115 Merkblätter für die Prüfung von Packmitteln – Merkblatt 45: Prüfung von Heißsiegelnähten auf Dichtigkeit. *Verpackungs-Rundschau* **33** (1982), Nr. 5, Techn.-wiss. Beilage, S. 30-33

116 Norm ANSI/ASTM D 1894-75: Standard Test Method for Static and Kinetic Coefficients of Friction of Plastic Film and Sheeting

117 Norm ASTM F 392-93: Flex durability of flexible barrier materials

118 Norm ASTM F 1249-89: Water vapor transmission rate through plastic film and sheeting using a modulated infrared sensor

119 Norm DIN 1349 - 06.72: Durchgang optischer Strahlung durch Medien

120 Norm DIN 53 112 - 10.81: Prüfung von Papier und Pappe – Zugversuch

121 Norm DIN 53 363 - 05.69: Prüfung von Kunststoff-Folien – Weiterreißversuch an trapezförmigen Proben mit Einschnitt

122 Norm DIN 53 366 - 01.83: Prüfung von Kunststoff-Folien und Kunststoffbahnen – Bestimmung der Blockkraft

123 Norm DIN 53 370 - 02.76: Prüfung von Kunststoff-Folien – Bestimmung der Dicke durch mechanische Abtastung

124 Norm DIN 53 373 - 09.70: Prüfung von Kunststoff-Folien – Durchstoßversuch mit elektronischer Meßwerterfassung

125 Norm DIN 53 375 - 11.86: Prüfung von Kunststoff-Folien – Bestimmung des Reibungsverhaltens

126 Norm DIN 53 380 Teil 3 - 07.89 (Entwurf): Prüfung von Kunststoffen – Bestimmung der Gasdurchlässigkeit; Sauerstoffspezifisches Trägergasverfahren zur Messung an Kunststoff-Folien und Kunststoff-Formteilen

127 Norm DIN 53 455 - 08.81: Prüfung von Kunststoffen – Zugversuch

128 Norm DIN 53 457 - 10.87: Prüfung von Kunststoffen – Bestimmung des Elastizitätsmoduls im Zug-, Druck- und Biegeversuch

129 Norm DIN 53 479 - 07.76: Prüfung von Kunststoffen und Elastomeren – Bestimmung der Dichte

130 Norm DIN 55 405 - 02.88: Begriffe für das Verpackungswesen

131 Norm ISO 8295-1986 (E): Plastics – Film and Sheeting – Determination of the coefficients of friction

132 Bosch Verpackungstechnik: SVZ-SVB-SVK-Maschinenprogramm. Waiblingen, 1990 (VM/VEK 1 - 5.90 - 2.D). - Firmenschrift

133 Bosch Verpackungstechnik: Schlauchbeutelmaschinen SVB 2501 und SVB 3601 zum höchsten Nutzen Ihrer Produktion. Waiblingen, 1992 (VEK 1 - 11.92 - 2.D). - Firmenschrift

134 Bosch Verpackungstechnik: „Transwrap“ SVZ 1650: die universelle, programmierbare Schlauchbeutelmaschine mit Zangenabzug. Waiblingen, 1991 (VEK 1, 5.91, 2.0D). - Firmenschrift

135 Brugger Feinmechanik: Knitterfestigkeitsprüfgerät Type KFT. München, ohne Datum. - Firmenschrift

136 Hottinger Baldwin Meßtechnik: Berührungslose Wegaufnehmer, induktives Meßsystem. Darmstadt, 1992 (114.23-01-15.5). - Firmenschrift

137 Hottinger Baldwin Meßtechnik: Tr 4...Tr 102: berührungslose induktive Aufnehmer. Darmstadt, 1992 (D 25.02.0). - Firmenschrift

138 Rovema Verpackungsmaschinen GmbH: M-VP: 3 Maschinen für ein breites Leistungsspektrum. Fernwald, ohne Datum (KH 1183). - Firmenschrift

139 Rovema Verpackungsmaschinen GmbH: Rovema M-VP: Betriebsanleitung. Fernwald, 1984. - Firmenschrift

A Anhang

Tabelle A.1. Einfluß von Maschinenausbringung auf die Abzugskräfte (Mittelwert und Vertrauensbereich für $\alpha = 0{,}05$) bei einer Schlauchbeutelmaschine mit Riemenabzug (Rovema M-VP 220/240)

Packstoff	Maschinenausbringung in Beutel/min	Abzugskraft in N
BOPP	30	30 ± 4
	40	54 ± 7
	60	70 ± 8
	80	87 ± 9
	90	95 ± 13
	100	98 ± 12
$BOPP_{met}$	30	52 ± 7
	40	97 ± 11
	60	118 ± 17
	80	124 ± 13
	90	148 ± 21
PET_{met}/PE	30	55 ± 8
	40	70 ± 9
	60	115 ± 8
	80	161 ± 11
	90	179 ± 15
PET/Al/PE	30	70 ± 8
	60	132 ± 9
	90	189 ± 18
Papier/PE/PE	30	95 ± 8
	60	157 ± 13
	90	183 ± 17

Tabelle A.2. Einfluß von Maschinenausbringung auf die Abzugskräfte (Mittelwert und Vertrauensbereich für $\alpha = 0{,}05$) bei einer Schlauchbeutelmaschine mit vakuumunterstütztem Riemenabzug (Bosch SVB 2501)

Packstoff	Maschinenausbringung in Beutel/min	Riemengeschwindigkeit in m/s	Abzugskraft in N
$BOPP_{met}$	30	0,5	83 ± 6
	30	1,0	124 ± 5
	60	0,5	76 ± 11
	60	1,0	125± 5
	90	1,0	130 ± 8
	101	1,0	119 ± 23
PET/Al/PE	30	0,5	121 ± 8
	30	1,0	198 ± 13
	60	0,5	107 ± 9
	60	1,0	174 ± 11
	90	1,0	168 ± 14
	101	1,0	175 ± 15
Papier/PE/PE	30	0,5	184 ± 9
	50	0,5	216 ± 16
	50	0,75	235 ± 10
	70	0,75	244 ± 8
	70	1,0	304 ± 16

Tabelle A.3. Einfluß von Maschinenausbringung auf die Abzugskräfte (Mittelwert und Vertrauensbereich für $\alpha = 0{,}05$) bei einer Schlauchbeutelmaschine mit Zangenabzug (Bosch SVZ 1650 A)

Packstoff	Maschinenausbringung in Beutel/min	Abzugskraft in N
$BOPP_{met}$	30	30 ± 4
	45	45 ± 6
	60	75 ± 9
	75	83 ± 12
	90	104 ± 12
PET/Al/PE	45	45 ± 5
	60	79 ± 8
	75	92 ± 9
	90	105 ± 15

Tabelle A.4. Einfluß der Maschinenausbringung auf die Sauerstoffdurchlässigkeit einer aluminiumbedampften BOPP-Folie bei verschiedenen Bauarten von Schlauchbeutelmaschinen (Mittelwert und Vertrauensbereich für $\alpha = 0{,}05$). Prüfbedingungen: 23 °C und 50 % r. F.

Maschinenausbringung in Beutel/min	Sauerstoffdurchlässigkeit in ml/(m^2·d·bar)			
	Riemenabzug	vakuumunterstützter Riemenabzug bei Riemengeschwindigkeit 0,5 m/s	vakuumunterstützter Riemenabzug bei Riemengeschwindigkeit 1,0 m/s	Zangenabzug
0	110 ± 20	110 ± 20	110 ± 20	110 ± 20
30	480 ± 120	1205 ± 60	1600 ± 75	1000 ± 40
40	670 ± 115	-	-	-
45	-	-	-	1015 ± 50
60	690 ± 145	1070 ± 120	1610 ± 110	980 ± 95
75	-	-	-	1050 ± 105
80	710 ± 210	-	-	-
90	845 ± 190	-	1755 ± 145	1135 ± 40
101	-	-	1830 ± 135	-

Tabelle A.5. Einfluß der Ausbringung auf die Wasserdampfdurchlässigkeit einer aluminiumbedampften BOPP-Folie bei verschiedenen Bauarten von Schlauchbeutelmaschinen (Mittelwert und Vertrauensbereich für $\alpha = 0{,}05$). Prüfbedingungen: 23 °C und 100/0 % r. F.

Maschinenausbringung in Beutel/min	Wasserdampfdurchlässigkeit in g/(m^2·d)			
	Riemenabzug	vakuumunterstützter Riemenabzug bei Riemengeschwindigkeit 0,5 m/s	vakuumunterstützter Riemenabzug bei Riemengeschwindigkeit 1,0 m/s	Zangenabzug
0	0,34 ± 0,03	0,34 ± 0,03	0,34 ± 0,03	0,34 ± 0,03
30	0,62 ± 0,02	1,52 ± 0,05	2,19 ± 0,10	1,28 ± 0,09
40	0,64 ± 0,07	-	-	-
45	-	-	-	1,33 ± 0,06
60	0,94 ± 0,07	1,53± 0,06	1,90 ± 0,10	1,39 ± 0,04
75	-	-	-	1,41 ± 0,05
80	0,96 ± 0,06	-	-	-
90	1,03 ± 0,09	-	2,00 ± 0,09	1,53 ± 0,06
101	-	-	2,05 ± 0,10	-

Tabelle A.6. Einfluß der Maschinenausbringung auf die Sauerstoffdurchlässigkeit einer BOPP-Folie bei einer Schlauchbeutelmaschine mit Riemenabzug (Mittelwert und Vertrauensbereich für $\alpha = 0{,}05$). Prüfbedingungen: 23 °C und 50 % r. F.

Maschinenausbringung in Beutel/min	Sauerstoffdurchlässigkeit in ml/(m²·d·bar)
0	1850 ± 355
30	1995 ± 205
40	1985 ± 250
60	1925 ± 225
80	2005 ± 400
101	1945 ± 375

Tabelle A.7. Einfluß der Maschinenausbringung auf die Sauerstoff- (a) und Wasserdampfdurchlässigkeit (b) eines PET_{met}/PE-Verbundes bei einer Schlauchbeutelmaschine mit Riemenabzug (Mittelwert und Vertrauensbereich für $\alpha = 0{,}05$). Prüfbedingungen: 23 °C sowie 50 % r. F. bei (a) und 100/0 % r. F. bei (b)

Maschinenausbringung in Beutel/min	Sauerstoffdurchlässigkeit in ml/(m²·d·bar)	Wasserdampfdurchlässigkeit in g/(m²·d)
0	0,45 ± 0,05	0,30 ± 0,03
30	0,55 ± 0,05	0,34 ± 0,04
40	0,66 ± 0,09	0,39 ± 0,08
60	0,67 ± 0,11	0,34 ± 0,05
80	0,74 ± 0,12	0,41 ± 0,08
90	0,72 ± 0,08	0,42 ± 0,06

Tabelle A.8. Abhängigkeit der Sauerstoffdurchlässigkeit einer aluminiumbedampften BOPP-Folie von der Position der aus einem verschlossenen Schlauchbeutel entnommenen Probestreifen (Mittelwert und Vertrauensbereich für $\alpha = 0{,}05$). Prüfbedingungen: 23 °C und 0 % r. F.

Maschinenausbringung in Beutel/min	Sauerstoffdurchlässigkeit in ml/(m²·d·bar) Streifen				
	A	B	C	D	E
30	519 ± 68	580 ± 78	571 ± 75	463 ± 78	526 ± 67
60	815 ± 79	926 ± 94	916 ± 99	712 ± 87	823 ± 95
90	875 ± 90	978 ± 94	1015 ± 97	840 ± 89	890 ± 97

Tabelle A.9. Einfluß der Knitterbeanspruchung auf die Sauerstoffdurchlässigkeit aluminiumbedampfter Kunststoffolien (23 °C und 50 % r. F.)

Anzahl der Belastungszyklen	Sauerstoffdurchlässigkeit in ml/(m^2·d·bar)	
	$BOPP_{met}$	PET_{met}/PE
0	110 ± 20	0,45 ± 0,05
1	143 ± 37	0,53 ± 0,08
3	185 ± 46	0,59 ± 0,08
5	219 ± 55	0,64 ± 0,07
10	423 ± 11	0,70 ± 0,09
20	773 ± 326	0,74 ± 0,10
50	995 ± 480	0,76 ± 0,13

Tabelle A.10. Einfluß der Dehnbelastung auf die Sauerstoffdurchlässigkeit aluminiumbedampfter Kunststoffolien (23 °C und 50 % r. F.)

Dehnung in %	Sauerstoffdurchlässigkeit in ml/(m^2·d·bar)	
	$BOPP_{met}$	PET_{met}/PE
0	110 ± 20	0,45 ± 0,05
2	106 ± 5	0,56 ± 0,16
4	247 ± 56	1,32 ± 0,39
5	841 ± 184	-
6	1317 ± 161	3,07 ± 0,90
8	1818 ± 72	7,04 ± 0,80
9	-	10,98 ± 1,45
10	2200 ± 55	13,56 ±2,31

Tabelle A.11. Einfluß von Reibklotzmasse und Abzugsgeschwindigkeit auf die Reibungskraft einer aluminiumbedampften BOPP-Folie (Reibpartner: Stahl, Folienaußen- bzw. -innenseite)

Reibklotzmasse in g	Reibungskraft in N bei einer Abzugsgeschwindigkeit in mm/min					
	100		500		1000	
	innen	außen	innen	außen	innen	außen
1500	3,61 ± 0,04	3,13 ± 0,07	4,28 ± 0,11	4,34 ± 0,24	4,31 ± 0,25	4,73 ± 0,08
2000	4,14 ± 0,49	4,22 ± 0,04	5,36 ± 0,44	5,59 ± 0,06	5,89 ± 0,66	6,61 ± 0,07
3000	6,52 ± 0,73	6,56 ± 0,06	8,79 ± 0,26	8,45 ± 0,10	9,73 ± 0,13	10,23 ± 0,07

Tabelle A.12. Einfluß von Reibklotzmasse und Abzugsgeschwindigkeit auf die Gleitreibungszahl einer aluminiumbedampften BOPP-Folie (Reibpartner: Stahl, Folienaußen- bzw. -innenseite)

Reibklotzmasse in g	Abzugsgeschwindigkeit in mm/min					
	100		500		1000	
	μ_i	μ_a	μ_i	μ_a	μ_i	μ_a
1500	0,246 ± 0,002	0,213 ± 0,005	0,291 ± 0,008	0,295 ± 0,016	0,293 ± 0,017	0,321 ± 0,005
2000	0,211 ± 0,025	0,215 ± 0,002	0,274 ± 0,023	0,285 ± 0,003	0,300 ± 0,033	0,337 ± 0,003
3000	0,222 ± 0,025	0,223 ± 0,002	0,299 ± 0,009	0,287 ± 0,003	0,331 ± 0,004	0,348 ± 0,002

Tabelle A.13. Einfluß von Reibklotzmasse und Abzugsgeschwindigkeit auf die Sauerstoffdurchlässigkeit einer aluminiumbedampften BOPP-Folie (Reibpartner: Stahl, Folienaußen- bzw. -innenseite)

Reibklotzmasse in g	Sauerstoffdurchlässigkeit in ml/(m^2·d·bar) bei einer Abzugsgeschwindigkeit in mm/min					
	100		500		1000	
	innen	außen	innen	außen	innen	außen
1500	126 ± 25	125 ± 23	119 ± 11	102 ± 20	106 ± 6	111 ±21
2000	129 ± 11	112 ± 1	121 ± 18	105 ± 10	124 ± 17	101 ± 12
3000	110 ± 10	114 ± 19	107 ± 12	101 ± 23	129 ± 24	105 ± 12

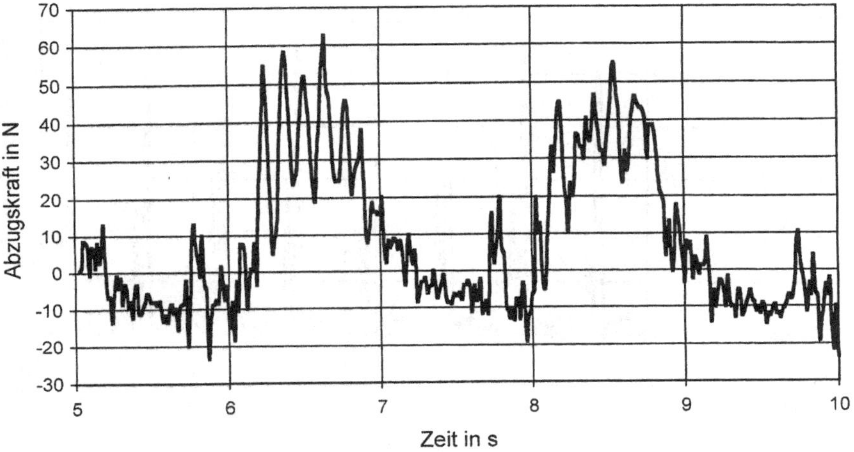

Bild A.1. Zeitlicher Verlauf der Abzugskraft, gemessen mit einem induktiven Wegaufnehmer an einer vertikalen Schlauchbeutelmaschine mit Riemenabzug. Packstoff: $BOPP_{met}$, Ausbringung: 30 Beutel/min

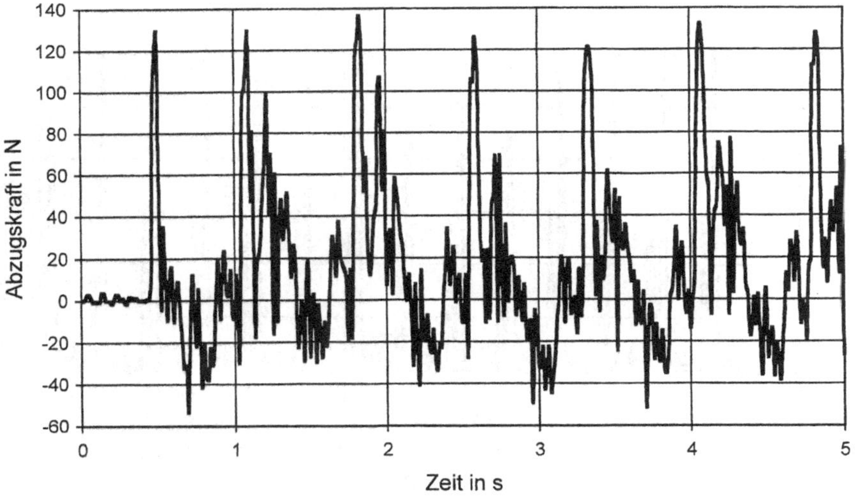

Bild A.2. Zeitlicher Verlauf der Abzugskraft, gemessen mit einem induktiven Wegaufnehmer an einer vertikalen Schlauchbeutelmaschine mit Riemenabzug. Packstoff: $BOPP_{met}$, Ausbringung: 80 Beutel/min

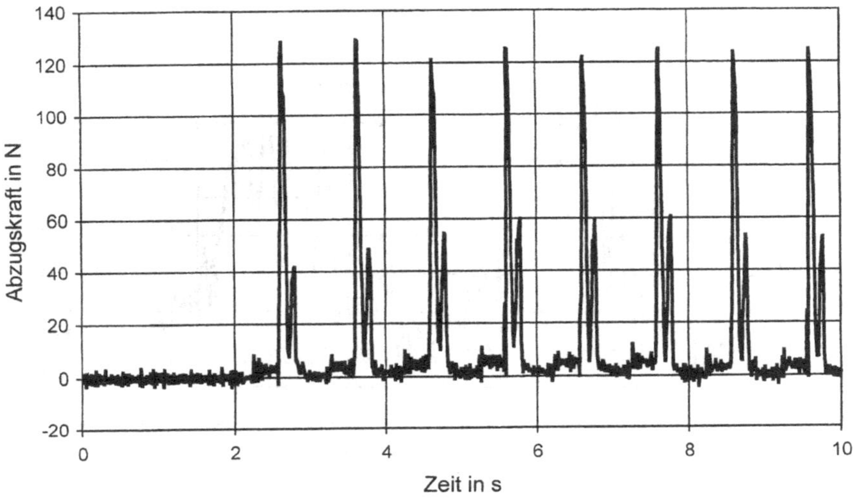

Bild A.3. Zeitlicher Verlauf der Abzugskraft, gemessen an einer vertikalen Schlauchbeutelmaschine mit vakuumunterstütztem Riemenabzug. Packstoff: $BOPP_{met}$, Ausbringung: 60 Beutel/min, Riemengeschwindigkeit: 1,0 m/s

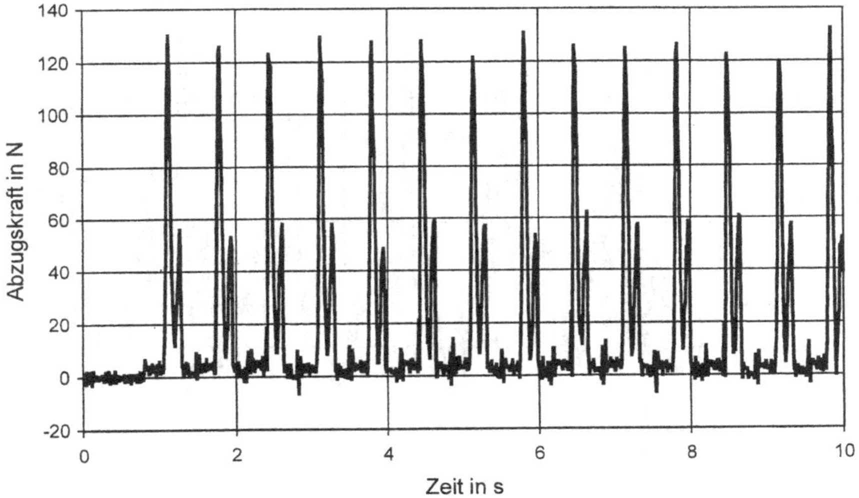

Bild A.4. Zeitlicher Verlauf der Abzugskräfte, gemessen an einer vertikalen Schlauchbeutelmaschine mit vakuumunterstütztem Riemenabzug. Packstoff: $BOPP_{met}$, Ausbringung: 90 Beutel/min, Riemengeschwindigkeit: 1,0 m/s

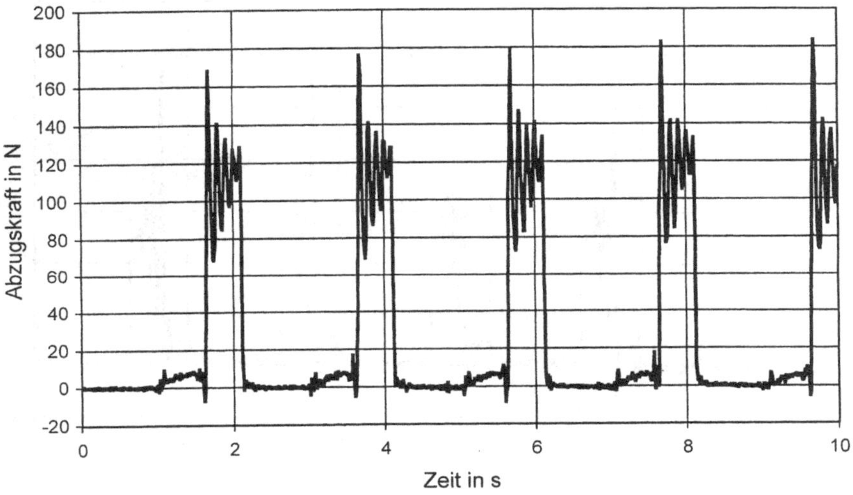

Bild A.5. Zeitlicher Verlauf der Abzugskraft, gemessen an einer vertikalen Schlauchbeutelmaschine mit vakuumunterstütztem Riemenabzug. Packstoff: Papier/PE/PE, Ausbringung: 30 Beutel/min, Riemengeschwindigkeit: 0,5 m/s

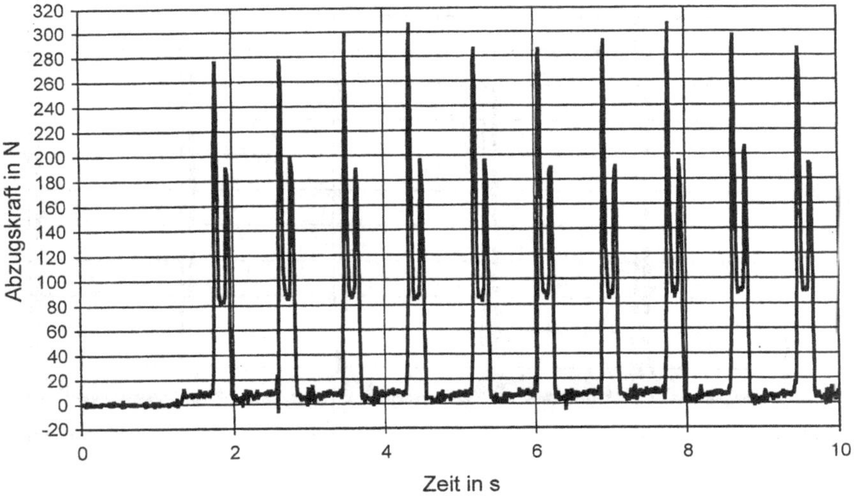

Bild A.6. Zeitlicher Verlauf der Abzugskraft, gemessen an einer vertikalen Schlauchbeutelmaschine mit vakuumunterstütztem Riemenabzug. Packstoff: Papier/PE/PE, Ausbringung: 70 Beutel/min, Riemengeschwindigkeit: 1,0 m/s

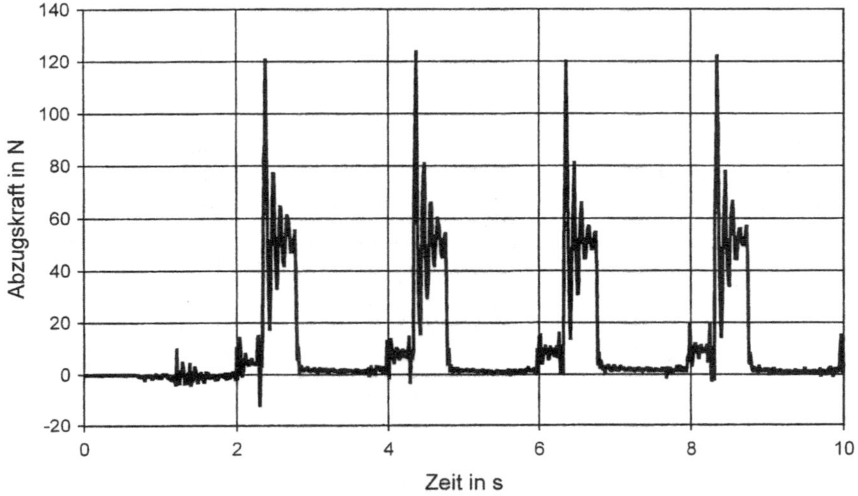

Bild A.7. Zeitlicher Verlauf der Abzugskraft, gemessen an einer vertikalen Schlauchbeutelmaschine mit vakuumunterstütztem Riemenabzug. Packstoff: PET/Al/PE, Ausbringung: 30 Beutel/min, Riemengeschwindigkeit: 0,5 m/s

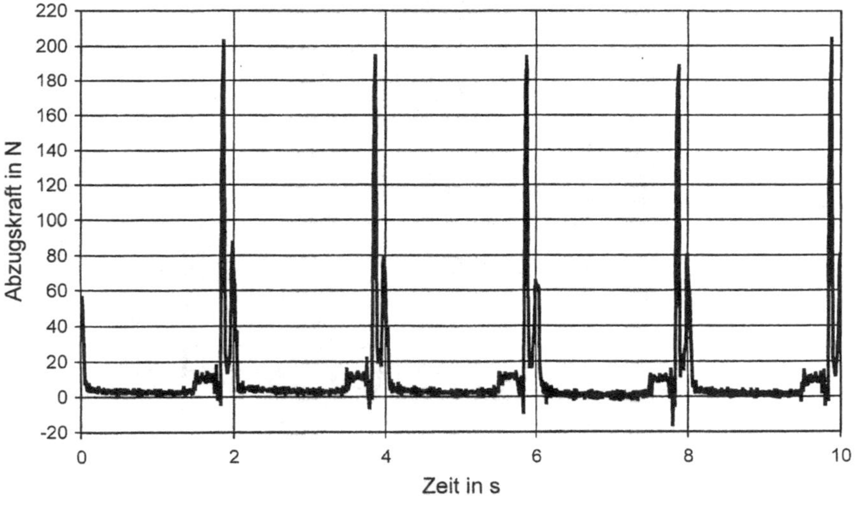

Bild A.8. Zeitlicher Verlauf der Abzugskraft, gemessen an einer vertikalen Schlauchbeutelmaschine mit vakuumunterstütztem Riemenabzug. Packstoff: PET/Al/PE, Ausbringung: 30 Beutel/min, Riemengeschwindigkeit: 1,0 m/s

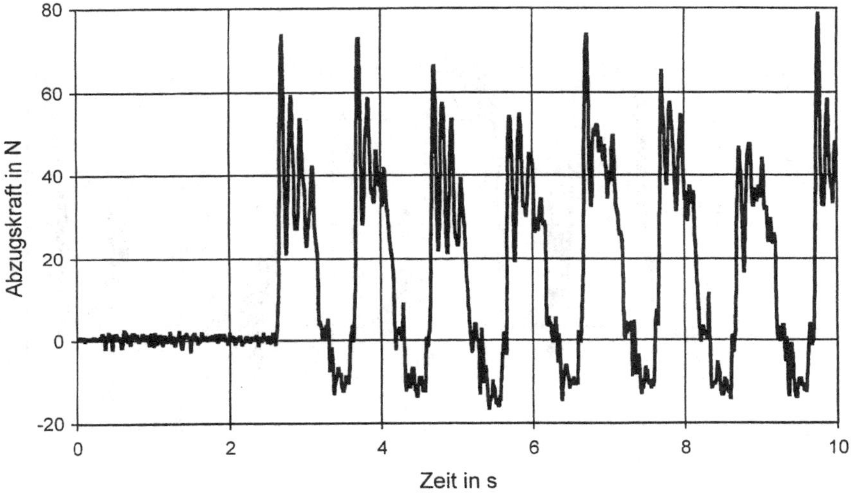

Bild A.9. Zeitlicher Verlauf der Abzugskraft, gemessen an einer vertikalen Schlauchbeutelmaschine mit Zangenabzug. Packstoff: $BOPP_{met}$, Ausbringung: 60 Beutel/min

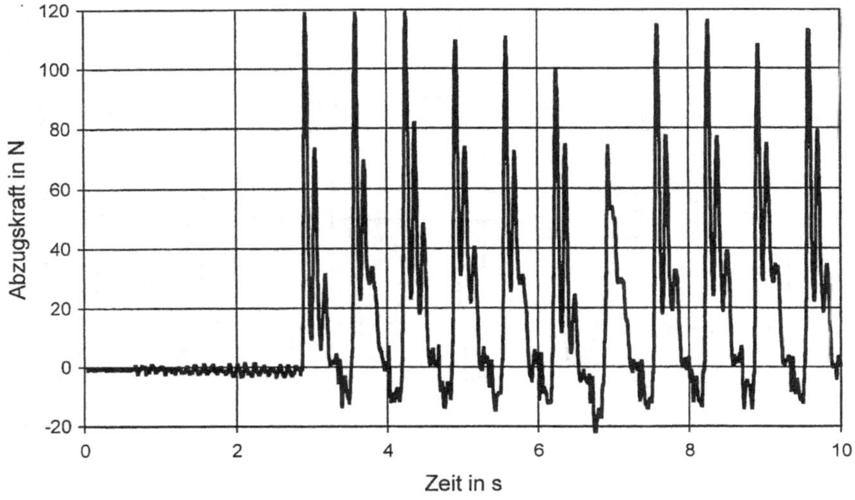

Bild A.10. Zeitlicher Verlauf der Abzugskraft, gemessen an einer vertikalen Schlauchbeutelmaschine mit Zangenabzug. Packstoff: $BOPP_{met}$, Ausbringung: 90 Beutel/min

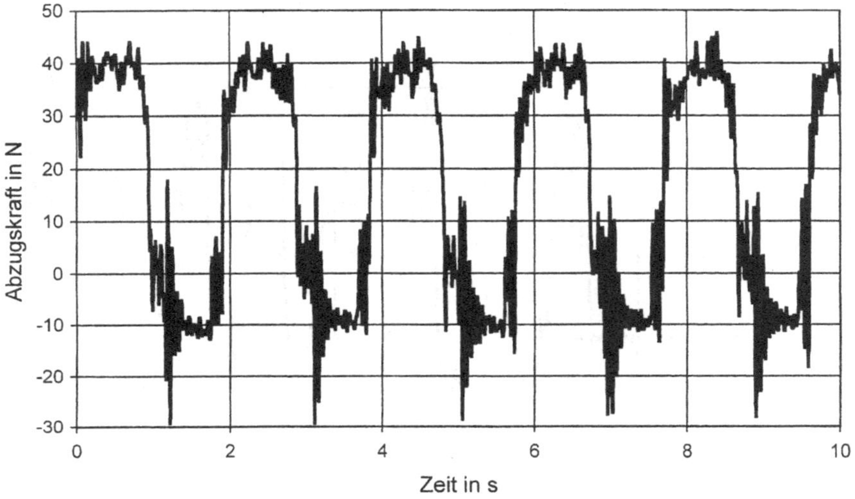

Bild A.11. Zeitlicher Verlauf der Abzugskraft, gemessen an einer vertikalen Schlauchbeutelmaschine mit Zangenabzug. Packstoff: PET_{met}/PE, Ausbringung: 30 Beutel/min

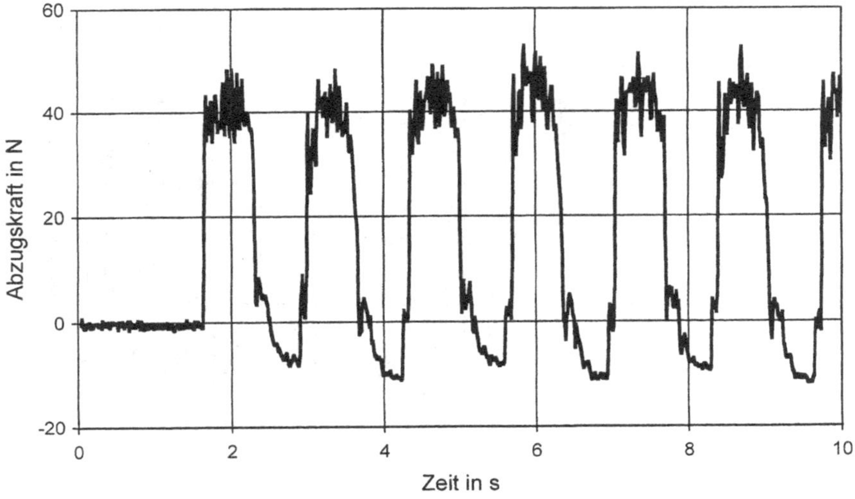

Bild A.12. Zeitlicher Verlauf der Abzugskraft, gemessen an einer vertikalen Schlauchbeutelmaschine mit Zangenabzug. Packstoff: PET_{met}/PE, Ausbringung: 45 Beutel/min

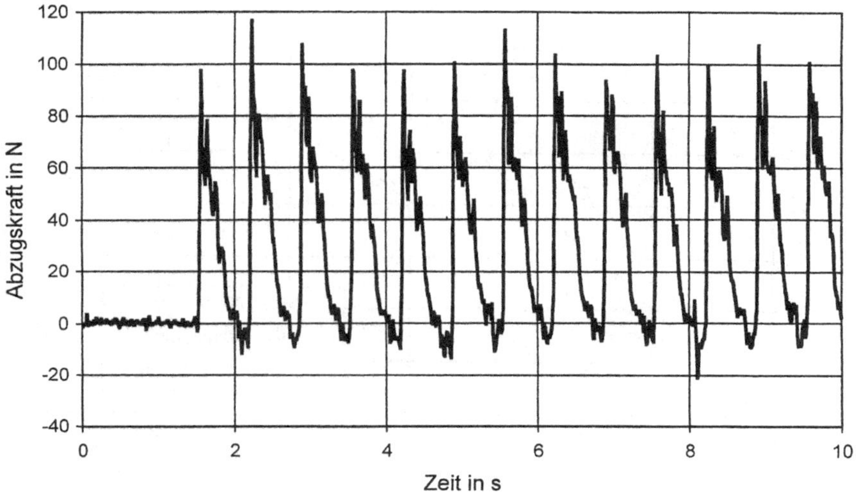

Bild A.13. Zeitlicher Verlauf der Abzugskraft, gemessen an einer vertikalen Schlauchbeutelmaschine mit Zangenabzug. Packstoff: PET_{met}/PE, Ausbringung: 90 Beutel/min

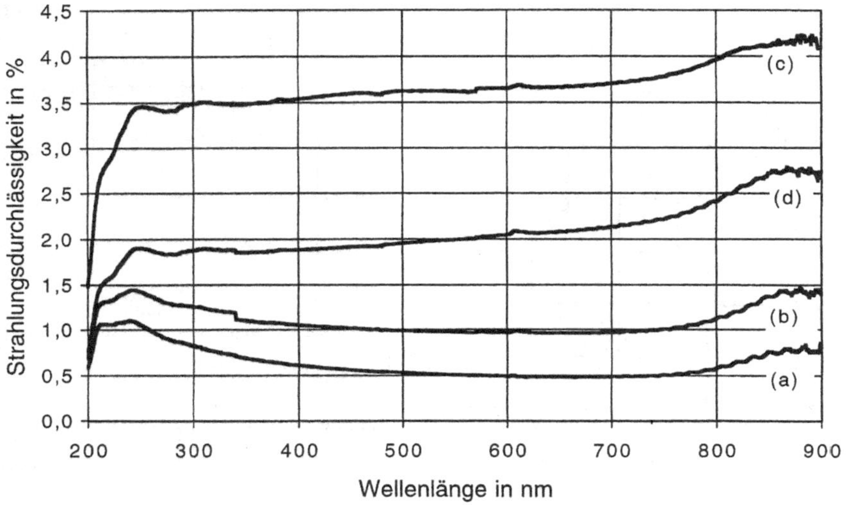

Bild A14. Transmissionsspektren einer aluminiumbedampften BOPP-Folie bei gleicher Ausbringung, aber unterschiedlichen Abzugsystemen: Riemenabzug (a); vakuumunterstützter Riemenabzug mit v=0,5 m/s (b) und v=1,0 m/s (c) sowie Zangenabzug (d)

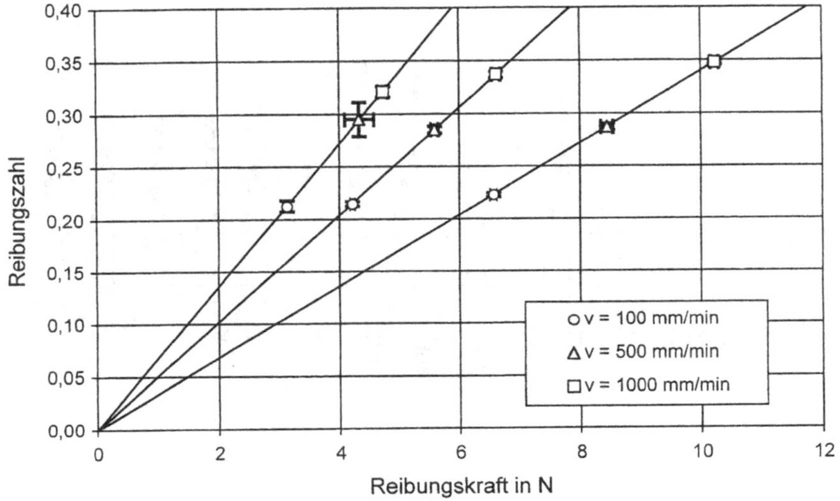

Bild A.15. Einfluß von Reibklotzgeschwindigkeit und -masse auf den Gleitreibungskoeffizienten (Folieninnenseite gegen Stahl) einer aluminiumbedampften BOPP-Folie (Mittelwert und Vertrauensbereich für $\alpha = 0{,}05$)

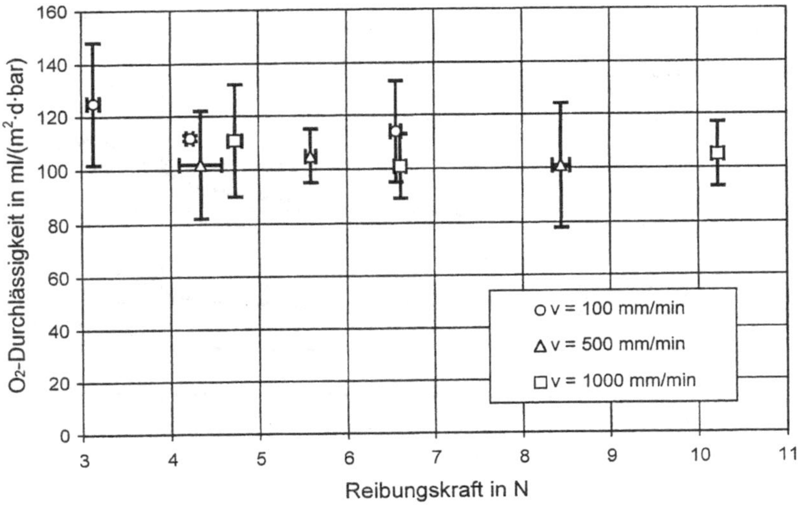

Bild A.16. Einfluß der Reibungskraft auf die Sauerstoffdurchlässigkeit einer aluminiumbedampften BOPP-Folie. Reibpartner: BOPP, Stahl (Mittelwert und Vertrauensbereich für $\alpha = 0{,}05$). Prüfbedingungen: 23 °C und 50 % r. F.

FSC
www.fsc.org
MIX
Papier | Fördert
gute Waldnutzung
FSC® C083411

Kolibri 360 GmbH
Ferdinand-Jühlke-Straße 7
99095 Erfurt, Deutschland
produktsicherheit@kolibri360.de